Stefan Straßer

Jungjäger-Ratgeber

Ausrüstung
Von Kleidung über Waffen, Munition bis zu Werkzeug und Auto

Leopold Stocker Verlag
Graz – Stuttgart

Umschlaggestaltung: DSR Werbeagentur Rypka GmbH, 8143 Dobl/Graz, www.rypka.at

Titelbild: iStock/Avalon_Studio

Alle übrigen Bilder stammen vom Autor (außer wenn direkt bei den Fotos anders angegeben).

Die in diesem Buch verwendeten Personenbezeichnungen beziehen sich immer gleichermaßen auf weibliche und männliche Personen. Auf eine Doppelnennung und gegenderte Bezeichnungen wird zugunsten einer besseren Lesbarkeit verzichtet.

Bibliografische Information der Deutschen Nationalbibliothek
Die Deutsche Nationalbibliothek verzeichnet diese Publikation in der Deutschen Nationalbibliografie; detaillierte bibliografische Daten sind im Internet unter http://dnb.d-nb.de abrufbar.

Hinweis: Dieses Buch wurde auf chlorfrei gebleichtem Papier gedruckt. Die zum Schutz vor Verschmutzung verwendete Einschweißfolie ist aus Polyethylen chlor- und schwefelfrei hergestellt. Diese umweltfreundliche Folie verhält sich grundwasserneutral, ist voll recyclingfähig und verbrennt in Müllverbrennungsanlagen völlig ungiftig.

Auf Wunsch senden wir Ihnen gerne
kostenlos unser Verlagsverzeichnis zu:
Leopold Stocker Verlag GmbH
Hofgasse 5/Postfach 438
A-8011 Graz
Tel.: +43 (0)316/82 16 36
Fax: +43 (0)316/83 56 12
E-Mail: stocker-verlag@stocker-verlag.com
www.stocker-verlag.com

ISBN 978-3-7020-2295-2

Layout und Repro: DSR Werbeagentur Rypka GmbH,
8143 Dobl/Graz

INHALT

Optik

Munition

Werkzeug

Fortbewegungsmittel des Jägers

VORWORT

Nach mittlerweile über 43 Jahren Berufstätigkeit, zwei veröffentlichten Büchern („Sniper-militärisches und polizeiliches Scharfschützenwissen kompakt" und „Homedefense", beide erschienen im ARES Verlag Graz) und 26 Jagdjahren bin ich zur Auffassung gelangt, dass ich mich auf meine wahre Leidenschaft – die Jagd – konzentrieren sollte. Der am Anfang des Jägerlebens flapsig getätigte Spruch gegenüber einem Prüfer der Jägerkorona („Zur Jagd geboren, zur Arbeit gezwungen") bekommt aufgrund des bald bevorstehenden Ruhestandes eine ganz andere Gewichtung. Endlich Zeit! ... Hoffe ich ...

Im Lauf der Jagdjahre habe ich viel Erfahrung gesammelt und genug der kleinen und größeren Problemchen rund um die Jagd und die Ausrüstung kennengelernt. Viele dieser Ärgernisse können mit wenig Aufwand und etwas handwerklichem Geschick beseitigt werden und schonen sowohl das Nervenkostüm als auch die Magenschleimhäute und zudem den Geldbeutel des Jägers. Ich habe einige Anregungen über die Jahrzehnte hinweg in Jagdzeitschriften gelesen und übernommen bzw. abgeändert, bin auf viele Problemlösungen selbst gekommen oder habe mir Ideen von Jagdkameraden abgekupfert. Eine genaue „Ursachenforschung" hinsichtlich der Urheberrechte ist mir hier im Verlauf eines Vierteljahrhunderts leider nicht mehr möglich. Möge der eine oder andere Leser verzeihen, wenn hier unbeabsichtigt „Ideenraub" betrieben wurde. Bei einigen Themen war auch mal etwas Alkohol bei ausgelassener Stimmung im Kreise der Jagdkameraden im Spiel. Vielleicht kennen Sie das: Einer redet Blödsinn, ein anderer steigt etwas ernster auf diesen Blödsinn ein und der Dritte bringt einen gewinnbringenden Lösungsvorschlag. Andere Sachen entsprangen schlicht nur der Improvisation vor Ort bei der Revierarbeit oder in der Werkstatt aufgrund „Zeit- und Materialmangels" bei akutem Bedarf. Wochenende oder Feierabend – Sie verstehen!

Meine Eltern entstammen der Kriegsgeneration (Jahrgänge 1924 und 1927) und waren von daher sehr sparsam. So lernte ich von Kindesbeinen an schon „Nachhaltigkeit", als es diesen Begriff im normalen Sprachgebrauch noch gar nicht gab. Ein zusätzlicher Antrieb kam von Seiten jugendlicher „Klimaaktivisten". Die outeten sich als Anhänger der „Heiligen Gretel aus Schweden" (Greta Thunberg, „Klimaaktivistin" und Schulschwänzerin, der die Bewegung „Fridays for Future" zugeschrieben wird). Diese vier (drei Jungen und ein Mädel) vom Schulunterricht heimkehrenden Jugendlichen sahen mich häufig vor der Garage werkeln und warfen mir eines Tages tatsächlich vor, meine Generation (1964) und besonders **ich** würde durch den Ressourcenverbrauch ihre Zukunft und ihr Leben (speziell das des Mädchens) vernichten. Sie zeigten auf meinen bösen Pick-up, den ich als Revierfahrzeug und als besonders schlimmen Diesel auch täglich auf dem Weg zur Arbeit nutze (35 km einfach). Außerdem würde der Gebrauch meiner Werkzeuge unnötig Strom verbrauchen. Der Ausgang der Unterhaltung endete ungefähr 27:1 für den alten, weisen Mann. Deshalb habe ich zusätzlich den Ehrgeiz entwickelt, diesen jungen Menschen „Nachhaltigkeit" zu beweisen. Viele der „Basteleien" in diesem Buch bzw. für das Jagdrevier resultieren auf der Weiterverwendung von Gegenständen, die ich noch vor ein paar Jahren weggeworfen hätte. Man kann mich jetzt als Geizhals oder Sonderling ansehen, aber mir gefällt es schon seit Jugendzeiten, aus Altem etwas Neues zu machen, meinen Kopf anzustrengen und meine Hände zu benutzen – und nun konnte ich diesen jungen Menschen vorführen, was man alles weiterverwenden kann. Auch wenn es etwas länger dauert. Nebenbei bemerkt: Einer der vier Jugendlichen findet mich mittlerweile „voll cool" und hilft sogar ab und zu mal mit, die anderen drei sind nach den beschriebenen ruhigen, sachlichen und faktenbasierten Unterhaltungen und Erklärungen ansatzweise auch bekehrt bzw. nehmen lieber einen anderen

Nachhauseweg, um nicht wieder argumentativ an die Wand genagelt zu werden. Läuft! Zumindest für mich. Ich versuche, Ansätze für Problemlösungen zu liefern, die zum Nachbau, Abändern oder einfach nur zum Zeitvertreib dienen.

Mir liegen besonders die Jungjägerinnen und Jungjäger am Herzen, die sich häufig bei der ungewohnten Revierarbeit alleine gelassen fühlen und aufgrund des schmalen Geldbeutels meinen, sie könnten das eine oder andere nicht erwerben oder erledigen. Darüber hinaus hoffe ich, dass diese Tipps und Anregungen eine Hilfe für **alle** Alters- und Handwerkerklassen bieten. Gelernte Handwerksmeister mögen mir in den jeweiligen Themengebieten etwaige Fehler zugestehen. Ich habe in einem „anderen Leben" das Handwerk des Schreiners erlernt und dann beruflich eine völlige Umorientierung vollzogen. Schweißen habe ich nie gelernt, Mauern ebenso wenig, ich bin kein Elektriker, Schneider, Landwirt oder Sattler, aber ich habe keine Berührungsängste und freue mich immer wieder, handwerklich etwas Neues auszuprobieren oder zu erlernen. Natürlich geht auch einmal etwas schief und ich produziere Ausschuss! Aber das treibt mich normalerweise nur noch stärker an. Fehlt mir ein Werkzeug und ich habe passendes Material, baue ich mir so manches lieber selbst, bevor ich eine Unmenge Geld ausgebe. Das schont den Geldbeutel und ich gehe meiner Frau nicht auf die Nerven! Vor diesem Hintergrund bitte ich bei den Meistern um Nachsicht, wenn manche Lösungen lediglich „Heimwerker- oder Bastlerniveau" haben.

Bei den zwischen den Bastelarbeiten eingefügten Überlegungen und Informationen zu verschiedenen Themen will ich mich definitiv nicht als „Jagdpapst" in Szene setzen, das bin ich nicht! Dennoch möchte ich einige mir besonders wichtig erscheinende Themen ansprechen und zum Nachdenken anregen. Viele Jäger mögen in den thematisierten Bereichen völlig andere Erfahrungen gemacht oder Ideen gehabt haben. Ich schildere hier lediglich meine persönlichen Erfahrungen in den Revieren, die ich als Jagdaufseher betreue oder betreute.

Dieses Buch soll zur Eigeninitiative anregen und Denkanstöße liefern, um zur Lösung eigener Schwierigkeiten beizutragen und vielleicht sogar dazu animieren, ein „Bastelfuchs" zu werden. Das Buch erhebt keinen Anspruch auf Perfektion oder vollständige Übermittlung sämtlicher notwendiger Ratschläge, das kann es auch aufgrund des umfangreichen jagdlichen und handwerklichen Wissensgebietes nicht! Es ist lediglich eine kleine Hilfestellung. Ich wäre in meiner jagdlichen Anfangszeit froh gewesen, wenn ich eine „Bastelfibel" fürs Jagdrevier gehabt hätte und geballt Praxistipps hätte nachlesen können. Mit dieser Einleitung möchte ich den Leser nun in eine hoffentlich kurzweilige und hilfreiche Lektüre entlassen.

Viel Spaß beim Nachbauen oder Entwickeln eigener Ideen, passen Sie auf Ihre Finger auf und beachten Sie die Unfallverhütungsvorschriften. Für eventuelle Unfälle kann ich keine Haftung übernehmen.

Stefan Straßer, Dezember 2024

PS: Apropos Haftung: Wissen Sie, warum in Amerika die Gewehrläufe so lang sind? Damit die ganzen Warnhinweise darauf Platz finden!

JUNGJÄGER-RATGEBER

Band 1 bis Band 4

ERKLÄRUNG VORAB

Ich hatte meine Tipps, Anleitungen und Ratschläge rund um die Jagd ursprünglich als ein Werk geplant. Der Verlag hat nach Prüfung des umfangreichen Manuskriptes vorgeschlagen, mehrere Bände daraus zu machen, anstatt einen „Mega-Wälzer" mit rund 650 Seiten. Daher möchte ich den Aufbau der Buchreihe erklären. Bei der Überlegung, wie denn die Ratschläge thematisch am besten gegliedert werden sollten, erschien mir und meiner Lektorin die nachfolgende Reihung am sinnvollsten.

Band 1 und 2 erscheinen zeitgleich im Frühjahr 2025:

Band 1: Ausrüstung

Womit fängt man an, wenn man zur Jagd geht? Man zieht sich seine **Jagdbekleidung** an, greift sich die erforderliche **Ausrüstung**, die **Waffen und** die **Munition**, das **Werkzeug**, packt alles ins **Auto**. Daher geht es im ersten Band um all diese Themen und vor allem darum, wie man Kleidung, Waffenaufbewahrung, das Jäger-Auto usw. optimieren kann.

Band 2: Revierarbeit

Der zweite Teil der Buchreihe widmet sich all den **Revierarbeiten**, die nötig sind, um ein Revier gut bejagbar zu machen. Es geht z. B. um das Anlegen und Pflegen von Pirschsteigen, um Anleitungen zum Bau und zur Verbesserung von Ansitz- und Fütterungseinrichtungen bis hin zu Tipps rund um die Jagdhütte.

Band 3 und 4 werden im Jahr 2026 erscheinen:

Band 3: Jagdarten (Arbeitstitel)

Was man im Jagdkurs theoretisch über verschiedene Jagdarten gelernt hat, wird im dritten Teil der Buchreihe vom Autor praxisnah vertieft. Eine Hilfestellung für junge Jäger, die Jagd weidgerecht auszuüben sowie hilfreiche Praxis-Tipps für Ansitz-, Drück-, Blatt-, Fuchs- und Nachtjagd u. v. m.

Band 4: Nach erfolgreicher Jagd (Arbeitstitel)

Im vierten Teil geht es um den Umgang mit erlegtem Wild: Auch hier lernen Jungjäger vom erfahrenen Autor, wie sie mit der „Beute" umgehen. Praktische Tipps zur **Bergung des Wildes**, Anleitungen zu dessen **Versorgung** und Anregungen, das hochwertige und gesunde Wildbret zu kulinarischen Köstlichkeiten zu verarbeiten. Und natürlich dürfen Anleitungen und Tipps zur **Trophäenpräparation** nicht fehlen.

Eingestreut in die einzelnen Teile gibt es noch „Sonstiges" für Tipps und Helferlein, die sich keinem Kapitel richtig zuordnen lassen. Ein kleiner Ausflug in die Weidmannssprache soll das Werk abrunden.

Zu allen Bereichen gibt es etwas zu sagen, zu basteln, zu improvisieren, zu reparieren, zu tüfteln, zu verbessern und zu lernen. Ich hoffe, dass ich mit dieser Gliederung einen sinnvollen und logischen Aufbau vollzogen habe, dem auch leicht zu folgen ist.

BAND 1: AUSRÜSTUNG

JAGDBEKLEIDUNG

ALLGEMEINES ZUR KLEIDUNG & ZUM SCHUHWERK

Wer jetzt erwartet, dass „DIE“ Empfehlung für genau „DAS EINE“ Produkt kommt, wird enttäuscht werden. Nichts im Leben ist individueller als die Auswahl der Kleidung. Deshalb möchte ich zunächst einen groben Überblick geben, was unbedingt sein muss und später verschiedenste „Verbesserungsvorschläge“ und andere praktische Tipps die Jagdkleidung betreffend anführen.

Sich den Jahreszeiten entsprechend kleiden

Ich teile meine Jagdbekleidung grob in Sommer- und Winterkleidung auf und verwahre die nicht benötigte Kleidung in einem Seesack auf, sodass sie bis zum nächsten Einsatz in einem halben Jahr nicht verstaubt.

Sommer

- dünne Jagdkleidung mit langen Ärmeln
- stabiles Schuhwerk
- Kopfbedeckung nach Wunsch (Hut oder Kappe)
- Sommerkleidung je nach Witterung oder Wind „aufrüsten“

Winter

- Funktionsunterwäsche dünn und dick (erst die Socken anziehen, dann die lange Unterhose; so rutschen die Socken nicht so leicht beim Gehen), Feuchtigkeitsableitende Wäsche direkt auf der Haut, dann die wärmende Schicht Unterwäsche.
- Jagdhose, wenn möglich aus Loden oder mit Winterfutter
- Pullover, darüber Fleecejacke (evtl. mit dünner Kapuze)
- Überhose/Kälteschutzhose; Hosenträger hinten und vorne über Kreuz
- Winterstiefel/Gummistiefel mit Neoprenfutter (Gummistiefel hinterlassen meiner Erfahrung nach die geringste Geruchssignatur)
- Jagdjacke aus Faserpelz oder Loden, zusätzliche Kälteschutzjacke oder Mantel
- dunkle Fingerhandschuhe und/oder Fäustlinge
- Wollschal, Schlauchschal, Sturmhaube oder Shemagh („Palästinenser-Tuch“)
- warme Mütze mit Ohrenklappen und Mützenschild

Fazit:

- Jagdkleidung muss zweckmäßig, lageangepasst, warm oder kühlend (je nach Temperatur und Jahreszeit), witterungsbeständig, robust und leise sein.
- Ziehen Sie an, worin Sie sich wohlfühlen, Sie sind auf der Jagd und nicht auf dem Laufsteg!

ALTERNATIVEN ZU „KLASSISCHER“ JAGDKLEIDUNG

Es gibt äußerst funktionale und modisch geschnittene Jagdbekleidung in einfach brauner oder olivgrüner Farbe oder mit Tarnmustern, mit Klima- und Geruchsstopper-Membran, mit oder ohne Kniepolster oder Warnfarbe, wasserdicht und atmungsaktiv, aber auch nicht unbedingt günstig. Andererseits spielt – besonders bei Jungjägern – der Geldbeutel eine große Rolle. So wird der durch Jagdkurs und durch die Erstanschaffung der Waffen und Zieloptik finanziell geschröpfte Jagdneuling wahrscheinlich auf den Surplus-Handel (Handel mit neuer oder gebrauchter Militärkleidung und -Ausrüstung) zurückgreifen und sich (gebrauchte) Militärkleidung kaufen. Wenn ich an meine Jungjägerzeit denke, war das genau so! „Für den Wald tut's das schon noch!" Was habe ich mich geärgert, als ich mir als Jungjäger eine zivile und definitiv nicht gerade günstige Jagdhose gekauft und diese beim ersten Arbeitseinsatz an einem rostigen Nagel eingerissen habe ... so war für mich der künftige Bekleidungsweg vorgegeben: Bundeswehrklamotten für die Arbeit und Individualjagd, „modischere" Jagdkleidung für die Gesellschaftsjagd.

Im deutschsprachigen Raum ist es meiner Erfahrung nach durchaus so, dass aus der bäuerlichen Jagdkultur heraus ältere Trachtenjacken und -hosen sowie Lodenmäntel oder Walkjanker aufgetragen werden. Scheuen Sie sich nicht, auch die „Krachlederne" auszuführen, wenn es üblich und sinnvoll ist. Wer aber wie ich in einem Zecken-Risikogebiet jagt, wird auch im Sommer eine lange Hose bevorzugen.

Surplus versus „Tracht" – eine deutliche Klarstellung: Nur weil meinerseits häufiger der Blick in Richtung Militär-Gebrauchtwarenhandel gelenkt wird, heißt das nicht, dass Sie nur dort einkaufen sollen. Häufig kann man aber genau dort zu einem unschlagbar günstigen Preis Taschen, Werkzeug oder Kleinmaterial finden. Aber Sie sollen nicht in vollständiger „Uniform" mit Koppelzeug den Eindruck bei Spaziergängern erwecken, als wären sie in einem Manövergebiet! Das trägt ein völlig falsches Bild in die Öffentlichkeit! So etwas mache ich nicht, auch wenn auf den Fotos, die großteils extra für das Buch gemacht wurden, manchmal der Eindruck entstehen mag – das liegt aber wie gesagt daran, dass ich für die Arbeit im Revier oder in der Werkstatt häufig meine gebrauchten Militärklamotten trage. Eine sinnvolle Kombination bildet die richtige Essenz.

Militärkleidung hat gute Qualität

In den 1990er Jahren erfolgte bei der deutschen Bundeswehr die Umstellung von „Steingrau-oliv" auf „Flecktarn", sodass die olivgrüne Bekleidung im Militär-Gebrauchtwarenhandel billig zu erstehen war. Ebenso stellten etwa zu der Zeit andere Länder ihr Militär von „einfarbig" auf „fleckig" um, sodass selbst Hosen und Jacken in Lodenstoff günstig zu kaufen waren. Ich denke hier z. B. auch an die „Filzlaus" der Bundeswehr oder die schwedische oder belgische Armee. Spätestens hier begann meine persönliche Zuneigung zu kratzigem Loden, besonders in der Übergangszeit und im Winter. Loden hält einfach ewig im Vergleich zu meiner anderen Jagdkleidung. Meine Jagd-Goretexjacke hat schon die eine oder andere Stelle, an der sich vom Lagerfeuer abspringende Glut durchgebrannt hat. Die Lodenbekleidung hat mehr Lagerfeuer-Einsätze hinter sich als alle anderen Sachen, aber sie hat noch kein einziges Loch. Die Membran in moderner Jagdkleidung unterliegt der Alterung und wird irgendwann einmal brüchig und durchlässig. Wenn Sie übermäßig auf Mode Wert legen, sind Sie nach ein paar Jahren wieder in der Beschaffung und müssen wieder viel Geld in die Hand nehmen.

ALLGEMEINE TIPPS ZUR JAGDBEKLEIDUNG

Jacken und Hosen imprägnieren

Seit der Einführung atmungsaktiver Membranen bei Outdoor- und Jagdbekleidung ist die Imprägnierung und Pflege der Oberbekleidung in der Bevölkerung etwas in den Hintergrund getreten. Ist ja auch bequemer. Sollte dann doch einmal etwas Regen durch die Nähte sickern oder die Membran zu alt und damit brüchig werden, bietet der Handel Nahtdichtungsmittel und Imprägniersprays. Ich selbst habe auch eine Goretex-Jagdjacke, nutze sie aber trotzdem relativ selten. Sie ist leicht, warm, bequem, aber mir ist sie schlicht auch zu laut. Ich trage lieber meinen alten Bundeswehr-Parka, Militär(Tarn)jacken oder Lodenkleidung. Als Imprägnierung der Jagdbekleidung (außer für Loden) verwende ich selbst hergestelltes Imprägnierwachs. Mir war wieder einmal das fabrikmäßig hergestellte Imprägnierwachs (das ich auch ausprobiert habe) zu teuer. Ein kleiner Block Grönlandwachs von z. B. Fjällräven für 10 € (= über 100 €/kg, qualitativ definitiv hochwertig) hat mich etwas erschreckt. So kam ich auf die Idee, das Wachs selbst herzustellen. Das Mischungsverhältnis beträgt 9:1 bzw. 8:2 Teile Paraffinwachs (Teelichter) zu Bienenwachs. Das Paraffin gibt es zu einem Zehntel des Imprägnierwachs-kg-Preises im Onlinehandel und das Bienenwachs vom Imker des Vertrauens vielleicht sogar geschenkt. Sie müssen nur die Komponenten im Wasserbad schmelzen und verrühren. Bitte nicht auf offener Flamme schmelzen, das Wachs könnte anfangen zu brennen. Einen Wachsbrand können Sie nicht mit Wasser löschen! Gießen Sie das geschmolzene und gründlich vermischte, flüssige Wachs in einen kleinen Behälter und lassen Sie es auskühlen.

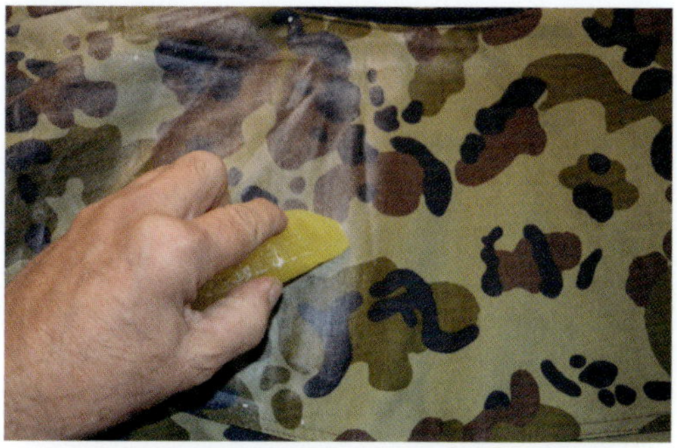

Den zu imprägnierenden Bereich gleichmäßig und dicht mit Wachs einreiben und anschließend erwärmen, bis sich das Wachs verflüssigt und vom Stoff aufgesaugt wird. Sie können auch mit dem Bügeleisen mit dazwischen gelegtem Backpapier arbeiten. Stufe „2“ am Bügeleisen reicht aus.

Beim Imprägnieren gehen Sie dann folgendermaßen vor: Reiben Sie das Wachs direkt in die Jackenfasern ein, bis ein durchgehender, weißlicher Film auf der Jacke oder Hose erscheint. Gut, das dauert eine gewisse Zeit und nervt auch etwas. Anschließend nehmen Sie eine Heißluftpistole (niedrigste Stufe) oder einen Fön, stellen ihn auf Stufe „2“ und wärmen mit dem Luftstrahl das Wachs an, bis es sich verflüssigt und vom Stoff aufgesogen wird. Der weißliche Farbton verschwindet und der Stoff erhält seine ursprüngliche Farbe zurück. Eventuell müssen Sie die Prozedur nochmal wiederholen, aber der Stoff ist definitiv wasserabweisend.

Der gewachste Baumwollstoff lässt Wasser abperlen.

Allerdings muss ich noch einen Nachteil erwähnen. Die Atmungsaktivität des Stoffes leidet darunter. Deshalb wachse ich meine Jacken und Hosen nur partiell (Parka: Kapuze, Schulterbereich und Oberseite der Ärmel; Hose: Vorderseite; Rucksack: alles, außer dem Rückenteil, meine Zeltbahnen und Jagdtaschen komplett).

Nach dem Wachsen fühlt sich der Stoff „speckig“ an und ist auch geringfügig „steifer“ geworden. Sie können das ja mal ausprobieren. Sollten Sie mit dieser Art der Imprägnierung nicht zufrieden sein, haben Sie Ihre Kleidung deshalb nicht ruiniert. Das Wachs geht beim Waschen wieder raus! Da die Wachs-Imprägnierung mit der Zeit nachlässt, müssen Sie diese also immer wieder einmal wie beschrieben auffrischen.

Harzflecken in der Jagdkleidung

Sie lassen sich leichter entfernen, wenn das Harz gefroren ist. Im Winter lassen Sie bei Frost die Kleidung draußen hängen, sonst legen Sie das Kleidungsstück für einige Zeit ins Gefrierfach. Die groben Harzstücke können Sie leicht abkratzen, eventuell verbliebene Rückstände reiben Sie am besten gut mit Speiseöl ein und verfrachten das Stück dann in die Waschmaschine. Es sollte nach dem Waschen kein Harz mehr vorhanden sein.

Das gilt auch ähnlich für harzverklebte Hände. Reiben Sie vor dem Waschen Ihre Hände mit etwas Speiseöl oder notfalls Butter ein und waschen Sie sie erst dann mit Wasser und Seife.

Klettverschluss säubern

So praktisch Klettverschlüsse auch sind, so üben sie doch auf alles Mögliche eine ungeahnte Anziehungskraft aus. Besonders Hundeführer, die ihre Vierbeiner ständig im Einsatz haben und sie mit einer Schutzweste versehen, können das bestätigen. Kletten, Haare, Gras und Schmutz verhindern mit der Zeit ein adäquates Verschließen und sicheren Halt. Wenn ein Klettverschluss „verstopft“ ist, hilft der Einsatz einer Messingbürste oder Zündkerzenbürste. Bürsten Sie das Klettband einfach frei. Das ist zwar etwas mühselig, aber die Kletthaken werden in der Regel nicht beschädigt und das Klettband ist anschließend wie neu.

Ich persönlich sehe den Gebrauch von Klettverschlüssen an der Jagdkleidung eher gemischt. Sicher ist die Benutzung bequem, weil ich nicht umständlich einen Knopf einfädeln muss, wenn ich eine Jackentasche verschließen will. Allerdings ist beim Öffnen einer Klettverschluss-Taschenpatte die Geräuschentwicklung besonders in der Nacht beeindruckend!

Mit einer Draht- oder Messingbürste kann das Klettband gesäubert werden.

Reißverschluss besser greifbar machen

Besonders bei Kälte hat wohl jeder Jäger das Problem, mit Handschuhen den kleinen Zipper an der Jagdjacke oder dem Rucksack greifen zu können. Ich bringe deshalb u. a. Lederlaschen am Reißverschluss an. Eine Bekannte machte noch den Vorschlag, ich solle doch die Lederlaschen so groß dimensionieren, dass ich Löcher in das Leder stanzen kann, so könnte ich in diese Löcher Patronen stecken und hätte diese schnell greifbar, wenn ich mit Drilling oder Bockbüchsflinte jagen würde. Das ist einen Gedanken wert, ich habe das noch nicht ausprobiert, befürchte aber den Verlust der einen oder anderen Patrone in der Dunkelheit oder im Dickicht.

Lederlasche oder eine Kunststoffperle mit Nylonschnur am Zipper befestigen.

KOPFBEDECKUNG ALLGEMEIN

Grundsätzlich sollte der Jäger ganzjährig eine Kopfbedeckung tragen. Sie schützt das Haupt im Sommer vor direkter Sonnenbestrahlung und im Winter vor Kälte. Abgesehen davon bietet sie auch Schutz vor Verletzungen, wenn Sie sich mit dem Kopf einmal stoßen sollten. Es ist zumindest eine Stoff- oder Filzschicht zwischen Haut und Ast. Abgesehen davon kann die Kopfbedeckung schon einmal als weiche Gewehrauflage dienen.

Signalmützen oder Baseballcaps

Auf Gesellschaftsjagden ist es Vorschrift, auffällige Warnkleidung zu tragen. Besonders im Herbst und Winter nutze ich eine Wintermütze der Bundeswehr in „Signalrot“. Leider gibt es an ihr wie auch an vielen im Handel erhältlichen Mützen und Baseballcaps keine Schlaufe, an der der überreichte Erlegerbruch befestigt werden kann. Deshalb können Sie einfach von der Innenseite her zwei Sicherheitsnadeln durch die Mütze stechen, sodass außen zwei übereinanderliegende Stege entstehen. Dort kann der Bruch eingesteckt und befestigt werden.

Durch zwei von innen befestigte Sicherheitsnadeln kann auch auf einem Besaballcap ein Erlegerbruch befestigt werden.

Lodenmütze

Besonders in der Übergangszeit liebe ich meine Feldmütze aus Lodenstoff, da ich mit ihr bei unangenehmem Wind durch Herabklappen des Ohrenschutzes auch Nacken und Ohren wärmen kann. Hinsichtlich des Erlegerbruchs habe ich hier einfach einen breiteren Lodenstreifen angenäht. Von außen unsichtbar, nimmt dieses kleine Accessoire den Bruch sicher auf.

Apropos: Da immer wieder Diskussionen ausbrechen, wie und wo der Erlegerbruch zu tragen ist, hier nochmal eine Gedächtnisauffrischung mit einem Merksatz

„R“echts wie „R“ehbock, „L“inks wie „L“eiche.

Der Erlegerbruch kommt rechts an die Kopfbedeckung, mit der Oberseite nach außen. Bei einer Beerdigung trägt man den Trauerbruch links am Hut, mit der Unterseite nach außen. Am offenen Grab wird der Trauerbruch vom Hut genommen und ins offene Grab geworfen.

Meine Bergmütze mit abklappbarem Ohrenschutz und angenähtem Lodenband.

Mückenschutz selbst gemacht

Zur Abwehr dieser lästigen Plagegeister kann man zur „Chemischen Keule“ in Form von Sprays oder zum Einreiben greifen. Allerdings besteht die Gefahr, dass man damit das begehrte Wild verstänkert oder mit Hautausschlag auf die Mittel reagiert. Dann bleiben also noch Verdunstergeräte (siehe „verstänkern“) oder das Moskitonetz, das man sich über den Kopf zieht. Leider sind viele der im Handel erhältlichen Moskitonetze relativ eng geschnitten, sodass sie an der Haut anliegen und die Plagegeister einfach durch die Maschen in die Haut stechen.

Ein etwas anderer Weg: Beim Discounter fand ich ein schwarzes Kunststoff-Moskitonetz, wie es für Fliegenschutzgitter an Tür und Fenster verwendet wird. Der niedrige Preis gab den Ausschlag zum Kauf. So schnitt ich mir ein Stück in den Maßen 80 × 80 cm herunter und trennte in der Mitte ein Loch mit ca. 18 cm Durchmesser heraus bzw. schnitt es kreuzweise in der Mitte ein, sodass es über meinen Jagdhut passte, ohne über die breite Krempe zu rutschen. Der Rand des Netzes wurde umlaufend innen und außen eingefasst. Den unteren Rand des angelegten Moskitonetzes können Sie entweder in die Jacke stecken oder mit einer Bleischnur versehen. Das Moskitonetz ist geräumig genug, um nicht an der Kopfhaut oder am Hals anzuliegen. Die schwarze Farbe gewährt guten Blick nach außen und dunkelt das helle Gesicht ab.

Oft hilft auch ein sogenannter Netzschal, wie Sie ihn im Handel erstehen können. Mit ihm können Sie alternativ auch Waffe und Ausrüstung abtarnen.

Moskitonetz unter der Kapuze meiner Jagdjacke

Moskitonetz über Hut bzw. Feldmütze

Juckreiz sofort abstellen

Manchmal finden trotz aller Vorsichtsmaßnahmen ein paar dieser stechenden Plagegeister einen Weg zur Haut und „machen ihren Job". Als Soforthilfe gegen Juckreiz hilft bei mir, wenn ich sofort mit dem Fingernagel ein Kreuz über dem Stich in die Haut drücke.

ALLGEMEINES ZUR TARNUNG

Farbe der Kleidung: einfarbig contra Tarnmuster

Jägergrün, Olivgrün, Erdbraun, Earth-khaki, Steingrau-oliv, Mausgrau, Feldgrau und wie die Farbtöne alle heißen – alle gedeckten Farben eignen sich zum Tragen bei der Jagd. Sie sollen lediglich einigermaßen in die Umgebung passen. Da Wild Farben anders wahrnimmt als der Mensch, gibt es auch „Ausreißer". Dazu später mehr.

Als ich meinen Jagdschein machte, war die Verwendung von Tarnmustern bei der Jagdkleidung noch verpönt. Während in anderen Ländern der Gebrauch militärischer oder ziviler Tarnmuster bei der Jagd bereits gang und gäbe war, ging man in Deutschland noch traditionell „einfarbig in Jägergrün" zur Jagd. Lediglich die grau-olive Bundeswehr-Moleskinbekleidung, die bis Ende der 1980er Jahre dienstlich getragen wurde, eroberte die Lodenfraktion im Sturm. In meinem jagdlichen Umfeld kenne ich jedenfalls nur wenige Jäger, die nicht mindestens ein derartiges Kleidungsstück hatten. Zugegeben, die Bundeswehrhose im Moleskinstoff, das Feldhemd, der Parka und der Pullover sind aber auch bequem! Darüber hinaus trage ich heute noch meine alte Schwedische Lodenuniform in Feldgrau oder die Bundeswehr-„Filzlaus“ während der Übergangszeit und im Winter. Mit der Entwicklung ziviler Tarnmuster (Treebark, Realtree, Wetlands, Max4 usw.) in Kombination mit neu entwickelten, speziell geräuscharmen Stoffen mit Teflonbeschichtung stieg die Akzeptanz von Tarnmustern in der Jägerschaft, sodass folgerichtig auch in eine ganz andere Richtung „Farbe in die Jagd“ gebracht wurde – mit der Einführung der Signal-Tarnjacken bei Gesellschaftsjagden. Heute sind diese absolut gebräuchlich, zum Zeitpunkt der Einführung noch belächelt und nicht selten sogar verweigert! Heute geht man also durchaus „bunt“ zum Ansitz raus, ohne sich in Grund und Boden schämen zu müssen. Auf Gesellschaftsjagden erscheint man aber traditionell in Jägergrün oder Braun mit Signalwesten oder mindestens Signalband an Hut oder Mütze.

Sie werden sich in diesem Buch teilweise wundern, dass manche meiner Kleidungs- bzw. Ausrüstungsgegenstände mit Tarndruck des ehemaligen Tarnmusters der Schweizer Armee aufwarten. Das kommt nicht von ungefähr. Das Wild, das wir bejagen, hat ein anderes, farbliches Wahrnehmungsvermögen als der Mensch – mittlerweile allgemein bekannt! So sieht das Rehwild beispielsweise in Grau-Abstufungen und nimmt das Rot in diesem Tarnmuster lediglich als anderen Grauton wahr. Dieses alte Schweizer Tarnmuster ist im Nahbereich für den Menschen eher ein „Auffall-Muster“ als zur Tarnung geeignet. So hat es im Nahbereich zu den Jagdkameraden einen fast warnenden Effekt, auf größere Entfernung verschwimmen die Kontouren des Trägers aber relativ schnell. Dieses Schweizer Tarnmuster ersetzt jedoch in keinem Fall das Tragen einer Signalweste auf Gesellschaftsjagden!

Nachfolgend ein paar (zivile und militärische) Tarnmuster zum Vergleich, die teilweise heute nicht mehr in Verwendung / bei den Armeen ausgemustert sind. Ich selbst nutze gerne je nach Jahreszeit und Örtlichkeit unterschiedliche Tarnmuster.

WICHTIG!

Achten Sie darauf, dass Sie keine vollständige (in- oder ausländische) Uniform mit Hoheitsabzeichen tragen, denn das würde den Tatbestand des unerlaubten Tragens von Uniformen gem. § 132a/I/4, II StGB erfüllen. Das Tragen von Uniformteilen ohne Hoheits- und Dienstgradabzeichen ist erlaubt.

Tarnmuster v. l. n. r.: Foliage Green, Mandra Wood, K4 des österreichischen Bundesheeres (ugs. „Fleckerlteppich“) Finnland 1960er Jahre, Advantage, Flecktarn Bundeswehr, Advantage Timber, BGS-Sumpftarn, Südafrika

Wie Tarnung funktioniert

Beim Militär geht es in Punkto optischer Tarnung primär darum, die auffällige menschliche Silhouette, den Umriss Kopf-Schulter aufzubrechen und das helle Gesicht zu verschleiern. Diese Aufgabe erfüllen Fransen-Tarnanzüge (Ghillies) und Gesichtsmasken sehr gut. Die Israelische Armee zum Beispiel verwendet übergroße Helmbezüge zu genau diesem Zweck, nämlich die Kopf-Schulter-Silhouette zu brechen.

Mit diesem wendbaren Helmbezug brechen die israelischen Soldaten die Körperkonturen im Bereich Kopf-Schulter auf und die Silhouette wird verzerrt. Ich bin mir anfangs auch etwas blöd vorgekommen, aber bei der Krähen- und Kormoranjagd ist es definitiv hilfreich – und am Ansitz sieht mich ja keiner.

Fransen- und Blätter-Tarnanzüge (Ghillies)

In diversen Katalogen von Jagdausstattern werden mittlerweile auch schon „Blätter-Tarnanzüge“ angeboten, welche speziell für die Krähen- und Blattjagd, aber auch zur Wildtierfotografie vorgesehen sind. Sie sind relativ günstig und eignen sich in der Regel für den vorgesehenen Zweck. Wer wie ich einen Spezialeinheiten-Hintergrund hat, wird sich mit einem gekauften Ghillie wahrscheinlich nicht abgeben. Ich habe (dienstlich) mehrere selbst gemacht bzw. außerdienstlich den einen oder anderen gekauften Ghillie für Freunde aufgepeppt. Allen Fransenanzügen ist aber eines gemein: Schon manchem ahnungslosen Bock oder Fuchs ist diese Tarnung zum Verhängnis geworden. Im Nachfolgenden ein paar Bilder meiner Fransenanzüge.

Für die Jagd auf Krähen und Kormorane ist eine hervorragende Tarnung unerlässlich, weshalb ich hierzu gelegentlich auch den Ghillie verwende. Legen Sie besonderen Wert auf die Tarnung von Waffe, Händen und Gesicht.

Geräuschtarnung

Nicht nur der Jäger selbst, sondern auch seine Ausrüstung sollten im Revier möglichst wenig Geräusche verursachen. Als Erstes fällt hier meist der **klappernde Gewehrriemen** auf! Unterlegen Sie abnehmbare Riemenbügel mit Gummi (Fahrradschlauch), einem Dichtungsgummi von Bügelverschlussflaschen oder Filz. Besonders bei der Pirsch müssen Sie darauf achten, dass nichts klappert. Legen Sie Ihre Ausrüstung nach und nach an und hüpfen Sie auf der Stelle. So erkennen Sie, wo noch nachgebessert werden muss.

Ich trage gerne „geräumige" Jagdkleidung und weite Hosen. Bei der Pirsch ist die Geräuschentwicklung von **aneinanderreibendem Stoff** aber unerwünscht, weil es einfach unglaublich laut ist. Ich ziehe deshalb entweder Gummiringe an den Hosenbeinen über oder nähe Stofflaschen mit korrespondierenden Druckknöpfen an den Hosenbeinen an. Die Anleihe habe ich mir von der alten Schweizer Tarnuniform genommen.

Klappernde Reißverschlüsse an der Jagdjacke und an den Taschen beseitige ich, indem ich Schrumpfschläuche über die Zipperschiebe und mittels Feuerzeug aufschrumpfe oder mit Gewebeklebeband umwickle.

Ein mit Schrumpfschlauch versehener Zipper klappert nicht mehr

Vergessen Sie nicht, **Reißverschlüsse hin und wieder zu ölen.** Durch das Waschen der Kleidung in der Maschine wird auch immer wieder der Schmierfilm auf den Reißverschlüssen entfernt. Schmieren Sie deshalb ab und zu den Schieber (Schlitten) mit einem Tropfen Waffen- oder Teflonöl bzw. reiben Sie ihn mit etwas Wachs eines Kerzenstumpens ein. Er läuft dann wieder „wie geschmiert". Um das laute „Rrrripppp" zu vermeiden, reißen Sie nicht an ihm herum, sondern bedienen ihn langsam und legen am besten zur Geräuschdämpfung noch die Hand darüber. So bleibt das Wild auch auf der Bühne, wenn Sie etwas aus der Jackeninnentasche brauchen.

FUSSBEKLEIDUNG ALLGEMEIN

Welche Socken in welchem Schuh?

Auch hier werde ich keine Werbung für „**den einen** Hersteller" machen. Weder bei den Schuhen noch bei den Socken. Sie müssen für sich selbst herausfinden, was für Sie tragbar und tauglich ist. Seien es Funktionssocken oder schlichte Wollsocken oder sogar nur Fußlappen. Ich habe festgestellt, dass für mich Lederstiefel in Kombination mit Wollsocken die angenehmste Lösung darstellen. Funktionssocken mit Lederstiefeln funktionieren auch gut, aber ich schwitze damit im Stiefel. Moderne Schuhe mit hohem Kunstfaseranteil in Kombination mit Funktionssocken führen bei mir zu Schweißfüßen mit entsprechender Geruchsentwicklung. Geht gar nicht! Das gilt wie gesagt nur für mich, testen Sie das für sich selbst aus und tragen Sie, was Ihnen für Sie passt. Bei einem gemeinsamen Jagdwochenende werden es Ihnen auch die Mitjäger danken.

Gummistiefel

Ich weiß nicht mehr, wo ich die nachfolgende „Indianer- oder Cowboyweisheit" gelesen habe, aber ich finde sie absolut passend, weil Gummistiefel quasi zur Grundausrüstung jedes Jägers zählen.

> Wenn du glaubst, du kommst mit normalen Schuhen aus, zieh Gummistiefel an. Wenn du glaubst, du kommst mit Gummistiefeln aus, zieh Watstiefel an. Wenn du glaubst, du kommst mit Watstiefeln aus, zieh eine Wathose an. Wenn du glaubst, du brauchst eine Wathose, geh nicht, sondern nimm ein Kanu. Egal, wie hoch deine Gummistiefel sind, sie sind immer zu kurz!

Pflege der Gummistiefel

Ja, auch Gummistiefel brauchen Pflege. Um die teuren Stiefel vor dem Brüchigwerden zu schützen, streiche ich sie gelegentlich mit Glyzerin (führt fast jede Drogerie) ein. Gummi sollte generell regelmäßig mit Talkum oder Glyzerin gepflegt werden.

Gute Gummistiefel sind teuer ...

... Umso ärgerlicher ist es, wenn man am Stacheldraht hängen bleibt und ein Loch in die Stiefel reißt oder nach der Jagd am Lagerfeuer ein abplatzendes Glutstück ein Loch hineinbrennt. Die guten und teuren Stiefel müssen aber nicht gleich weggeworfen werden. Wenn man auf Äußerlichkeiten weniger Wert legt, hilft vielleicht diese Lösung. Ich verwende zum Flicken meiner Gummistiefel normales Fahrradflickzeug. Gummi rund um das Loch herum säubern, mit Sandpapier aufrauen, Kleber auftragen, kurz warten und Flicken aufdrücken. Danach sind die Stiefel wieder einsatzklar und hundertprozentig wasserdicht. Einen Schönheitspreis gewinnen Sie damit natürlich nicht, aber der Zweck heiligt die Mittel. Eine gute Chance, einen oberflächlichen Riss im Gummistiefel zu flicken, besteht im Gebrauch von Sekundenkleber. Kombiniert mit dem Fahrradflicken ist das eine fast unschlagbare Lösung.

Sofortreparatur eines undichten Gummistiefels mit Sekundenkleber. Hält in der Regel nicht allzu lange.

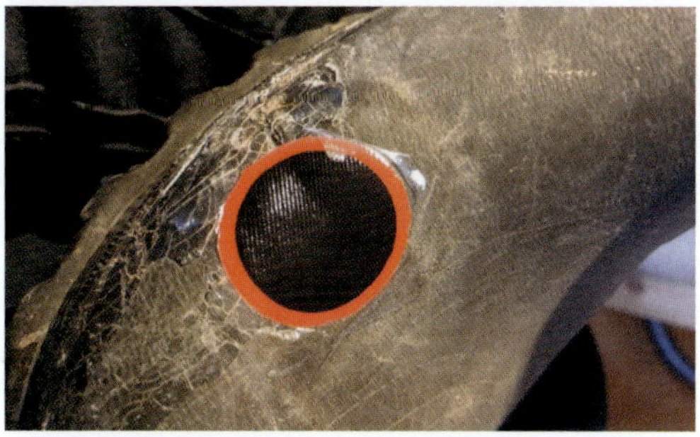

Ein an einem Stacheldraht entstandener Riss wird mit Fahrradflickzeug abgedichtet.

Überschuhe

Alternative: Im Surplus-Handel sind für wenig Geld oft Gummi-Überschuhe erhältlich. Sie können aber auch in Biker-Shops danach schauen. In diese Galoschen schlüpfen Sie mit dem normalen Jagdschuh hinein und die Schuhe bleiben trocken und sauber. Ähnliche Überschuhe („Elefantenstiefel“) wurden während meiner Wehrdienstzeit auch als zusätzlicher Kälteschutz ausgegeben und genutzt. Diese Galoschen eignen sich aber nicht dazu, den ganzen Tag in ihnen rumzulaufen. Zwangsläufig wird sich auf der Innenseite Kondenswasser niederschlagen, welches den Jagdschuh durchfeuchtet. Ein feuchter Schuh wärmt den Fuß nicht mehr. Für den Weg vom Auto zum Hochsitz und zurück aber unschlagbar.

Gummi-Überschuhe

Gummistiefelschaft-Gamaschen

Ich kann mich noch an eine Jagdeinladung erinnern, die ich am Anfang meiner jagdlichen Karriere erhielt. Nach anfänglich trockenem Wetter folgte ein kurzer Regenguss und das etwas höhere Gras war triefend nass. Ein Jagdgast holte die abgeschnittenen Schäfte seiner Gummistiefel als Gamaschen-Ersatz aus dem Auto und zog sie über seine knöchelhohen Jagdschuhe.

Festes Schuhwerk auch im Sommer

Meiner Erfahrung nach ist in den meisten Fällen die oberste Sprosse einer Ansitzleiter lediglich einfach gefertigt und somit scharfkantig. Wenn Sie dünne Sommerschuhe tragen, werden Sie die Sprossenkante durch die dünne Schuhsohle spüren. Sie können natürlich die oberste Sprosse auch doppelt (eine vor und eine hinter dem Holm) annageln. Das erhöht den Komfort ungemein. Doch ich trage auf der Jagd immer schwere Wanderschuhe oder meine Springerstiefel. So bleiben die Füße bei taunassem Gras trocken, sie schützen auch in idealer Weise das Sprunggelenk gegen Umknicken, wenn Sie z. B. in unwegsamem Gelände sprichwörtlich über Stock und Stein erlegtes Wild bergen müssen.

Schnürstiefel bzw. robuste Bergschuhe

Das Wichtigste für den Jäger ist Fußbekleidung, da sie ihn vorwärtsbringt und den Fuß vor Verletzungen schützt. Im Flachland ist meiner Meinung nach die Mindestanforderung ein stabiler Halbschuh, besser ein knöchelhoher Trekkingstiefel. Auch Schaftstiefel haben ihre Berechtigung, besonders wenn Sie durch Brombeeren müssen. Im Gebirge sind klobige, feste Bergstiefel/Bergschuhe mit entsprechender Profilsohle Pflicht! Besonders die stabilen Bergstiefel sollten Sie nicht mit Lederöl behandeln, da der Stiefel seine außerordentliche Stabilität einerseits von der Sohle, andererseits vom dicken Oberleder bekommt. Weichen Sie das Oberleder auf, verliert der Stiefel einen Großteil seiner Stabilität! Nutzen Sie vielmehr stark wachshaltige Schuhcreme, welche die Oberfläche imprägniert und leicht flexibel gestaltet, die Stabilität des Leders an sich aber nicht beeinträchtigt.

Laufen Sie neue Schuhe auf jeden Fall erst einmal ein, bevor Sie sie auf einen längeren Marsch anziehen. Drücken die Schuhe, können Sie ein Glas reinen Alkohol in den Stiefel schütten, darin verteilen und den Schuh sofort anziehen. Laufen Sie den Stiefel trocken, er wird in der Regel nicht mehr drücken. Meine Stiefel bei der Bundeswehr habe ich am ersten Geländetag völlig mit Alkohol durchnässt und im Verlauf des Tages trocken gelaufen. Sie haben sich so perfekt an den Fuß angepasst. In diesen Stiefeln hatte ich nie wieder Blasen.

Nasse Stiefel schonend trocknen

Sie können den Trockenvorgang etwas unterstützen, indem Sie auf dem warmen Ofen der Jagdhütte eine Zeitung erhitzen und diese heiße Zeitung als Rolle geformt in den Stiefel stecken. Dadurch entsteht ein Kamineffekt, der die Feuchtigkeit durch die Röhre nach außen transportiert. Mehrfach wiederholen!

Gleichzeitig empfiehlt es sich, die noch nassen Stiefel außen mit Schuhcreme zu behandeln, da die noch offenen Poren im Leder die Creme besser aufnehmen, die Zeitung die Feuchtigkeit nach innen „wegsaugt" und gleichzeitig das Lederfett tiefer ins Leder eindringen kann. Trocknen Sie auf keinen Fall die nassen Stiefel auf dem Ofen, im Backrohr oder am Lagerfeuer! Das Leder wird hart und brüchig und/oder der Kleber der Schuhsohle löst sich.

Schuhe einfetten

Wenn Sie Ihre Ledersachen, besonders Ihre Jagdstiefel, gut einfetten wollen, hilft Ihnen vielleicht folgender Tipp. Nehmen Sie eine gebrauchte und ausgewaschene Konservendose (innen ohne Kunststoffbeschichtung!) und füllen dort Ihr **farbloses Lederfett** ein. Erwärmen Sie die Dose mit einem Teelicht, bis sich das Fett verflüssigt hat und streichen Sie mit einem Pinsel das Leder ein. Bei meinen Jagdstiefeln/Springerstiefeln läuft so das Fett bis in die hinterste Ritze und imprägniert Leder und Nähte. Nach dem Aushärten des Fettes sollten Sie mit einem Lappen oder einer weichen Bürste nachpolieren.

Ein österreichischer Gebirgsjäger und Jagdkamerad verriet mir vor etlichen Jahren, dass er seine Bergstiefel folgendermaßen imprägniert: Die Reste von farblosen Kerzen in Flocken schaben und in Benzin auflösen. Ist der Sättigungspunkt erreicht, mit einem Pinsel insbesondere die Nähte und natürlich das Leder satt einstreichen. Das verflüssigte Wachs zieht ins Leder ein, das Benzin verdunstet und Sie haben gegen Nässe imprägnierte Stiefel. Die Oberfläche können Sie zusätzlich nochmals wie gewohnt mit Schuhcreme behandeln und mit einer weichen Bürste polieren.

Ein anderer Jäger meinte daraufhin, er würde seine Bergschuhe vor der Behandlung mit Lederfett zuerst einmal zehn Minuten bei 50 °C im Backofen aufheizen oder im Hochsommer eine halbe Stunde in die pralle Sonne stellen. Das öffne die Poren des Leders und das warme Lederfett würde so noch tiefer ins Leder einziehen. Diesem Rat mit dem Backofen misstraue ich in einem Punkt: Bei welcher Temperatur löst sich der Kleber, mit dem die Schuhsohle angeklebt ist? Dazu eine kleine Anekdote am Rande. Ein Bekannter wollte im Winter bei minus 17 °C seine kalten Füße und Stiefel am Lagerfeuer aufwärmen. Er nickte kurz ein und als er wieder aufgewacht ist, lag eine Laufsohle am Rand der Glut und die andere Schuhsohle hatte sich bereits zur Hälfte gelöst. Problematisch war, die Schuhsohlen bei knackigen Minustemperaturen wieder stabil an den Stiefel zu kriegen ... Es wurde improvisiert und die Sohle mit Panzertape fixiert, das hielt zumindest für den restlichen Tag.

Schuhsohlen griffig machen

Wer selten die schweren Bergstiefel nutzt, sollte die Sohlen vor dem Neugebrauch aufrauen. Gummisohlen härten aus und werden auf der Lauffläche glatt und rutschig. Wenn Sie mit grobem Schleifpapier oder einer Stahlbürste ein paar Striche über die Stiefelsohle machen, bringt das einen massiven Zugewinn an Sicherheit. 5 Minuten Arbeit investiert, dafür in den Bergen nicht umgeknickt, ausgerutscht oder abgestürzt.

AUSRÜSTUNG UND TIPPS FÜR DEN WINTER

Winterwarme Gummistiefel

Im Handel für Fischereibedarf hat ein Jagdkollege Neoprensocken aufgetan. Für etwas über 15 € hat er die Stücke erstanden und damit seine Gummistiefel aufgerüstet. Seiner Aussage nach wären sie vergleichbar mit beheizbaren Einlegesohlen und angeblich eine wärmere Lösung als Faserpelzsocken. Ich werde das versuchen, wenn meine gefütterten Marinestiefel aufgetragen sind.

Ein Bekannter hat sich im Surfzubehörhandel Neoprenschuhe gekauft und sie mit Gummistiefeln in entsprechender Größe kombiniert. Er meinte, so warme Füße hätte er bei -10 °C noch nie gehabt, bevor er mit Neopren in Gummi geschlüpft ist.

Spezielle Winterstiefel

Je nach Region, in der Sie jagen, und je nach zu erwartenden Minusgraden sollten Sie gefütterte, warme bzw. sehr warme Stiefel besitzen. Manche Stiefel, die richtig warm sind, eignen sich eventuell nicht zum Laufen weiterer Strecken. Stiefel, mit denen man weit laufen kann, müssen nicht unbedingt die wärmsten sein, sollten aber ausreichend gegen Kälte schützen, wenn man dann, wie zum Beispiel auf einer winterlichen Drückjagd, länger stehen oder sitzen muss.

Ich selbst nutze seit über 20 Jahren gefütterte Stiefel des kanadischen Herstellers

Die braunen Stiefel haben einen relativ dünnen Innenschuh und halten auf dem Ansitz bis zu Temperaturen von ca. -10 °C warm, die grünen Stiefel mit einem Innenschuh aus 1 cm dickem Filz sind meine Geheimwaffe für unter -10 °C!

Sorel mit Filz-Innenschuhen ... immer noch dieselben beiden Paar Schuhe!

Wenn Sie sich mit solchen Stiefeln ausstatten, kaufen Sie am besten ein zweites Paar Innenschuhe zum Wechseln dazu. Das erspart nasse Füße und bei der Jagdreise die Mitnahme eines weiteren Paars Stiefel. Außerdem nutze ich noch Filzwinterstiefel der ehemaligen NVA und fellgefütterte Schaftstiefel der Marine. Letztere haben aber nach fast 40 Jahren Einsatz langsam, aber sicher das Ende ihrer Nutzungsdauer erreicht. Viele Kameraden schwören auch auf heizbare Einlegesohlen.

Einlegesohlen

Ein Tipp aus einer ganz anderen Richtung kam von meiner Frau. Ihre Frostschutzfolie für die Windschutzscheibe des Autos war zerrissen. Sie legte einfach die alten Kälteschutz-Einlegesohlen ihrer Winterstiefel auf die unbrauchbare Scheibenfolie und zeichnete die Umrisse nach. Schere, ausschneiden, in die Stiefel damit und warme Füße sind garantiert.

Wenn Sie eine dünne alte Filzmatte haben, können Sie diese wie oben beschrieben ebenfalls zuschneiden und zur Isolation in die Schuhe legen, so die Schuhe nicht zu eng sind und genügend Platz für die Zehen verbleibt. Achten Sie darauf, dass Sie die Zehen in den Stiefeln gut bewegen können. So beugen Sie ebenfalls eiskalten Füßen vor.

Eisschutzfolie als Einlegesohle

Thermoboy als Kälteschutzanzug. Wenn man ihn auch noch mit einem ausreichend großen Tarnanzug kombiniert, kann man schon mal eine komplette Nacht bei Kälte durchhalten.

Kälteschutz-Overall

Jungjäger mit schmalem Geldbeutel können sich in Punkto Kälteschutzbekleidung vielleicht einmal auf dem Motorradsektor umschauen. Wer kann sich als Mopedfahrer nach dem Jagdschein schon für 300 € oder mehr einen Kälteschutz-Lodenoverall oder für 1.000 € oder mehr einen Lammfell-Overall leisten? Meine ersten beiden Jagdwinter habe ich mit einem „Thermoboy" mit übergestreiftem Schneehemd der Kälte getrotzt. Die Reflektionsstreifen wurden vom Schneehemd verdeckt und verrieten mich nicht. Der Overall war damals bereits für unter 150 DM zu haben bzw. war ja schon vorhanden, weil ich mein Motorrad bis in den Frühwinter hinein nutzte. Der Thermoboy kommt ab und zu auch heute noch zum Einsatz. Allerdings ist er nicht gerade „lautlos", weshalb ich ihn eigentlich immer mit einem Überanzug kombiniere. Das reduziert den Geräuschpegel nochmals erheblich.

Handschuhe

Spezielle Handschuhe für Jäger oder Militär verfügen häufig über Schnitte im Bereich des rechten Zeigefingers, um mit Gefühl den Abzug der Jagdwaffe betätigen zu können. Leider werden meist die Linksschützen vergessen. Bei dünnen und ungefütterten Lederhandschuhen haben Sie kein Problem, schneiden Sie auf der Finger-Innenseite einfach einen Längsschlitz in entsprechender Länge ins Leder. Bei gefütterten Lederhandschuhen müssen Sie entscheiden, ob Sie das Futter am Schießfinger aus dem Handschuh rausschneiden oder im Bereich des Schnittes am Rand mit dem Außenleder wieder vernähen. Bei Strickhandschuhen müssen Sie am Abzugsfinger zwingend vor dem Schnitt eine „Knopflochnaht" machen: Kennzeichnen Sie zuerst Anfang und Ende des Schnittes. Er sollte ungefähr von der Zeigefingerspitze bis zum ersten Knöchel reichen. Nun nähen Sie mit Nadel und Faden mit Knopflochstichen zwei eng beieinanderliegende senkrechte Nähte links und rechts der Schnittmarkierung. Begrenzen Sie beide Längsnähte oben und unten mit einer Quernaht. Anschließend machen Sie mit einer kleinen Schere (z. B. Nagelschere) einen Einschnitt zwischen den beiden senkrechten Nähten und schaffen so die Öffnung für den Schießfinger. Ich mache das bei linken und rechten Fingerhandschuhen und Fäustlingen, da jagdlich auch einmal mit der „schwachen" Seite geschossen werden muss. Zumindest ich trainiere immer wieder einmal meine schussschwache Seite mit Kurz- und Langwaffe.

Mein Wollfäustling wird auf ähnliche Art „schießtauglich" gemacht. Erst das „Fingerloch" mit einer Knopflochnaht einfassen (einketteln) und dann erst die Öffnung aufschneiden.

Wollhandschuhe imprägnieren

Wollhandschuhe können Sie imprägnieren, indem Sie sie längere Zeit in essigsaure Tonerde legen und anschließend an der Luft trocknen lassen.

Trick für rutschsichere Schuhe

Falls ich einmal von einem Eisregen überrascht werde und meine Schuhspikes im Auto oder zu Hause habe, behelfe ich mir mit ein paar Wicklungen Schnur oder Draht um die Schuhe. Schnur habe ich immer dabei. Um die Lauffläche der Stiefel gewickelt, erhöht das die Griffigkeit immens und man kann sich zumindest bis zur nächsten Unterkunft, dem Auto oder zum Hochsitz retten.

„Sitzheizung" im Ansitzsack (1)

Bei einer Jagdeinladung auf der Schwäbischen Alb auf Sau und Fuchs habe ich eine absolut pfiffige Idee aufgeschnappt. Beim Betreten der Kanzel fiel mir eine Autobatterie und ein zum Bürostuhl führendes Kabel auf. In der Ansitzkanzel befand sich bereits ein Ansitzsack, in den eine elektrische Heizmatte für einen Pkw-Sitz eingenäht war. Anschlusskabel einstecken, Schalter an, mollig warm. So lässt sich ein Nachtansitz bei -15 °C auch überstehen! Lästig ist halt dann das ständige Laden der Autobatterie, wenn sie einmal leer ist.

Gewehr- und Sitzfutteral (2)

Wer wie ich seine Drückjagdwaffe in einem Futteral zum Drückjagdstand trägt, hat somit auch gleich ein wärmendes Sitzkissen dabei.

Öffnen Sie das Futteral vollständig und nutzen es als Sitzkissen und Rückenlehne. So wird der durch die Bretter pfeifende Wind wirksam abgehalten und der Rücken bleibt warm. Die Nieren werden es Ihnen danken.

Beheizbare Autositz-Auflage im Ansitzsack

Kalte Ansitznächte überstehen

Mein erster Jagdherr nahm auf die kalten Nachtansitze außer dem Ansitzsack immer noch eine große Thermoskanne mit heißem Wasser und eine Wärmflasche mit. Wenn es ihm zu kalt wurde, füllte er die Wärmflasche auf und platzierte sie im Ansitzsack oder am Rücken oder stellte schlicht die kalten Füße ohne Stiefel drauf. Diese Methode hat noch den Pluspunkt, dass zum Händewaschen nach dem Versorgen des Wildes mehr oder minder warmes Wasser zur Verfügung steht.

Waffentragetasche als Sitzpolster

Ansitzsack innen nicht verschmutzen (3)

Ein ganz einfacher und wahrscheinlich recht bekannter Trick ist, dass man, bevor man in den Sack steigt, die Stiefel in Plastiktüten steckt. Schlamm und Schnee bleiben dann in der Tüte und verschmutzen den Sack nicht. Aber in der Tüte kann der Schnee schmelzen, das Stiefelleder durchnässen, man bekommt feuchte Socken und friert ...

Die meisten Ansitzsäcke haben eine Plastikfolie im Fußbereich eingenäht, um Schmelzwasser und Schmutz aufzufangen. Trotzdem sollte man seine Stiefel in einen Müllsack oder eine Plastiktüte stecken, bevor man „einsteigt".

Überschuhe der Schweizer Armee, in die man mit seinen Jagdstiefeln schlüpfen kann. Ähnliche gibt es auch von der US-Armee oder der Bundeswehr.

Ich mache es anders und möchte nochmal die Galoschen und Biker-Regenschuhe von Seite 24 ins Gedächtnis rufen: Ich schlüpfe beim Verlassen des Autos in diese wasserdichten Überschuhe, gehe zur Ansitzkanzel und ziehe diese wieder aus, bevor ich in den Ansitzsack steige.

Schlafsackschuhe

Die britische, die kanadische und die amerikanische Armee gibt im Rahmen ihrer Kälteschutz-Bekleidung sogenannte Schlafsack-Schuhe aus. Diese schützen bei extremer Kälte die Füße vor dem Erfrieren. Manchmal kann man sie günstig erstehen. Meine habe ich im Internet um sagenhafte 10 € gefunden; sie halten den Fuß immens warm. Sie eignen sich auch hervorragend als Hüttenschuhe, wenn man im Winter in der kalten Hütte sitzt.

„Boot, Tent, Arctic" ... Zeltschuhe, mit denen man sicherlich keinen Schönheitspreis gewinnt. Aber sie sind mollig warm!

Haut vor Kälte schützen

Eine Methode ist, der Kälte ausgesetzte Körperpartien wie Wangenknochen, Nase etc. mit Fett einzucremen. Hirschtalg-Creme, Dachsfett oder Melkfett bieten sich hier an. Melkfett hilft zudem bei spröder und rissiger Haut sowie bei Hautabschürfungen und Insektenstichen.

Ich empfehle jedoch bei extremer Kälte die Verwendung einer Woll-Gesichtsmütze, Sturmhaube, Balaclava oder einer Kälteschutz-Gesichtsmaske – auch wenn Sie aussehen wie ein Schwerverbrecher. Auf dem Ansitz sieht Sie niemand, Sie brauchen sich also nicht zu schämen. Hauptsache, Sie erleiden keine Erfrierungen. Ich kann ein Lied davon singen: Ich habe mir bei meiner Bundeswehrzeit auf dem Truppenübungsplatz mangels passender Kleidung bei minus 28 °C Ohren, Nasenspitze und Fingerspitzen erfroren und dabei Nervenschädigungen erlitten. Meine Zehen konnte ich schützen, indem ich über die Kampfstiefel Sandsäcke zog, die ich mit Fichtenzweigen ausstopfte. Nervenschäden sind kein Spaß, beugen Sie vor!

Gesichtsmaske und Sturmhaube zum Schutz des Gesichts bei Extremkälte

Hände/Finger vor Erfrierungen bewahren

Für tiefe Temperaturen nutze ich schlicht und ergreifend Fäustlinge. Dünne Seiden-Fingerhandschuhe in die Fäustlinge und der Ansitz ist gerettet. Und wenn es ganz schlimm läuft, packen Sie noch einen Taschenofen/Heizkissen oder einen Handwärmer mit hinein. Das Prinzip Seidenhandschuh und Fäustling hat die Firma HEAT kombiniert und an ihrem Handschuh noch ein kleines Täschchen platziert, in das man ein Heizkissen packen kann. Den „Fingersack" kann man bei Bedarf wegklappen und bekommt so die dünnen Fingerhandschuhe frei, um filigran arbeiten zu können. Leider haben die Handschuhe einen Nachteil: der „Fingersack" ist am Rest-Handschuh mit Klett verschlossen, der leider einen Höllenlärm macht, wenn man die Finger frei bekommen will. Ich habe am Handschuh der Schusshand den Klett mit Tape abgeklebt.

Fäustlinge: Das rechte Paar hat sogar extra ein Loch für den Abzugsfinger eingearbeitet.

Taschenofen: Bei extremer Kälte habe ich immer zwei Stück dieses Klassikers in Gebrauch und wechsle öfter die Taschen.

„Finger-Fäustlinge" der Firma HEAT verfügen über ein abklappbares Fingerteil, sodass nur im Bedarfsfall die in einem eingenähten Seidenhandschuh befindlichen Finger der Kälte ausgesetzt werden. Zusätzlich verfügen sie über ein Fach für ein Heizkissen.

Wie spät ist es?

Jeder Winter-Ansitzjäger kennt das Problem: Man ist schön mummelig und warm eingepackt, der Jägerspiegel beginnt langsam zu schmerzen und man will wissen, wie spät es ist. Man muss sich förmlich „durchgraben“, um an das begehrte Zeiteisen zu gelangen. Alleine die Bewegung, das Rascheln und unterdrückte Schimpfen könnten einen aufmerksamen Beutegreifer oder die sich der Kirrung nähernde Sau vergrämen. Die erste Anregung für eine Lösung dieses Dilemmas lieferte eine gute Bekannte, die Krankenschwester ist und an ihrer Schwesterntracht eine Hänge-Uhr befestigt hat. So kann sie durch einfaches Senken des Kopfes die Uhrzeit ablesen. Als mir bei meiner Billig-Arbeitsuhr ein Armband abriss, ersetzte ich es durch eine Bandschlaufe, durch die ich einen Schlüsselring zog. In der Kanzel hängt die Uhr an einem Nagel und gibt stets über die Uhrzeit Auskunft. Sie können die Uhr aber auch außen an der Jacke am Reißverschluss befestigen und vergessen sie auf diese Weise nicht, wenn Sie abbaumen.

„Hängeuhr“

Müdigkeit auf der Kanzel

Niemand wird es einem verübeln, wenn man bei einem langen Ansitz einmal für ein paar Minuten einnickt – außer man sich selbst! Sollte Sie einmal die Müdigkeit übermannen, schauen Sie einfach geradeaus, halten Sie Ihren Kopf in dieser Stellung und drehen Sie nur Ihre Augen nach oben. Halten Sie diese Position 30 Sekunden und sehen Sie nur nach oben. Sie haben in der Regel den Totpunkt überwunden und sind für die nächste Zeit fit.

Tarnung im Winter

Es scheint so, als wären die langen, kalten und schneereichen Winter vorbei. Außer Sie jagen im Hochgebirge oder in ausgewiesenen „Schneelöchern“. Deshalb wollen viele Jäger nicht mehr in kostspielige Tarnbekleidung und -ausrüstung für Schneelagen investieren. Aber es geht auch preiswert!

Ausrüstung wie Zielfernrohre, Fotostativ, Fernglas o. Ä. können Sie mit Tape bekleben. Panzerband und normales Tape haben aber mitunter den Nachteil, dass Klebstoffreste zurückbleiben, die dann wiederum aufwendig entfernt werden müssen. Nutzen Sie stattdessen Kinesio-Tape bzw. Sporttape. Das ist im Internet in verschiedenen Breiten günstig zu bekommen. Vorteil: Die Oberfläche ist matt und nicht reflektierend, es passt sich in gewissem Maß ohne Faltenwurf den Formen des zu beklebenden Gegenstandes an und hinterlässt keine Klebstoffreste.

Die **Waffe** können Sie natürlich auch wie oben beschrieben bekleben. Ich nutze allerdings entweder Verbandmull aus dem abgelaufenen Verbandkasten oder einen „Schlauchverband“, wie er beispielsweise für Kopfverbände im Krankenhaus verwendet wird. Was genau Sie beim Umwickeln der Waffe und des Zielfernrohrs beachten müssen, wird auf S. 47 beschrieben.

Mit Verbandmull getarnte Büchse

Bei der **Manntarnung** können Sie auf billige Einweg-Maleranzüge zurückgreifen. Ideal für den Jagdgast, der nichts „Weißes" dabei hat, um ihn bei geschlossener Schneedecke zu den im Feld stehenden Sauen oder Füchsen zu schicken. Das „Einweg" hat schon seine Berechtigung. So ein Papieroverall ist nicht besonders widerstandsfähig. Anders hingegen ein Mehrweg-Lackieroverall. Die Investition von ca. 10 € im Baumarkt lohnt sich, weil man ihn sogar noch mit einem Tarnmuster versehen kann, damit man im Winterwald nicht als weißer Klotz auffällt. Ob Sie das Muster mit einem Permanentmarker als Astmuster aufzeichnen oder mit einer Schablone und Spraydose arbeiten, müssen Sie entscheiden.

Wer in einem „Übergangsgebiet" jagt, wo Schnee doch öfter einmal liegen bleibt, für den lohnt sich eventuell ein Blick in den Retro-Bekleidungssektor. Hier gibt es in Anlehnung an die unsäglichen zwölf Jahre des letzten Jahrhunderts neu gefertigte Wendekleidung, die auf einer Seite eine oliv- oder graugrüne Farbe aufweist, auf der anderen Seite rein weiß ist. So kann man je nach Witterung, Schneelage und Bedarf Jacke und Überziehhose auf „Links" wenden. Diese Anzüge sind in den letzten Jahren aber sehr teuer geworden. Meine Wendejacke nutze

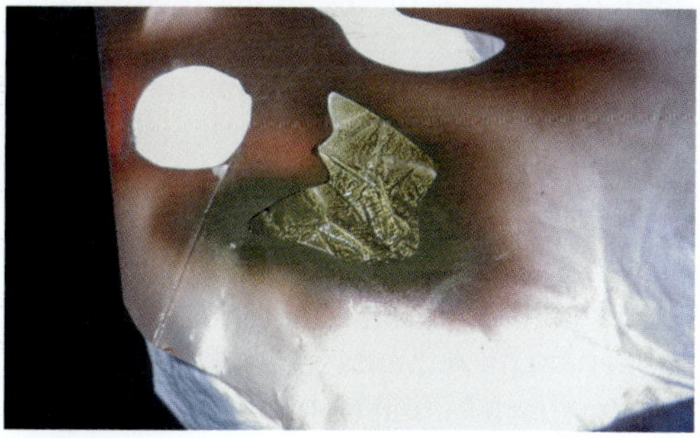

Lackieroverall, mit Schablone und Sprühdose angepasst

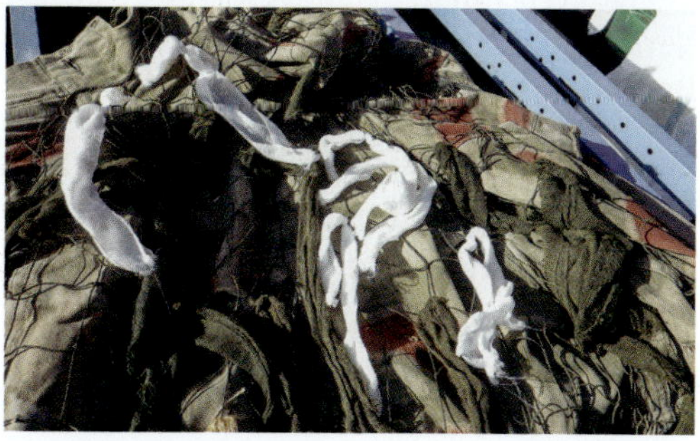

Wendetarnjacke in Weiß/Tarndruck sowie Tarnparka mit Verbandmullstreifen im angenähten Netz

ich schon seit über 20 Jahren. Für Wetterlagen, bei denen der Boden „lediglich überzuckert“ ist, nutze ich bei einer Stellung am Boden einen alten Parka, auf den ich ein Netz aufgenäht habe. In dieses Netz kann ich je nach Bedarf Verbandmullstreifen knoten, um mich der Umgebung anzupassen.

Auch für den **Tarnstand** gibt es eine günstige Alternative. Entweder Sie nutzen weißes Moskitonetz, das Sie für +/- 10 € im Internet in verschiedenen Größen bekommen, oder Sie fragen bei Oma, den Eltern oder bei Freunden, ob sie nicht überzählige Fenstergardinen herumliegen haben. Auch der Flohmarkt ist hier eine gute Adresse. Weiße Tarnverblendung aus dem Jagdhandel ist in der Regel viel teurer und genauso wenig blickdicht wie die günstigen Alternativen. Nehmen Sie den Vorhang- oder Moskitostoff einfach mehrlagig übereinander, damit er weniger durchsichtig ist.

AUSRÜSTUNGSGEGENSTÄNDE, DIE ICH IMMER DABEI HABE

Folgende Gegenstände habe ich auf der Jagd immer mit – je nach Witterung, Jahreszeit oder Jagdart kann das natürlich etwas variieren. Jagdmesser, Taschenmesser, Windanzeiger („Mehlfläschchen“), Mauspfeifchen, Hasenklage, Kitzfiep in einem Lederetui, einen Satz Batterien für Taschenlampe und Absehenbeleuchtung, Laser-Entfernungsmesser, Kompass, Papiertaschentücher für den Anschuss zur Schweißsuche bzw. als Toilettenpapier (ohne Verpackung; die raschelt), Stirnlampe, Taschenlampe, Fernglas, Feldflasche mit Wasser, Gehörschutz, Erste-Hilfe-Set, Einmalhandschuhe, Müllsack, Handschuhe und Schlauchschal, Reservemunition für die Büchse, Kurzwaffe im geeigneten Holster (mit Spiralkabel gegen Verlust gesichert). Dazu Bergehaken bzw. Bergeschlaufe, Gesichtsmaske und dünne Handschuhe (mit Tarndruck).

„Verpackungsplan“ für die notwendigen Ausrüstungsgegenstände

Ich habe mir für meine Jagdbekleidung einen regelrechten „Taschenplan“ überlegt, sodass ich im Endeffekt die Ausrüstung „am Mann“ immer in derselben Tasche finden kann und nicht lange überlegen muss, wo jetzt was gerade ist und dementsprechend alle Taschen durchwühlen muss. Wenn man zur Jagd fährt: Hose und Jacke nehmen und man hat 95 % der nötigen Sachen dabei – mal von Waffe und Munition abgesehen. Im Hochsommer könnte eine „Viel-Taschen-Weste“ (evtl. Fischerweste) die Jagdjacke ersetzen.

Meine **Jagdhosen** zum Beispiel haben alle (!) Oberschenkeltaschen. So habe ich in der linken Oberschenkeltasche die Ausweismappe mit Jagdschein und allen waffenrechtlichen Erlaubnissen und die Notfallkarte. Die zweite kleinere Ausweismappe beinhaltet Impfausweis, Personalausweis, Dienstausweis und Angabe zur Blutgruppe. In die rechte Oberschenkeltasche kommen das Taschenmesser in der Messertasche, der Geldbeutel und das Mobiltelefon. Rechte Hosentasche für Autoschlüssel, linke Hosentasche für sonstige Schlüssel und das Stofftaschentuch.

Meine **Jagdjacken** haben mindestens fünf, besser sechs Außentaschen, die ebenfalls systematisch befüllt werden. Linke Brusttasche: „Sofortmunition“ für die Jagdwaffe (als Linksschütze stört dann im Anschlag kein Inhalt). Rechte Brusttasche: die Reservebrille im Kunststoffetui, Plastiktütchen für Wildbretteile am Anschuss in einer Ledermappe, Papiertaschentücher ohne Tüte, Optikpflegetuch. Die vordere große Jackentasche links nimmt die Sturmhaube, die dünnen Tarnhandschuhe und die Einweghandschuhe nebst Mehlfläschchen auf. Die rechte, große Vordertasche ist für Mauspfeifchen, Kompass, Gehörschutzstöpsel und Anschuss-Markierband bzw.Trassierband vorgesehen. Die rechte hintere Gesäßtasche nimmt das Reservemagazin/Reservemunition und eine Taschenlampe auf, die linke hintere Tasche den Entfernungsmesser und sonstiges.

Auf Drückjagden können Sie die Bergeschlaufe auch zum Anleinen eines vorbeikommenden Hundes verwenden. Wenn nach der Drückjagd ein Hund sein Herrchen sucht, gehört es sich, dass man den planlos suchenden Hund zum Sammelplatz mitnimmt.

WAFFEN

AUFBEWAHRUNG

Der Waffenschrank

Die Waffenaufbewahrung der Jagd- und Fangschusswaffen erfolgt gesetzeskonform in einem Waffentresor mit der entsprechenden Sicherheitsklassifizierung. So sind die Waffen vor unbefugtem und fremdem Zugriff gesichert. Meist steht dieser Waffenschrank in einem dem normalen Besuch nicht einsehbaren und dennoch leicht zugänglichen Bereich, meistens im Keller eines Hauses. Dort kann es aber feucht sein und zudem manchmal auch noch etwas „düfteln“.

Waffen vor Feuchtigkeit schützen

Um die kostbaren Arbeitsgeräte vor Feuchtigkeit und Modergeruch zu bewahren, bietet es sich an, sogenannte Trockenkissen in den Schrank zu legen. Diese Kissen fallen im Elektro- und Elektronikhandel an und werden dort meist weggeworfen. Man

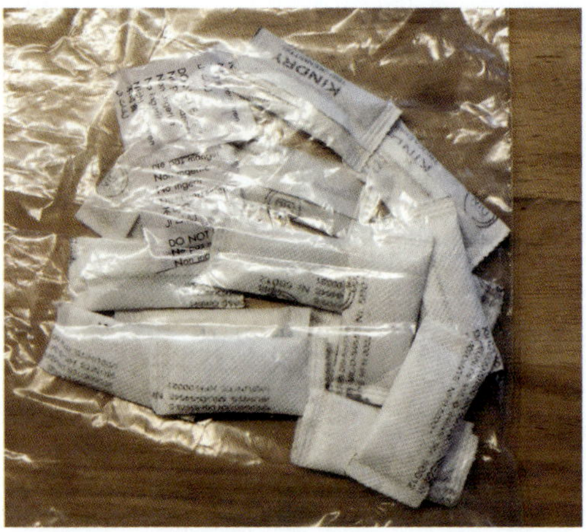

Die Trockenkissen-Granulatsäckchen natürlich nicht im Plastikbeutel, sondern in einem Stoffbeutel in den Waffenschrank hängen.

bekommt sie auf Nachfrage geschenkt. Im Waffenschrank sorgen sie für ein trockenes Klima, verhindern Flugrost und üble Gerüche. Nur sollten Sie die Kissen ab und zu mal im Ofen (50 °C für 30 Minuten bei leicht geöffneter Ofenklappe) trocknen, damit sie im feuchten Umfeld wieder die Luftfeuchtigkeit aufnehmen können.

Sie können aber auch als billigen und natürlichen Luftentfeuchter eine Packung Speisesalz in den Tresor stellen. Wenn das Salz seine Wirkung verliert und hart wird, können Sie es als „Salzlecke“ im Revier verwenden. Dazu weiter hinten mehr.

Achtung – feuchter Gewehrriemen

Gleich an dieser Stelle möchte ich noch einen Hinweis loswerden. Wenn Sie nach einer regenreichen Jagd die Waffe mit nassem Gewehrriemen in den Schrank stellen, können Sie unter Umständen innerhalb einer Woche

Flugrost auf Waffe oder Montage haben. Nehmen Sie den Riemen von der Waffe und trocknen ihn separat. Wenn der Riemen wirklich trocken ist, können Sie das Leder einfetten und ihn wieder an der Waffe befestigen. Ich selbst bewahre nach der oben beschriebenen Erfahrung die Riemen außen am Schrank an Magnethaken auf.

Sollten Sie dennoch einmal die eine oder andere Stelle mit dem Ansatz von Flugrost an Ihrer Waffe finden, können Sie diese Stelle leicht reinigen. Knüllen Sie Aluminiumfolie zu einer Kugel zusammen, benetzen Sie die Stelle mit Waffenöl und reiben Sie vorsichtig mit der Kugel die Stelle ab. Stahlwolle oder Schleifpapier ist in der Regel nicht nötig und würde die Brünierung beschädigen.

Mehr Platz im Waffenschrank

Wahrscheinlich geht es jedem Jäger so – der Platz im Waffenschrank ist schnell zu wenig und die Aufbewahrung der Zusatzausrüstung gleitet ins Chaos ab. Den reichlich vorhandenen Luftraum an Tür- und Wandinnenseiten können Sie nutzen, indem Sie eine magnetische Halterung für Gefäße anbringen. Hilfreich ist hierbei ein mit einem Haftmagneten versehenes Silikonband der Marke „Gymbutler“ (Tipp von Manni). Das Band ist zwar nicht ganz billig, hält aber mit dem Magneten bis zu zwei Kilo Gewicht und kann eine Blechdose oder einen Becher aufnehmen, der Reinigungsbürsten, Pufferpatronen oder Utensilien für die Optikpflege aufnimmt.

Waffenhalterungen im Waffenschrank selbst bauen

Viele Jäger kennen das: Die Rückwand des Waffenschrankes ist vollgestellt, an der Seite wäre aber noch Platz für die eine oder andere Waffe oder andere Ausrüstung. Außerdem bietet der dem Waffenschrank beigegebene Waffenhalter in der Regel nicht genug Platz

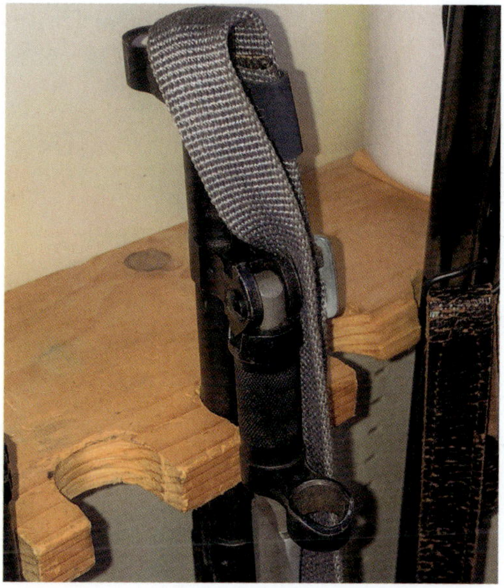

Selbst gefertigte Waffenhalterung für den Waffenschrank, gleichzeitig auch Ablage für Kleinzeug

zur Rückwand für das montierte ZF. Hier kann man mit einer selbst gebauten Gewehrhalterung Abhilfe schaffen und maßgeschneidert Standorte für die Waffen schaffen.

Ein etwa 12 cm breites und 2 cm dickes Fichtenbrett wird an der vorderen Kante mit halbkreisförmigen Einschnitten (35 mm Ø) mit entsprechendem Seitenabstand zur nächstfolgenden Waffe versehen. Bei Repetierern muss natürlich etwas mehr Abstand gehalten werden, damit der gekröpfte Kammerstengel Platz findet (außer, man bewahrt den Verschluss im Innenfach oder in einer gesonderten Ablage separat auf). Kipplaufbüchsen, Unterhebelrepetierer, Halbautomaten, Bockflinten bzw. kombinierte Waffen können etwas enger zusammengestellt werden. So finden individuell auch an den Schrankseiten die Jagdwaffen Platz und das Brett kann sogar noch als schmale Ablage z. B. für den Schalldämpfer oder für Schutzkappen dienen. Beklebt man die halbrunden

Ausschnitte für die Waffenläufe noch mit Filz oder Schaumstoff, leidet auch die Brünierung der Waffen nicht. Die Befestigung der selbst kreierten Waffenhalterung im Schrank kann durch Magnete oder geschweißte bzw. angeschraubte Metallwinkel erfolgen.

Noch mehr Platz im Waffenschrank

Wie schon erwähnt, stellen die Kammerstengel der Repetierbüchsen wahre Raumkiller dar. Wenn Sie die Kammerstengel aus der Waffe entfernen und beispielsweise an der Schranktüre verwahren, gewinnen Sie viel Platz. Wie kann ich jetzt die Verschlüsse an der Türe aufhängen? Besorgen Sie sich einen Schrotpatronenhalter oder nähen Sie ein breites Gummiband in Schlaufen auf ein Stück Filz, das Sie mit doppelseitigem Klebeband an die Innenseite der Waffenschranktüre kleben oder mit starken Magneten befestigen.

Filzfliesen oder Isomatte im Waffenschrank

Nervt es Sie auch, wenn Sie aus dem Waffenschrank (besonders dem Kurzwaffenfach) eine Waffe entnehmen und aus Unachtsamkeit an den Metallkorpus stoßen? Oder wenn Ihnen etwas umfällt? Abgesehen von der Lärmentwicklung tragen die Waffen schon mal eine unschöne Macke davon. Kleiden Sie einfach das Innere mit Filz-Klebefliesen aus dem Baumarkt oder einer Isomatte aus. Diese Fliesen gibt es in verschiedenen Farben, Sie können sie mit dem Cutter-Messer zuschneiden. Die Isomatte können Sie sogar mit der Schere zuschneiden.

Sie können aber auch (nachdem Sie den Boden Ihres Waffenschranks mit Filz ausgelegt haben) die eine oder andere Langwaffe auf die Mündung stellen – das verhindert, dass die Waffenmündung rutscht (Eisen auf Eisen) und/oder beschädigt wird.

Licht im Waffenschrank

Meist stehen die Waffenschränke mehr oder weniger verborgen in dunklen Ecken des Hauses oder der Wohnung. Um im Waffenschrank zur passenden Auswahl der Waffe entsprechend etwas Licht zu haben, empfiehlt sich die Anbringung von Magnet- oder Klebe-LED-Lampen. So finden Sie sich auch im Dunkeln in Ihrem Schrank zurecht. Wer es luxuriöser haben will, kann sich für günstiges Geld eine LED-Leuchtleiste mit Bewegungssensor kaufen. Das Licht geht an, sobald Sie die Tür öffnen.

Ist der Stellboden des Waffenschranks mit einer Isomatte ausgelegt, können Sie bei Platzmangel auch mal eine Waffe auf die Mündung stellen, ohne Angst vor einer Beschädigung derselben haben zu müssen.

Drucklicht aus dem Discounter. So leicht kann man im Waffenschrank Licht haben.

Gewehrriemen im Waffenschrank fixieren

Mich ärgern die schlampig an den Jagdwaffen herumbaumelnden Gewehrriemen! Fixieren Sie die Gewehrriemen stramm mit Klett- oder Gummibändern oder einem Stück Fahrradschlauch am Waffenlauf. Elektriker-Stromkabel mit Gummi-Ummantelung passend gebogen und mit gebogenem Haken an der Mündung eingehängt beseitigen auch das schlimmste Chaos. Ordentlich an den Waffen fixiert, hängen sie sich bei Entnahme der Jagdwaffe nicht bei anderen Gewehren oder Flinten ein, die dann eventuell aus dem Schrank fallen könnten.

Fahrradschlauch-Ring als Straffer für den Gewehrriemen

Mit Elektrikerdraht gefertigte „Riemenstraff-Vorrichtung"

TIPPS ZUM UMGANG MIT WAFFEN

Als ich 1980 aktiv mit dem Schießsport begonnen habe, musste ich u. a. noch die „Zehn Gebote für den sicheren Umgang" mit der Waffe auswendig lernen. Heute hat man das auf die nachfolgenden vier Punkte reduziert.

1. Betrachten Sie jede Waffe als geladen (auch wenn Sie sich selbst vom Gegenteil überzeugt haben, gehen Sie damit um wie mit einer geladenen Waffe)
2. Richten Sie die Mündung nie auf etwas, was Sie nicht zerstören wollen (Mündungsdisziplin/„Laserregel")
3. Führen Sie den Finger erst an den Abzug, wenn die Mündung auf das Ziel zeigt
4. Sie müssen sich Ihres Zieles zu 100 % sicher sein und auf den Bereich vor und hinter dem Ziel achten

Waffe laden/sichern

Beachten Sie die Begriffe teilgeladen/unterladen und fertig geladen/geladen (das gilt natürlich nicht für Kipplaufwaffen – diese sind entweder ungeladen oder geladen). Teilgeladen bedeutet, dass sich das gefüllte Magazin in der Waffe befindet, das Patronenlager ist leer. Fertig geladen heißt, dass eine Patrone abschussbereit im Patronenlager liegt. Beim Revolver ist bei teilgeladen eine leere Trommelkammer vor dem Lauf, bei fertig geladen ist eine Patrone vor dem Lauf.

Waffe stechen/schießen

Wahrscheinlich ereignen sich mit Stecherabzügen mehr ungewollte Schussabgaben als mit Sportabzügen. Eine feine Sache, wenn man mit Stecherabzügen umgehen kann –

aber brandgefährlich in ungeübten Händen. Rein auf die Abzugsqualität bezogen, sind fein einstellbare Büchsenabzüge völlig ausreichend und auch fein genug einstellbar.

Waffe nachladen bzw. entladen

Die Situation gibt vor, ob Sie nachladen oder die Waffe entladen müssen/wollen. Auf jeden Fall müssen Sie alle Tätigkeiten an und mit der Waffe fehlerfrei beherrschen (und mit Blick auf die Nachtjagd auch im Dunklen!).

Sicherheit am Schießstand bzw. bei Drückjagden

Auf jedem Schießstand ist es gefordert und vorgeschrieben, bei vielen Drückjagden aber leider noch unüblich: die deutliche Sichtbarmachung, dass die Waffe entladen ist. Sei es mit einem Fähnchen im Patronenlager oder schlicht durch den offenen Verschluss. Bei Halbautomaten, bei denen der Verschluss nicht in hinterster Stellung arretiert werden kann (z. B. Kalaschnikov- oder Dragunov-Klone), tut es auch eine eingeklemmte Patronenhülse um anzuzeigen, dass das Patronenlager leer und der Verschluss nicht verriegelt ist.

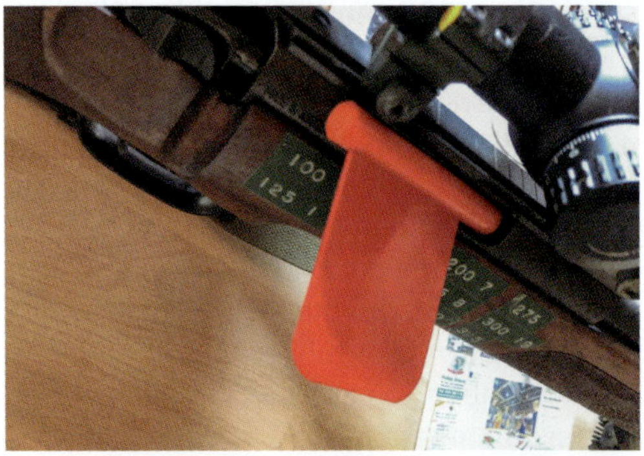

Sicherheitsfahne im offenen Verschluss bzw. abgeschossene Hülse als „Sicherheitsfahne“

ALLGEMEINE TIPPS FÜR WAFFEN

Zweibein

Viele Jäger hassen sie („Ich schieße doch nicht mit einem Maschinengewehr!“), andere sind unentschlossen und andere wollen es nicht mehr missen – das Zweibein an der Langwaffe. Besonders bei der Pirsch ergeben sich immer wieder Einsatzmöglichkeiten oder Notwendigkeiten dafür – und sei es lediglich der Anschlag seitlich am Baum, bei dem man die Waffe am abgeklappten Zweibein stabilisieren kann. Allerdings muss man das Schießen mit ihm ebenfalls üben. Bei einem jagdlichen Weitschuss-Seminar kam ein Jäger mit einem selbst gebauten Zweibein auf den Schießstand und war furchtbar stolz auf seine leichtgewichtige Lösung. Er hatte eine Kunststoff-Leimzwinge an den Griffen mit Kunststoff-Rohren verlängert. Eigentlich eine geniale Idee! Leicht, zum Transport an der Patte einer Außentasche oder dem Jackenkragen anzuklemmen und wenn die Rohre stramm in den Griffen der Klemme laufen, sogar noch bedingt in der Höhe verstellbar.

Maßlose Enttäuschung machte sich jedoch im praktischen Gebrauch breit! Er klemmte sein Zweibein vor dem Vorderschaft am Lauf fest und die Waffe schoss auf 100 Meter nur noch Streukreise von 10 cm und mehr. Als ich ihm daraufhin riet, die Klemme am Vorderschaft anzubringen und den Lauf nicht zu berühren, passte die Sache wieder. Allerdings vertrug die „Höhenverstellung" des Zweibeins in dieser Version nur maximal drei Schuss, dann rutschte die Waffe mit jedem Schuss tiefer.

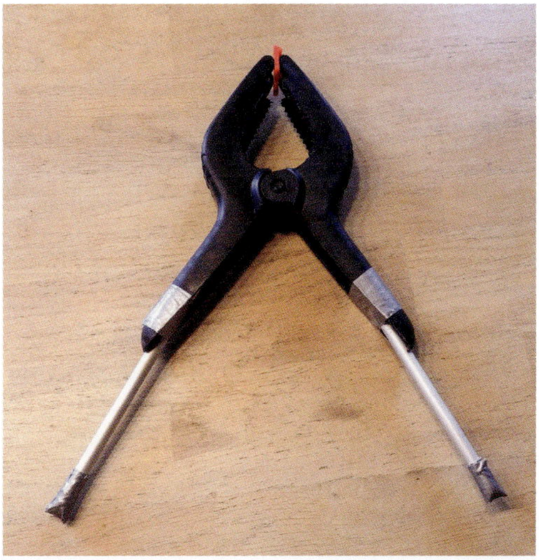

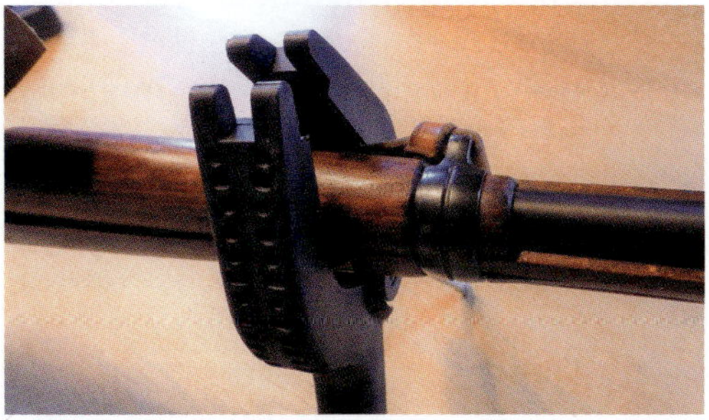

Nachbau des beschriebenen Zweibeins für einen Bekannten. Statt der Plastikrohre verwendete ich dünne Aluminiumröhrchen, die ich auf der Innenseite des Griffes über die Schenkelfeder der Leimzwinge schob (= „Tiefenanschlag"). Zur Demonstration an meinem 98er angeklemmt. Die Zacken an der Leimzwinge können Sie entweder abfeilen oder mit Filz bekleben. So schonen Sie den Schaft der Jagdwaffe.

Gewehrriemen contra Gewehrfutteral

Wer kennt nicht die Situation: Man ist auf dem Hochsitz, das lang ersehnte Stück erscheint endlich auf der Bühne. Jetzt die Waffe noch in Anschlag bringen ... doch der Gewehrriemen hängt sich irgendwo ein und man schlägt mit der Waffe an! Weg ist die sicher geglaubte Beute! Das passiert mit einem Gewehrfutteral aus LKW-Plane, einer alten Wolldecke oder auch einer alten Schweißerschürze nicht. Das Futteral wird mit einem oder zwei (Rucksack-)Trageriemen versehen und der Gewehrriemen bleibt zu Hause. Das Futteral kann dann auch noch als Sitzunterlage dienen. Wie Sie sich ein einfaches Futteral selbst herstellen können, wird auf S. 45 beschrieben.

Von einem alten Rucksack abgetrennte und an einer Waffentasche festgenähte Rucksackriemen. So kann ich meine Drückjagdbüchse bequem zum Ansitz tragen.

Gegen rutschenden Gewehrriemen

Jeder Jäger kennt das Problem von rutschenden Gewehrriemen auf der Schulter, auch wenn sie mit einem Anti-Rutsch-Belag versehen sind. Beim Gehen gleitet der Waffenriemen immer von der Schulter, besonders, wenn noch ein Rucksack getragen wird. Einfach lästig und nervend! Doch es gibt Abhilfe:

1. Ziehen Sie ein Stück **Fahrradschlauch über den Gewehrriemen**. Der weiche Gummi rutscht nicht mehr so leicht über den Stoff von Jacke oder Hemd.
2. Die Nutzer von Militärjacken können die **Schulterklappen** zweckentfremden. Rollen Sie diese zu einer kleinen Rolle zusammen und nähen Sie diese Rolle mit wenigen Stichen an der Schulter der Jacke fest. Ich habe mir eine kleine Anleihe bei der Uniformjacke der ehemaligen k. u. k-Monarchie Österreichs aus dem 1. Weltkrieg genommen. Auch die französische Armee hatte noch im 1. Weltkrieg auf dem Uniformmantel so eine „Rutschsicherung“ auf der rechten Schulter. Bei den Uniformjacken wurde dort eine Rolle Uniformstoff festgenäht oder auf die Schulterklappe aufgeschlauft, die verhindert, dass der Gewehrriemen abrutscht. Einen Nachteil hat die ganze Sache: Trägt man auch noch einen Rucksack, erschwert diese Schulterrolle das Ablegen und Aufnehmen desselben.

Die Schulterpartie einer alten Loden-Uniformjacke der Bundeswehr („Filzlaus“) und die bis zur Hälfte eingerollte und festgenähte Schulterklappe. Diese geringe Erhöhung verhindert bereits wirksam das Abrutschen des Gewehrriemens.

Desgleichen kann man einen **Knebel oder einfachen Knopf** auf die Außenseite des Rucksackriemens nähen oder anderweitig befestigen, was den gleichen Effekt hat.

Eine „Schulterklappen-Rolle“ verhindert das Abrutschen des Gewehrriemens von der Schulter.

3. **Flüssiger Gummi:** die sog. „flüssige Sockensohle“ oder „Sockenbremse“ besteht aus Flüssigkautschuk und kann aus einer kleinen Spenderflasche auf die Unterseite des Riemens geträufelt werden.
4. Wenn Sie einen Rucksack tragen und der Waffenriemen gleitet ständig über den Schulterriemen, sollten Sie Ihren Rucksack (so er nicht zu schwer ist) vielleicht umarbeiten und **nur einen Trageriemen (One-Sling-Carry)** quer vorne über die Brust führen. So bleibt eine Schulter frei für den Gewehrriemen: Seit ein paar Jahren gibt es diese Rucksack-Tragevariante, bei der ein Rucksack mit lediglich einem Riemen, der diagonal über eine Schulter läuft, getragen wird. Eine Variante, die eventuell helfen kann, wenn sich Waffen- und Rucksackriemen auf der gleichen Schulter in die Quere kommen.

Rucksackriemen diagonal eingeschlauft. Eventuell müssen Sie dann den Riemen verlängern.

Das Schulterpad erleichtert das Tragen der Waffe auf ausgedehnten Pirschgängen. Es hat Schlaufen auf der Unterseite zum Aufschieben auf der Schulterklappe (falls die Jacke keine Schulterklappen hat, das Filzteil einfach mit ein paar Sicherheitsnadeln befestigen).

Schulterpolster aus Filz

Bei ausgedehnten Revier- oder langen Pirschgängen rutscht der Waffenriemen schon mal gerne von der Schulter oder er drückt einfach, weil er zwar schön aussieht, aber für das Waffengewicht schlicht zu schmal gewählt wurde. Ich habe mir aus Resten einer ca. 1 cm dicken Filzmatte ein Schulterpolster gefertigt. Sie benötigen insgesamt drei Stücke. Die Basisplatte hat misst etwa 15 × 9 cm, die zwei anderen Stücke sind etwa 9 cm lang und 2–3 cm breit aus derselben 1 cm dicken Matte. Zusätzlich brauchen Sie noch einen schmalen Streifen Stoff, den Sie auf der Unterseite der Basisplatte annähen, um eine an der Jagdjacke eventuell vorhandene Schulterklappe durchzuschlaufen. Schneiden Sie bei der Basisplatte die Ecken mit einem Cuttermesser oder einer Schere rund ab, bei den schmalen Streifen runden Sie jeweils an einer Längsseite die beiden Ecken ab. Nähen Sie auf die Unterseite der Basisplatte quer den Stoffstreifen an. Auf der Oberseite der Basisplatte kleben oder nähen Sie quer die schmalen Filzstreifen auf, sodass die Rundungen jeweils nach außen zeigen und zwischen den Streifen ein Abstand von gut fünf Zentimetern verbleibt. In diesem Zwischenraum findet der Gewehrriemen Platz. Die Waffe trägt sich so wesentlich angenehmer. Allerdings kann es vorkommen, dass der Waffenriemen beim schnellen Abnehmen von der Schulter mal am Filz hängenbleibt, aber man gewöhnt sich zügig an dieses Manko bzw. trainiert sich einen entsprechenden Bewegungsablauf an.

Schulterpolster von Trageriemen alter Reisetaschen

Sicher hat jeder zu Hause eine unbenutzte, alte Sport- oder Reisetasche herumstehen. Diese Taschen haben meist am Umhängeriemen Schulterpolster. Fädeln Sie doch einfach so ein Polster auf Ihren Gewehrriemen.

Mit der Schere ausgeschnittenes Stück Filz, das auf den Riemenknopf aufgeklebt wird.

Gewehrriemen

Häufig sorgen optisch hübsch anzusehende Messingknöpfe an Gewehrriemen aus Leder für gar nicht so hübsche Kratzer am Schaft der Waffe! Bekleben Sie die „Scheuer-Knöpfe“ mit Leder- oder Filzscheiben. Entweder stanzen Sie die Lederscheiben mit einem Locheisen aus oder Sie nutzen ein Cutter-Messer oder eine stabile Schere zum Ausschneiden. Die Lederscheibe sollte im Durchmesser größer sein als der Knopf. Als Kleber eignet sich herkömmlicher Sekundenkleber. Bei „Leder auf Holz“ gibt's keine Kratzer! Wenn Sie rechteckige Stücke aufkleben wollen, runden Sie bitte die Ecken ab. So bleibt der Flicken länger kleben und löst sich nicht an der „Schwachstelle Ecke“ ab.

Riemen für Flinte kürzen

Ich hatte die Ehre, den Neffen meines damaligen Jagdherrn als Jungjäger anlernen zu dürfen. Da der junge Mann in Punkto „Flinte brechen“ etwas schludrig war, kürzte ich einfach dessen Waffenriemen so weit, dass der Riemen fast stramm an der geschlossenen Waffe saß, ein Umhängen der Flinte aber nicht möglich war. Zum Schultern der Waffe musste also zwangsweise die Flinte gebrochen werden. Ein guter Nebeneffekt war noch, dass der Riemen beim Schießen nicht herumbaumelte.

Klappern abstellen

Das Klappern des Karabinerhakens in der Hakenöse der Waffe nervte mich. Also habe ich aus breitem Gummiband eine Schiebeschlaufe genäht, die über Gewehrriemen und Karabinerhaken reicht und durch die Spannung des Gummis ein Klappern verhindert.

Klappert ... klappert nicht!

Handschutz meiner Büchse, an der mit dem untergelegten Gummi das Klappern des abnehmbaren Riemenbügels unterbunden wird.

Bier trinken gegen das Klappern?

Bierflaschen mit Bügelverschluss verfügen über einen Gummiring am Verschluss. Nehmen Sie den Gummiring und schieben ihn über die klappernden Teile. Das nennt man das Angenehme mit dem Nützlichen zu verbinden.

Waffenfutteral mit kleinem Packmaß

Oft passiert es, dass man bei fragwürdigem Wetter zur Jagd geht und auf dem Ansitz plötzlich das Wetter umschlägt. Die auf dem Hinweg anfangs offen getragene Jagdwaffe dann im strömenden Regen nach Hause zu tragen, bereitet nicht unbedingt Freude. Aus diesem Grund habe ich mir ein Not-Langwaffenfutteral genäht. Über das Internet besorgte ich mir beschichteten Stoff für günstiges Geld im Strichtarnmuster der ehemaligen NVA. Der Stoff wird in der Mitte gefaltet, die Waffe daraufgelegt und die Umrisse mit genügend „Spiel" für die Naht angezeichnet. Anschließend wird der Stoff ausgeschnitten. Der Bereich der Waffenmündung wird doppelt genommen und die Stoffränder werden an einer Langseite zusammengeklebt und mit der Hand vernäht. Die Tasche wird an der offenen Seite mit Magnetknöpfen oder

Platz für Knopflöcher und Knöpfe/Holzknebel mit Material aufdoppeln und ausschneiden.

Gummierte Plane falten, darauf das Gewehr ablegen und den Umriss nachzeichnen. Anschließend ausschneiden und den Rand „auf der linken Seite" vernähen. Spitze (Mündungsbereich) des Futterals doppeln, kleben und nähen.

mit Knopf und Lasche geschlossen, sodass der Waffenriemen nach außen reicht und zum Tragen genutzt werden kann. Von der Verwendung von Klettverschlüssen muss ich abraten, weil diese zu laut sind, sollte die Waffe doch einmal bei einer jagdlichen Situation entnommen werden müssen.

Als letzter Arbeitsschritt bleibt noch das passgenaue Ablängen der Tasche und das Umnähen der Kanten. Falls Sie einmal Ihr Sitzkissen vergessen haben, können Sie dieses Not-Futteral auch dafür verwenden. Durch die Gummierung ist es wasserdicht und der Hosenboden bleibt trocken.

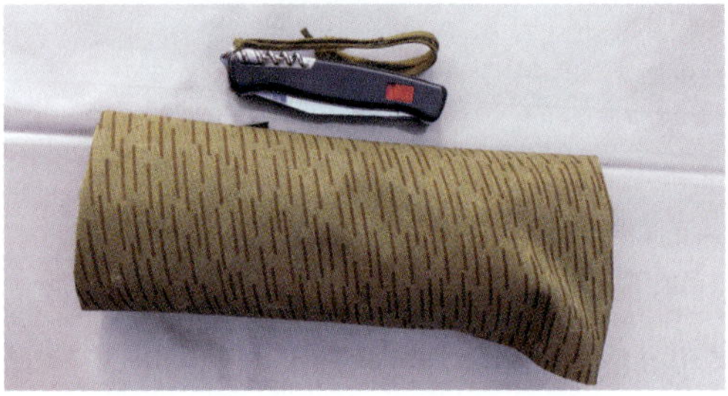

Größenvergleich der gerollten Tasche zu einem Schweizer Taschenmesser.

Schnellverschluss am Gewehrriemen

Ein Schnellverschluss am Rucksack-Trageriemen der Nachsuchenbüchse ist eine sehr praktische Sache. Leider erschließt sich mir nicht, warum so ein Schnellverschluss im Zubehörhandel 50 € und mehr kostet. Als sparsamer Mensch habe ich kurzerhand den am Riemen befindlichen D-Ring (der nicht gelöst werden kann, weil er am Riemen vernäht wurde) abgesägt und durch einen kleinen Schäkel ersetzt, der kann abgenommen werden. Somit kann auch der Riemen von der Waffe entfernt werden, was den Transport erleichtert und man wird beim Übungsschießen nicht durch ihn behindert. Kosten: unter 5 €! Das Klappern wird durch einen Gummischlauch unterdrückt.

Austausch der fixen Riemenbefestigung gegen einen kleinen Schäkel am Rucksack-Trageriemen der Nachsuchenbüchse. Ein aufgebrachter Schrumpfschlauch verhindert das Klappern.

Waffenschutz für Nachsuchenführer

Bei einer Drückjagd in der Oberpfalz sprach ich mit einem Nachsuchenführer, der bei seiner Arbeit den Karabiner in einem Segeltuchfutteral führte. Auf die Frage, warum er die Waffe nicht offen mit einem Rucksackriemen nutze, meinte dieser, dass er eigentlich immer genügend Zeit habe, die Waffe auszupacken. Sobald sein Hund die Sau gestellt habe, hätte er „alle Zeit der Welt“, um die Waffe auszupacken und in Anschlag zu bringen. Außerdem würde die Waffe nicht dreckig, verkratzt oder beschädigt und würde so immer funktionieren. Die Waffentasche benähte er noch mit signalroten Stoffstreifen, versetzte die Aufnahmen der Trageriemen und tauschte den Lederriemen gegen einen signalroten aus.

Gewehr-Rucksack mit Warnstreifen

Tarnung der Waffe

Wie auch weiter vorne schon kurz erwähnt, erfolgt die **Waffentarnung** für den **Winter** mit Mullbinden oder Kohäsionsverband. Vorderschaft und Lauf werden mit einem weißen Stoffschlauch und Gummiringen oder mit einem Kopf-Netzverband getarnt. ZF nicht vergessen! (Foto siehe S. 33) Achten Sie bitte darauf, dass Sie Waffe und ZF jeweils einzeln tarnen und für die sichere, störungsfreie und gefahrlose Bedienung die Sicherung und das System frei lassen. Wickeln Sie auf keinen Fall mit Kraft ZF und Schaft zusammen. Sie könnten den Objektivbereich des ZF verspannen und somit die Präzision bzw. die Treffpunktlage der Waffe verändern! Gleiches gilt für das kraftvolle Umwickeln von Lauf und Vorderschaft im Kreisgang. Dadurch beeinflussen Sie das Laufschwingungsverhalten und ruinieren in der Regel die Präzision. Entfernen Sie nach der Jagd unbedingt den Mull von der Waffe, da sie sonst Flugrost ansetzen könnte.

Gewehr-Ghillie

Waffentarnung im **Sommer** ist nicht weniger wichtig, wenn Sie auf gut äugendes und misstrauisches Wild jagen wollen. Die Hochglanzbrünierung der Jagdwaffen kann durchaus für Reflektionen von Sonnen- oder Mondlicht sorgen, Stainless-Läufe sowieso. Wenn Sie Ihre Waffe unverändert lassen wollen, sollte ein Stoffschlauch über den Lauf reichen, den Sie locker mit Ringgummis sichern. Wenn Sie mehr Tarnung an der Waffe wünschen, können Sie sich einen „Waffen-Ghillie“ basteln oder beim Jagdausrüster kaufen. Machen Sie vorsichtshalber einen Kontrollschuss, die Tarnung kann (muss aber nicht) die Präzision der Waffe beeinflussen. Gegen das Spiegeln der Objektivlinse helfen Sunshields, Killflash-Filter (siehe S. 77 und S. 78) oder Objektivschutzröhren.

Vielleicht gehen Sie einen ganz anderen Weg, um diesen „Fransen-Wirrwarr“ des Waffen-Ghillies zu vermeiden und um zu verhindern, dass die mechanische Tarnung durch zu strenges Umwickeln die Treffsicherheit negativ beeinflusst.

Und zwar können Sie Ihre Waffe mit matten Farben im Tarnmuster lackieren. Dass der Trend in Richtung Waffentarnung geht, zeigen die Prospekte der Waffenhersteller, die vermehrt Kunststoffschäfte in Camouflage-Optik anbieten.

Ich habe das mit einem alten 98er gemacht, den Sie auf S. 45 oben rechts sehen können. Wenn Ihre Jagdwaffe bereits über einen Camouflage-Synthetikschaft verfügt, können Sie die Optik und den Lauf mit einem Tape im Tarnmuster bekleben. Das Tape können Sie jederzeit wieder entfernen und die Rückstände des Klebers mit Waffenöl beseitigen.

Größere Griffkugel für Repetierer

Ein Jagdkamerad hatte beim Nachladen auf Drückjagden Probleme mit dem schnellen Repetieren. Die Griffkugel seiner Blaser war zu klein, in der Hektik fasste er häufig vorbei. Andere Griffkugeln vom Hersteller oder Waffenzulieferer kosteten viel Geld, das der Kamerad nicht ausgeben wollte. Kurzerhand besorgte ich im Baumarkt eine Kunststoffkugel mit einem Durchmesser von 32 mm. Diese Kugel hatte praktischerweise bereits ein Gewinde M6 – das gleiche Gewinde wie der Kammerstengel seiner Blaser. Kosten: 3 €!

Sollte so eine anderweitig beschaffte Kugel ein Kunststoffgewinde aufweisen, kann man dieses Gewinde ausbohren und eine Metall-Gewindebuchse mit Zweikomponentenkleber einkleben. Die Waffe ist so, besonders mit Handschuhen, leichter zu bedienen!

Kickstopp Marke Eigenbau

Ein bekannter Jäger aus Österreich erzählte mir, dass seine (ebenfalls jagende) Gattin bei einer ihrer Jagdbüchsen immer das Problem hatte, dass sie bei dieser leichten Waffe zum Mucken neigte. Das Jägerpaar wollte keine 250 € für einen gekauften Kickstopp ausgeben, sodass der gelernte Metallbauer kurzerhand selbst Hand anlegte. Nach Entfernen der Schaftkappe fand er im Hinterschaft eine Bohrung mit knapp 20 mm Durchmesser und annähernd 170 mm Tiefe. Kurzerhand wurde ein im Durchmesser 18 mm dickes Messingrohr an einer Seite verschlossen und verklebt. Das Rohr füllte er mit Bleischrot und verschloss auch das andere Ende. Damit das Messingrohr nicht im Hinterschaft klappert, hat er es an vier Stellen mit Tape in der Dicke angepasst und beim Wiederaufschrauben der Schaftkappe nach hinten mit einer Lederscheibe fixiert. Der Kickstopp wiegt 285 g. Die Waffe ist zwar jetzt um ein gutes Pfund schwerer, aber sie

Nach Entfernen der Schaftkappe wurde in die bereits vorhandene Längsbohrung im Schaft das mit Schrotkugeln gefüllte Metallrohr eingepasst.

„tritt“ nicht mehr so heftig, das Mucken ist abgestellt und die Gattin des Jägers ist zufrieden. Finanzieller Aufwand: ca. 5 €, investierte Zeit: ca. 2 Stunden!

Mündungsschoner zum Schutz vor eindringendem Schmutz

Jeder Jäger kennt die Problematik und die Gefahr, die von Dreck, Wasser oder Eis im Waffenlauf ausgeht. Deshalb nutzen seit über 100 Jahren Militär, Polizei und der Jäger Mündungsschoner. Der Mündungsschoner (MüScho) verhindert das Eindringen von Schmutz, Eis, Wasser, Schnee, Steinen etc. in die Waffenmündung und verhütet so, dass bei einer Schussabgabe die Waffe gesprengt und sowohl der Schütze als auch Umherstehende gefährdet oder verletzt werden.

Mündungsschoner aus Gummi für den 98er. Dieser kann zur Not auch durchschossen werden bzw. fliegt unauffindbar von der Mündung.

Im Laufe meines Jägerlebens habe ich schon diverse Mündungsschoner aus Leder, Filz, Kunststoff etc. verloren oder in der Hektik auch mal einen vergessen oder „verschossen“. Ist man aber bei Sauwetter unterwegs und hat den MüScho verloren, wie kann man dann die Mündung schützen?

Die allererste Maßnahme wäre, die Waffe mit der Mündung nach unten zu schultern bzw. zu tragen. Bereits in der Mündung vorhandene Wassertropfen fließen ab und es regnet nicht mehr in den Waffenlauf. Wie kann man nun im Vorfeld die Mündung sicher verschließen, ohne eine Schussabgabe zu blockieren und die Präzision nicht zu ruinieren? Und zwar mit ganz alltäglichen Gegenständen wie Tape, Tesafilm, Gehörschutzstöpsel, Mündungsverschlusskappe, Finger vom Einweghandschuh ...

Die Vorkompression (Luftsäule vor dem Geschoss im Lauf) und der auftretende Gasschlupf beim Schuss sorgen in der Regel dafür, dass der Kunststoff reißt bzw. der Stöpsel in der Mündung davonfliegt, bevor das Geschoss diese erreicht. Ein negativer Einfluss auf die Präzision ist so nicht zu erwarten, da der Geschossdurchgang nicht behindert wird. Selbst Tape, das am Schalldämpfer aufgeklebt wurde, fliegt in der Regel komplett weg.

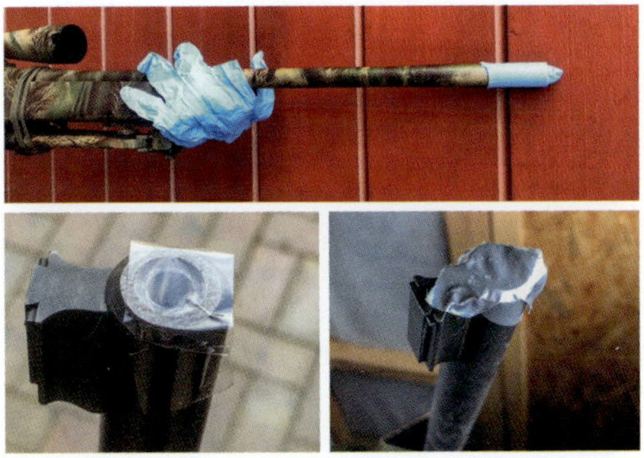

Einweghandschuhe sind in jedem Jägerauto zu finden. Schneiden Sie einen Finger davon ab und streifen Sie den über die Mündung. Oder Sie verkleben die Mündung mit Tesafilm oder Tape.

Gehörschutzstopfen leicht in die Mündung gesteckt oder spezielle Mündungskappen aus dem Waffenhandel verhindern ebenfalls das Eindringen von Fremdkörpern oder Nässe in die Mündung.

Mündung des Schalldämpfers mit Tape abgeklebt

Apropos Mündung des Dämpfers abdecken: Wenn Sie ein Flipcover eines Zielfernrohres übrig haben, testen Sie doch mal, ob das nicht auf den Schalldämpfer passt … das wäre natürlich die „Lösung de luxe".

Besonders bei Drückjagden schießt man in der Regel öfter. Beim Standwechsel wäre dann die Mündung wieder offen und Regen oder Fremdkörper könnten eindringen. Ich habe deshalb immer mehrere Abschnitte von Tape am Schaft meiner Büchse, um die Mündung stets schließen zu können.

Waffe trocken blasen

Apropos Flugrost … Sie sind sicherlich manchmal bei schlechtem Wetter auf der Jagd und nennen einen Kompressor Ihr Eigen? Dann machen Sie doch einmal „dicke Backen" gegen das Wasser an/in/auf Ihrer Waffe. Nachdem Sie Ihre Jagdwaffe mit einem Lappen trocken gerieben haben, können Sie mit der Druckluftpistole das letzte Tröpfchen Wasser aus dem verdecktesten Winkel Ihrer Jagdwaffe unter dem Schaft herausblasen. Reiben Sie die Waffe nochmal trocken nach und gehen anschließend mit einem öligen Lappen über die Waffe.

Leuchtkorn für die Schrotflinte?

Mit zunehmendem Alter lässt die Hell-Dunkel-Adaption des Auges nach. Was dann,

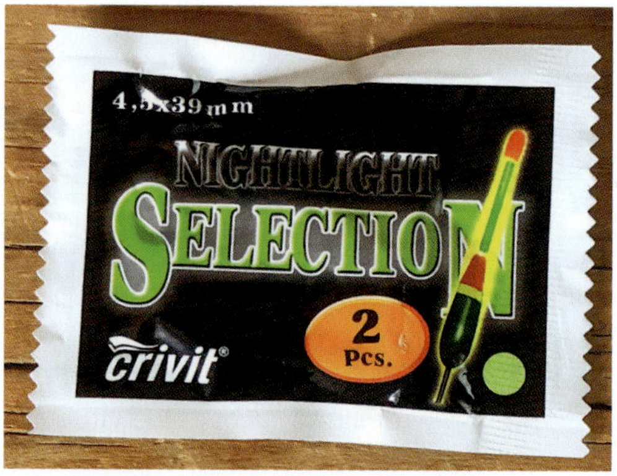

Angel-Knicklicht vom Discounter in der Verpackung und auf der Laufschiene

wenn Sie nur ab und zu ein Leuchtkorn für Ihre Flinte brauchen, aber nicht Unsummen an Geld ausgeben wollen? Nehmen Sie ein Knicklicht aus dem Angelgeschäft und fixieren es mit einem stramm sitzenden Gummi oder Tesafilm auf der Laufschiene Ihrer Flinte.

WAFFEN REINIGEN

In diesem Punkt sind 95 % aller Jäger richtige Schlamper! Definitiv! Was ich schon alles bei Seminaren gehört und gesehen habe, lässt mich bei manchen Menschen nur verständnislos den Kopf schütteln. Machen wir mal eine Rechnung auf: Eine neue, sehr preiswerte Büchse für 1.000 €, die Montage für 300 €, eine taugliche Optik für 1.500 €, Riemen, Anfangsmunition und schon sind wir bei 3.000 € Minimum! Hat wirklich jeder der Leser so viel Geld übrig, dass er diesen doch beachtlichen Wert aus Faulheit im Schrank verrotten lassen kann? Nach oben sind ja preislich keine Grenzen gesetzt. Wenn ich mich bei Jagdgästen, Sammelansitzen oder Seminaren so umsehe, dann stehen auf der

Schießbahn oder bei Drückjagden Waffen/Optik im Wert von mindestens 5.000 € aufwärts rum – der Gegenwert eines Gebrauchtwagens, den zumindest ich für mindestens 3 Jahre fahren würde!

Es ist wie beim Auto: Wenn es nicht gepflegt wird, vergammelt es und nach drei bzw. zwei Jahren gibt's keinen TÜV mehr. Um es klar zu sagen: Es ist unnötig, nach jedem „trockenen" Ansitz eine chemische Laufreinigung durchzuführen! Das Mindeste sollte es aber sein, dass man vor dem Ansitz den leicht eingeölten Lauf der Waffe entölt und nach der Jagd wieder einölt – erst recht, wenn man geschossen hat. Als Mindestmaß sollte nach einem Schuss eine „Boresnake" (Laufreinigungsschnur) oder ein Reinigungsdocht durchgezogen werden, um den Schmauch zu entfernen! Wenn Sie das schon gemacht haben, können Sie auch gleich noch einen Reinigungsschlauch mit Docht und ein paar Tropfen Öl durchziehen. Zeitlicher Aufwand? Keine fünf Minuten! Dafür ist zumindest die Waffe grob konserviert!

Ich selbst reinige meine Waffen – je nach der Häufigkeit der Benutzung – mindestens einmal pro Jahr intensiv und die Läufe dann auch chemisch. Der Vorteil ist hier, dass ich mich einmal für die „Flintenkosmetik" einrichte und alle Waffen auf einmal komplett durchsehe. Da ist zwar schon mal ein halber Tag dahin, aber ich erhalte den Wert der Waffen und ich verhindere unliebsame Überraschungen beim jagdlichen (oder auch sportlichen) Einsatz. Meine Wettkampfwaffen reinige ich je nach Schussbelastung natürlich öfter bzw. nach jedem Schießen. Beachten Sie auch, dass nach dem Schießen und erstmaligen Reinigen die Waffe „nachschlägt". Das bedeutet nichts anderes, als dass Pulverschmauch (der ja mit dem Gasdruck des Schusses in die Poren des Laufstahls gepresst wurde) bei der Entspannung des Laufmaterials und dem Öffnen der Poren wieder freigesetzt wird. Dieser Schmauch ist zu entfernen, also einfach nochmal den Lauf durchziehen und nochmal einölen.

Ordentliche Waffenreinigungsecke

Haben Sie auch eine etwas unordentliche Waffenreinigungsecke? Suchen Sie auch immer nach den passenden Reinigungsbürsten für die diversen Kaliber Ihrer Jagdwaffen? Dann hätte ich vielleicht einen Vorschlag für Sie:

Die Patronenhalter (oft aus Styropor), wie sie beim Kauf von Langwaffenmunition anfallen, eignen sich zum ordentlichen Aufbewahren hervorragend. Ordnen Sie Ihre Bürsten nach Kalibern und beschriften Sie den Patronenhalter den Kalibern entsprechend. In die Patronenlöcher stecken Sie jetzt die Bürsten.

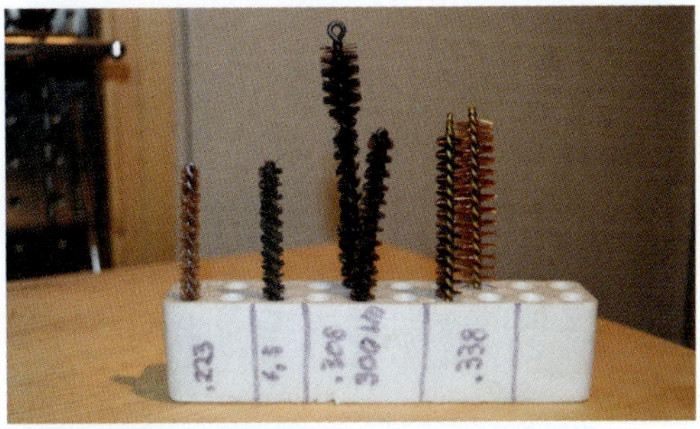

Ehemaliges Patronenfach zum Bürstenhalter umfunktioniert

Fächer für den Waffenschrank

Eine andere Möglichkeit besteht darin, dass Sie aus dem Werkstattbedarf kleine Plastikfächer mit Montageschienen kaufen. Die Aluschienen schrauben Sie am Innenblech der Waffenschrankwand mit Blechschrauben an und unterlegen am besten die Fächer auf der Kontaktseite zur Tür mit Filz oder Moosgummi. So ergibt sich einerseits ein gezielter Zugriff auf die jagdlichen Kleinteile von Jagdscheinmappe bis hin zu Pufferpatronen und Optik-Reinigungspinsel, andererseits klappert nichts beim Öffnen oder Schließen der Türe.

Tetrapack als Halterung

Haben Sie auch schon mal versehentlich die Flasche mit dem Schaftöl oder dem chemischen Laufreiniger umgestoßen? Dann willkommen im Club! Das ist mir nur zweimal passiert! Seitdem stecke ich solche Reinigungsfläschchen bei Benutzung immer in passend ausgeschnittene Milch-Tetrapacks. Die Standfläche ist vergrößert, die Fläschchen werden nicht mehr so leicht umgestoßen. Diese Methode hat noch den zusätzlichen Nutzen, dass an den Flaschen herunterrinnende Tropfen in das Tetrapack laufen und den Tisch nicht mehr verschmutzen.

Verpackungsmaterial als Aufbewahrungssystem

Zerbrechliche oder empfindliche Gegenstände (wie z. B. Gläser) sind in den Kartons oft zusätzlich durch Styropor- oder Schaumstoffverpackungen mit Innenunterteilung geschützt. Diese eignen sich gut für Kleinutensilien; wo die Unterteilungen nicht passen, können sie mit dem Taschenmesser nachgearbeitet werden.

Verschiedenes Kleinzeug aus der Waffenreinigungsecke findet seinen Platz in einer ehemaligen Versandverpackung.

„Resteverwertung“

Sie können die Wundauflagen aus dem abgelaufenen Verbandkasten zum Waffenreinigen nutzen. Schneiden Sie diese in kleine Stücke und verwenden sie als Öllappen, Laufreinigungspatch, ...

So vermeiden Sie dreckige Finger bei der „Flintenkosmetik“

Reinigungsstock und aufschraubbare Bürsten sollen beim Reinigen der Waffe ja in Schussrichtung durch den Lauf geschoben und nach Passieren der Mündung wieder abgeschraubt werden. Da die Bürste genügend gelösten Dreck nach vorne mitnimmt, sind schmutzige Finger beim Entfernen der Reinigungsbürste unumgänglich, es sei denn, Sie schrauben die Bürste mit einem Tütchen oder Lappen ab oder ziehen einen Latexhandschuh an.

Ich bewahre meine Reinigungsbürsten häufig in Druckverschlusstütchen auf. Was liegt also näher, als die Bürsten gleich mit dem Tütchen abzuschrauben? Die Finger bleiben sauber. Wenn Sie dann mit Patches nachreinigen, können Sie ebenfalls mit Müllsäckchen die dreckigen Patches auffangen.

Ersatz für Patches/Reinigungsfilze

Grober Fehler bei einem Longrange-Seminar: Ich hatte meine Reinigungsfilze vergessen! Zur Not nutzte ich einfach Toilettenpapier, das ich um den Werghalter wickelte. Toilettenpapier ist saugfähig, kostet fast nichts und reinigt genauso gut wie ein Reinigungsfilz. Man wechselt es nach jedem Gebrauch und dadurch erhöht sich sogar der Reinigungseffekt.

Waffenreinigungsgerät zum Mitnehmen

Ich habe in meinem Jagdrucksack immer irgendein Waffenreinigungsgerät dabei. Sei es das gute alte Reinigungsgerät RG 34 der Wehrmacht (frühen Bundeswehr) oder eine Boresnake, egal! So hat man immer die Möglichkeit, den Dreck aus dem Lauf zu beseitigen, wenn man einmal gestürzt ist, geschossen hat, die Mündung verdreckt wurde oder man nach starkem Regen auf Nummer Sicher gehen will. Wer nicht mit der Reinigungsschnur arbeiten will, muss sich einen Reinigungsstock besorgen. Am besten einen mit Kunststoff ummantelten und zusammenschraubbaren. Das zerlegbare Schweizer Waffenreinigungsgerät für das alte StG 57 ist für das Kaliber 7,5 mm, passt aber ebenso für den .30er Diameter. Es ist zwar vom Packmaß etwas voluminöser und nimmt im Rucksack etwas mehr Platz weg, ist aber in meinen Augen eines der besten militärischen Reinigungsgeräte, das Sie bekommen können. Durch den zusammenschraubbaren Reinigungsstab hat man die Möglichkeit, auch einen festsitzenden Erdklumpen aus der Mündung zu stoßen und sicher zu entfernen. Mein persönlicher Favorit.

RG 34 der Wehrmacht; noch zu meiner Bundeswehr- und Bereitschaftspolizei-Dienstzeit ausgegeben bzw. „neueres" Reinigungsgerät der Bundeswehr bis zur Einführung des G 36.

Schweizer WRG

Selbst gebasteltes Waffenreinigungsgerät

Eines Tages kam ein Freund auf mich zu mit einem besonderen Wunsch. Er wollte ein Reinigungsgerät, das einen zerlegbaren Stock mit Griff haben sollte und in eine von ihm mitgebrachte Blechdose passen müsse – in genau diese Dose! Die Dose hatte die Abmessungen 20 × 12 × 5 cm. Das Reinigungsgerät sollte für seinen Drilling 7 × 57 R sein, etwas Gekauftes wollte er nicht haben. Als Anregung für dieses Putzzeug im Taschenformat diente mir in der Tat das Schweizer Modell. Mit etwas Geschick und Zugriff auf eine Bastler-Drehbank stellte ich eine Putzgarnitur aus einer Messingstange, einem alten Schraubendrehergriff und VfG-Adapter nebst Wollwischer Reinigungsfilzen zusammen:

Besorgen Sie sich eine Messingstange (6 mm Ø, etwa 1 m lang). Sägen Sie die Messingstange in mehrere gleich lange Teile, die in Ihre Metallbox passen. Versehen Sie jede Stange an einem Ende mit einer Sackbohrung von ca. 12 mm Tiefe und schneiden Sie ein Gewinde M4 ein. Das andere Ende jeder Messingstange erhält ein M4 Außengewinde von ca. 10 mm Länge. Mit diesen Gewinden können Sie den VfG-Filzhalter zum Waffenreinigen nutzen. Der Schraubendrehergriff erhält ebenfalls eine Sackbohrung, in die das Anfangsstück des zusammenschraubbaren Reinigungsstockes gesteckt wird. Im 6,5-mm-Loch kann sich der Stock drehen und die Filze bzw. die Bürsten folgen dem Laufprofil.

Flintenpflege

Was für die Büchsenpflege gilt, gilt sinngemäß auch für Kurzwaffen. Und auch Flinten bedürfen der Pflege! Den absoluten Brüller brachte ein auf einer Treibjagd anwesender Jäger (und Lehrer), bei dessen Flinte schon das „Heldengold“ (= Rost) aus der Mündung lachte. Er meinte, dass das Flinten-Reinigungsgerät so teuer sei! Als ich ihm entgegnete, dass er heute sicherlich für mehr Geld Benzin verfahren und Munition verschossen hätte als ein Reinigungsgerät kostet, schaute er nur etwas pikiert. Die billigste Lösung schlug ich ihm dann vor: eine etwa meterlange Dübelstange aus Buche mit 14 mm Ø für 2 € und ein altes, in Stücke geschnittenes T-Shirt!

Schaftpflege

Holzschäfte bedürfen der intensiven Pflege, wenn sie nicht grau und unansehnlich werden sollen. Die Hersteller von Schaftöl bieten sehr gute Produkte an, verlangen dafür aber auch ihr Geld. Als gelernter Schreiner verwende ich zur Schaftpflege Tungöl, das ich im Holzfachhandel gekauft habe. Der Liter Öl kostete damals (ca. 2006) um die 12 € und ich habe trotz häufiger Verwendung erst 2023 den letzten Rest verbraucht. Das Öl zieht tief ein, trocknet mit einem seidenmatten Glanz ab und härtet gut aus. Es bildet sich ein elastischer Film, der das Holz gut schützt.

Dellen im geölten Holzschaft beseitigen

Jedem kann es passieren und ich kenne niemanden, dem es noch nicht passiert ist: Man schlägt mit dem Schaft an einem harten Gegenstand an und „verziert“ das Holz mit einer ansehnlichen Delle. Versuchen Sie einfach, die Delle mit Wasser und Bügeleisen auszudämpfen: Einen Stofflappen nass machen und mit einem heißen Bügeleisen die mit dem Lappen überdeckte Delle „ausbügeln“: Die Stelle kurz erhitzen und die Prozedur mehrmals wiederholen. Die Delle wird wahrscheinlich nicht vollständig verschwinden, lässt sich aber deutlich reduzieren. Nach dem Dämpfen die Stelle gut trocknen lassen, mit scharfem Sandpapier (180er Körnung) mit wenig Druck die hochstehenden Holzfasern abschleifen und die Stelle mit Schaftöl bzw. Tungöl versehen.

Hülsen zum Wiederladen reinigen

1. **Waschmaschine:** Abgeschossene und entzünderte Hülsen in einen Kleiderbeutel und zur Sicherheit in einen weiteren Leinenbeutel geben und fest verschließen. Die Hülsen können bei 30° mit der Buntwäsche gemeinsam in die Waschmaschine gegeben werden. Nach dem Trocknen im Backofen oder Dörrautomaten können die Hülsen wieder geladen werden.
2. Reinigen im **Ultraschallbad in selbst gemachter Reinigungslösung**: Die Reinigungszusätze von diversen Herstellern sind sehr gut, aber teuer. Geht einmal der Zusatz aus, kann man sich so ein Mittel leicht selbst für kleines Geld herstellen: 50 % weißen Essig (mit 5 % Säure), 50 % destilliertes Wasser und pro 250 ml Wasser noch einem Tropfen Spülmittel vermischen.

Ultraschallgerät auf 40 °C einstellen und die Hülsen 20–30.Minuten (je nach Verschmutzungsgrad) reinigen. Die Hülsen aus der Reinigungslösung nehmen und im Waschbecken gründlich abspülen. Anschließend das Waschbecken noch einmal mit Wasser volllaufen lassen bzw. so vollmachen, dass die Hülsen mit Wasser bedeckt sind. Die Essigsäure muss jetzt neutralisiert werden, dazu verwende ich als Zusatz zum Wasser normales Natron. Als Menge reicht in der Regel ein Teelöffel Natron, das dem Wasser zugegeben wird. Das Wasser und die Hülsen gut durchmischen und die Hülsen ca. fünf Minuten neutralisieren lassen. Wer will, kann die Hülsen jetzt noch einmal für 5–10 Minuten bei 40 °C mit reinem destilliertem Wasser ins Ultraschallgerät geben, um beim Trocknen der Hülsen hässliche Kalkflecken zu vermeiden. Das Trocknen der Hülsen geschieht entweder im Dörrautomaten oder im Backofen. Wem die Hülsen nicht sauber genug sind, kann sich noch einen Zusatz zur Reinigungsflüssigkeit selbst herstellen: 250 ml Zitronensäure und 3 ml Limonenöl im Mixer gut vermischen und in ein Schraubglas (beschriften nicht vergessen!) abfüllen. Zu jedem Hülsenreinigen pro 3 Liter Reinigungsflüssigkeit nicht ganz ein halbes Schnapsglas voll von dem Zusatz verwenden. Nicht überdosieren, da sonst die Hülsen kaputt werden! Sonst verfahren wie oben beschrieben. Da durch die Zitronensäure nun keinerlei Schutzschicht mehr auf dem Messing ist, wird es sehr schnell nachdunkeln. Das kann man verhindern, wenn man die abschließende Reinigung im Ultraschall durchführt, indem man dem destillierten Wasser ein Autoshampoo „Wasch und Wachs" zusetzt. Dadurch bekommt das Messing eine hauchdünne Wachsschicht, die vor Anlaufen schützt.

Hülsen in Leinensack oder Nylonstrumpf bzw. kombiniert

3. **Tumbler:** wie gewohnt das Hülsenreinigungsgranulat in den Tumbler geben und je nach Kaliber die entsprechende Anzahl Hülsen (noch nicht entzündert!) zugeben. Das dauert halt dann mehrere Stunden und die Hülsen werden innen nicht sonderlich sauber. Hülsen aus dem Granulat nehmen. Erst jetzt die Hülsen rekalibrieren und entzündern (so bleiben keine Granulate im Zündkanal stecken). In diesem Fall empfehle ich, mit einer Zündglockenbürste den Sitz für das Zündhütchen zu säubern.

Wiederlader aufgepasst, Hülsen polieren einmal anders

Geben Sie in die Trommel des Hülsenreinigers (kein Granulat!) je nach Anzahl der Hülsen ein bis zwei Geschirrspülmaschinen-Tabs, heißes Wasser und kleine Stahlkugeln aus Kugellagern. Wenn nötig, können Sie noch Waschsoda beigeben. Lassen Sie den Tumbler laufen, bis die Hülsen blank sind. Die Hülsen trocknen Sie anschließend im Backofen oder im Dörrautomat.

Übrigens: Thermoskannen und Feldflaschen können Sie innen ebenfalls mit Kukident oder Spülmaschinentabs reinigen.

SCHALLDÄMPFER

Es war in Deutschland ein langer und steiniger Weg, bis endlich die EU-Lärmschutzrichtlinie für Arbeitsgeräte umgesetzt wurde und zunächst mit Ausnahmegenehmigungen für Berufsjäger und Förster die Schalldämpfer erlaubt wurden. Erst Jahre später wurde das „Terroristengerät“ nach und nach in den Bundesländern jagdrechtlich erlaubt (warum eigentlich nur für die Jäger? Ist das Gehör der Sportschützen weniger kostbar?). Seitdem führe auch ich einen Schalldämpfer auf der Jagd.

Welche Überlegungen stehen nun vor der Anschaffung an? Mit den folgenden Informationen hoffe ich, einige Fragen, die sich mit dem Thema unerfahrenen Jägern stellen werden, zu beantworten und einige Anregungen zu geben, selbst kritisch zu hinterfragen, ob und welchen „Katalysator“ man sich auf die Waffenmündung schraubt:

Vorteile

Der wichtigste Punkt: die ***Reduzierung des Mündungsknalles****! Endlich Schluss mit dem Pfeifen im Ohr, wenn man auf dem Ansitz von einer anwechselnden Rotte Sauen überrascht wird und keine Zeit bleibt, den Gehörschutz aufzusetzen oder beim hastigen Anbacken die „Mickymaus“ mit der Schulterstütze verschiebt. Endlich wird auch das Gehör unseres Jagdhundes geschont.*

Aber warum macht es nicht nur „Pfffft“ wie in Hollywood-Filmen? Hier eine hoffentlich leicht verständliche Erklärung, wie ein Schalldämpfer funktioniert.

Der Schussknall besteht hauptsächlich aus zwei Knallen, dem Mündungsknall der Pulvergase und dem Überschallknall des Geschosses. Eigentlich kommt noch ein drittes Segment dazu, nämlich die Vorkompression – das ist die Luftsäule, die im Lauf vor dem Geschoss ist, kombiniert mit dem Gasschlupf. Aber bleiben wir bei den beiden Erstgenannten. Fliegt das Geschoss über Schallgeschwindigkeit, schiebt es den Mach'schen Kegel vor sich her und „knallt“ aufgrund seiner Geschwindigkeit. Die das Geschoss antreibenden Pulvergase entspannen sich im Schalldämpfer in den verschiedenen Expansionskammern und werden dermaßen verwirbelt und verlangsamt, dass sie beim Austritt aus dem Dämpfer nicht mehr „knallen“ können, weil sie unter der Schallgeschwindigkeit liegen.

Fliegt das Geschoss langsamer als Schallgeschwindigkeit, hat man das Hollywood-„Pfffft“, aber keine vom Jagdgesetz geforderte Geschossenergie mehr. Dennoch ist durch den Gebrauch des Dämpfers mit normaler Jagdmunition der Schuss deutlich leiser. Die Benutzung des Gehörschutzes für den Jäger könnte also eigentlich entfallen, da der Schussknall auf ein relativ ungefährliches Maß reduziert wird. Keine Kopfschmerzen durch den Gehörschutz mehr wegen des Druckes auf dem Kopf, kein Schwitzen an den Ohren mehr im Sommer bei der Blattjagd, natürliches Richtungshören, aber halt auch kalte Ohren im Winter ...

Außerdem macht es den Anschein, als würde das Wild den reduzierten Schussknall weniger exakt orten können. Es bleibt so zwar erstaunt vor Ort, geht aber nur selten hochflüchtig ab. Doubletten auf schwaches Wild wären also eher möglich. Ich bin mir aber sicher, dass das Wild hier ebenfalls dazulernt.

*Die **Reduzierung des Rückstoßes** ist ein weiteres Argument, das für den Gebrauch des Dämpfers spricht. In der Regel schießen die Jäger beim Gebrauch des Schalldämpfers besser. Waren es beim Schießen mit der herkömmlichen Waffe oft die Erwartung des lauten Schussknalles in Kombination mit der gesalzenen „Watschn", die den Schützen zum Mucken brachten, fallen in der Regel diese Punkte jetzt weg.*

***Nachtansitze** auf Fuchs oder Schwarzwild sprechen auch in erheblichem Maß für die Verwendung eines Dämpfers. Es **entfällt der gesamte Mündungsblitz**. Wenn das Mün*dungsfeuer „eingesperrt" ist, kann es nicht mehr blenden. *sodass in Kombination mit dem reduzierten Rückstoß die Fluchtrichtung des beschossenen Wildes und der Treffersitz besser erkannt werden können. Ein wesentlicher Pluspunkt bei der Nutzung von Nachtsichttechnik beim Sauenansitz!*

*Bei der **Pirschjagd** und im Sommer bei der **Blattjagd** konnte der Dämpfer aus den bisher geschilderten Gründen ebenfalls punkten, genauso wie bei der **Fuchsranz** im Winter. Balgen sich drei Füchse auf der Wiese und man zwickt den weg, der am weitesten abseits steht, blieben die beiden anderen meist nach kurzer Flucht stehen und man hat die Gelegenheit auf einen zweiten Schuss.*

*Auf der **Drückjagd** (wenn man im Schießkino eventuelle Probleme wegen der Kopflastigkeit wegtrainiert hat) steht häufig wegen des geringeren Hochschlags der Waffe ein schnellerer zweiter Schuss zur Verfügung.*

*Ich gehöre zu den Weidmännern, die den **Kugelschlag** bei der Jagd meist nicht wahrnehmen konnten. Da der Schussknall beim Gebrauch eines Dämpfers deutlich reduziert ist, ist nun auch für mich der Kugelschlag wahrnehmbar. Klatscht es drüben beim Wild, kann man sicher sein, dass das Stück die Kugel hat.*

***Fazit:** Es scheint also so, als würde der Weidgerechtigkeit bei der Benutzung des Schalldämpfers massiv in die Hand gespielt. Doch wo viel Licht ist, ist auch Schatten. Somit kommen wir nun zu den Nachteilen.*

Nachteile

***Kosten:** Ein qualitativ hochwertiger Dämpfer kostet von 500 € aufwärts bis ca. 1.800 €. Soll eine alte Jagdwaffe aufgerüstet werden, muss meistens ein **Gewinde** auf den Lauf aufgeschnitten oder sogar zusätzlich noch der Lauf gekürzt werden, was einen Besuch beim **Beschussamt** nötig macht – mit entsprechenden Mehrkosten. Also ist die Anschaffung einer Flüstertüte nicht unbedingt mit der bloßen Anschaffung des Dämpfers erledigt.*

***Länge und Gewicht:** Die Jagdwaffe wird durch den Schalldämpfer nicht leichter und führiger, kürzer oder auch nur ansatzweise schöner. Die Länge der Waffe können wir etwas reduzieren, indem wir einen „over-barrel"-Dämpfer kaufen. So ein Dämpfer reicht konstruktionsbedingt etwa zur Hälfte seiner Baulänge über den Lauf. So verlängert ein ca. 20 cm langer Dämpfer die Gesamtlänge der Waffe nur um ca. 10 cm.*

***Kürzung der Waffenläufe:** Wird der Waffenlauf massiv gekürzt und keine speziell darauf abgestimmte Munition verschossen, kann sich **unverbranntes Restpulver** im Dämpfer sammeln und ein Pulvernest bilden, das durch einen Folgeschuss zum Abbrennen gebracht werden kann. Ob dieses Pulver dann*

Dieser Dämpfer wurde meiner Meinung nach nie gereinigt und zudem heiß geschossen. Dabei wäre das Reinigen dieses Dämpfers denkbar einfach, da er sich zerlegen lässt! Und angeblich hat er „... nur 30 Schuss drauf ..." Bei der Angabe der Schussbelastung wurde anscheinend eine „0" vergessen.

„nur" zusätzlich verbrennt oder sogar verpufft, scheint dem Zufall überlassen zu sein. Hier hilft anscheinend nur häufiges Reinigen des Dämpfers.

Wenn Sie gleichzeitig noch auf die Verwendung von bleifreien Geschossen umsteigen, kann sich das massiv auf die ***Einsatzreichweite*** *Ihrer Büchse auswirken. Da (jetzt dem Kapitel vorweggenommen) ein bleifreies Geschoss ungefähr 100 m/s mehr V0 (Mündungsgeschwindigkeit) benötigt, um annähernd gleich wie ein bleihaltiges Geschoss zu deformieren, ist das Kürzen des Waffenlaufes kontraproduktiv. Kurzes Beispiel: bringt eine Laborierung in .308 Win aus dem Messlauf von 60 cm 100 % Leistung, erreicht sie bei einer Lauflänge von 50 cm noch ca. 95 % und bei einer Lauflänge von 40 cm kaum noch 90 %. Außerdem kann sich unverbranntes Pulver im Dämpfer sammeln und diesen bei einem Folgeschuss evtl. beschädigen.*

Aus welchem Material soll der Dämpfer bestehen?

Stahl ist robust, aber schwer. Aluminium ist leicht, aber nicht so haltbar. Titan? Es scheint beide Vorteile – Leichtigkeit und Robustheit – zu vereinen. Ich will hier keine Empfehlung aussprechen, hier muss der Jäger selbst entscheiden. Ist man viel beim Übungsschießen und muss der Dämpfer ausgedehnte Serien über einen langen Zeitraum verkraften? Dann ist Alu sicher nicht sehr haltbar.

Ich selbst nutze Dämpfer aus Aluminium. Beim Übungsschießen bzw. bei längeren Schussserien lockert sich aufgrund der verschiedenen thermischen Eigenschaften der Aluminiumdämpfer (Aluminium und Stahl dehnen sich bei Erwärmung unterschiedlich aus). Wenn ich ihn dann in warmem Zustand (also während des Schießens) wieder festziehe, schrumpft der Dämpfer nach dem Schießen beim Abkühlen auf das Stahlgewinde des

Laufes, sodass ich ihn zu Hause fast nicht mehr von der Waffe bekomme. Ich habe mir jetzt damit beholfen, einen passenden O-Ring auf das Laufgewinde zu stecken. Die Präzision leidet bis 20 Schuss nicht unter dieser Maßnahme und ich kriege den Dämpfer zu Hause in kaltem Zustand auch wieder von der Waffe. Welche Lebensdauer der O-Ring im Endeffekt hat, kann ich noch nicht sagen. Da es sich bei dem Gummiring aber um einen Cent-Artikel handelt, dürfte es keine Rolle spielen. Meiner hält seit über zwei Jahren.

***Erläuterung und Warnung:** Die Sache mit dem O-Ring wurde vor dem Schießen gründlich überprüft, sodass der Dämpfer nicht verkantet auf dem Gewinde sitzt. Ein Schalldämpfer-Gewinde wird vom Büchsenmacher so auf die Mündung des Waffenlaufes geschnitten, dass der Dämpfer hinter dem Gewinde eine 100 % plane Anlagefläche erhält und sich so beim Festziehen axial ausrichtet. So wird sichergestellt, dass das Geschoss in Schussrichtung auch mittig aus dem Dämpfer austritt. Im oben geschilderten Fall mit dem 15 × 1-Gewinde war die Waffe im Kaliber .223 Rem., der Dämpfer für .30er Diameter – ein „Sicherheitspuffer".*

„O-Ring" auf dem Schalldämpfergewinde gleicht Materialverspannungen beim Schießen aus, sodass der Schalldämpfer zu Hause auch wieder leicht von der Waffe abgenommen werden kann.

Präzision

*Abschließend nun noch einige Fragen zu möglichen Auswirkungen eines Schalldämpfers bezüglich der Präzision einer Waffe: Wie kommt der Schütze mit einer nun **kopflastigen Waffe** zurecht? Besonders auf Drückjagden? Wie **schwingt** die Waffe? Produziert das Gewehr durch die gut **300 Gramm mehr Mündungsgewicht Tiefschüsse**? Ruiniert ein Schalldämpfer gar die Präzisionsleistung einer Waffe?*

*Waffentechnisch gesehen kann das Gewicht an der Mündung die Präzision der Waffe ruinieren. Vollmundig wird in der Fachpresse häufig berichtet, dass jeder Dämpfer die Präzision der Waffe verbessert. Das ist mitnichten der Fall! Das zusätzliche **Gewicht an der Mündung** verändert das **Schwingungsverhalten** des Laufes teilweise nicht unerheblich. Ich führe zwei Halbautomaten und einen Repetierer mit Dämpfer. Lediglich der Halbautomat in .223 schießt mit Dämpfer annähernd gleich präzise, der Repetierer geringfügig schlechter, der Halbautomat in .308 „grottenschlecht" mit ca. 12 cm Ø auf 75 m, wo ohne Dämpfer Streukreise von unter 5 cm normal waren! Auch Wiederladen schaffte hier bis jetzt keine Abhilfe. Beim Repetierer wurde daraufhin vom Büchsenmacher des Vertrauens der Lauf gekürzt und ein neues Mündungsgewinde aufgeschnitten. An seine alte Präzision reicht der Karabiner aber immer noch nicht heran, ist mit Dämpfer aber auf normale Distanzen bzw. auf Kirrungsentfernung noch verwendbar.*

Vorsicht bei Halbautomaten!

Ich habe als Linksschütze bereits früh die „Ausweichbewegung" vom Repetierer in Richtung Halbautomaten vollzogen, da in den 1980er Jahren Repetierer mit Linkssystem und Linksschaft teils massive Aufpreise kosteten, wenn vom jeweiligen Waffenher-

steller überhaupt solche Systeme angeboten wurden. Auch junge Jäger kaufen immer häufiger Halbautomaten, die auf militärischen Waffensystemen aufbauen (AR 15, AR 10, Haenel CR 223 und 308, Heckler und Koch MR 223 und 308, Remington R25, Steyr AUG-Z ...). Bei Halbautomaten sorgt der Dämpfer auf dem Laufende in der Regel dafür, dass der Gasdruck im Lauf nicht so schnell abgebaut wird wie beim Schuss ohne Dämpfer. Das führt zwangsläufig zu einem höheren Öffnungsimpuls und bedingt eine höhere Rücklaufgeschwindigkeit des Verschlusses im Waffensystem. Viele Leichtbausysteme sind auf so eine Belastung nicht ausgelegt und können Schaden nehmen! Militärische Waffensysteme moderner Bauart verfügen an der Gasentnahme in der Regel über eine Einstellung speziell für den Gebrauch des Schalldämpfers. Ältere militärische Systeme haben häufig durch ihre massive Bauweise keine Probleme mit der Haltbarkeit. Allerdings verstärkt sich der Rückstoß durch die schnellere, bewegte Verschlussmasse, wenn diese am Gehäuse/der Schulterstütze oder dem Rückstoßpuffer anschlägt.

Das abschließende Fazit lautet zumindest für mich, dass ich mittlerweile lieber „gedämpft“ jage. Die 300 g Dämpfergewicht und knapp 12 cm mehr an Waffenlänge (bei Over-Barrel-Dämpfer) werden in meinen Augen durch die Vorteile des Dämpfers übertroffen. Und wenn eine Waffe mit Dämpfer nicht trifft, verwendet man sie halt wie gewohnt als lauten Kracher und setzt sich den Gehörschutz auf!

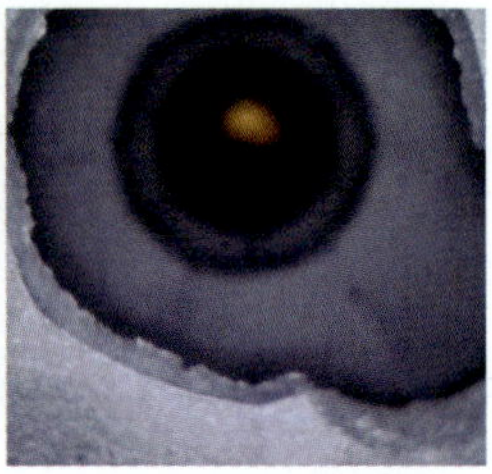

Blick in Schussrichtung in einen Schalldämpfer. Der Dämpfer war nicht auf der Mündung festgezogen; das Projektil hat den „Leisemacher“ nach vorne abgerissen und die Prallfläche deformiert.

Pflege des Dämpfers

Waffenrechtlich ist der Schalldämpfer in Deutschland eingestuft wie eine scharfe Schusswaffe. Er ist eintragungspflichtig und somit im Waffenschrank zu verwahren. Für alle Dämpfer gilt: Vermeiden Sie Kondenswasser! Das passiert, wenn Sie im Regen oder bei Frost draußen waren und anschließend in die warme Wohnung kommen. Sobald sich Feuchtigkeit im Dämpfer niederschlägt, bildet sie mit dem Schwefel im Pulverschmauch eine schwefelige Säure, die im Dämpfer anfängt zu fressen. Deshalb sollte er gut getrocknet werden und man sollte das Reinigen des Dämpfers nicht vergessen. Es gibt zwei Arten von Schalldämpfern: Die einen lassen sich zerlegen, die anderen nicht. Wenn sich Ihr Dämpfer zerlegen lässt, schätzen Sie sich glücklich! Zerlegen Sie ihn und reinigen Sie ihn mit Öl, Bürste und Bremsenreiniger oder – wenn er recht hartnäckig verschmutzt ist – in einem Ultraschallbad. Wenn der Dämpfer verklebt ist, wird die Sache schon umständlicher. Haben Sie ein Ultraschallbad, das groß genug ist für Ihren Dämpfer? Dann nutzen Sie es! Ansonsten bleibt nur, dass Sie ihn mit einem speziellen Schalldämpfer-Reiniger (z. B. von SchleTek oder Ballistol) auffüllen. Verschließen Sie das Mündungsloch mit einem Gehörschutz-Stopfen oder Panzertape (oder mit beidem) und füllen Sie den Dämpfer mit dem Reiniger auf. Tragen Sie am besten Gummihandschuhe bei dieser Prozedur. Schwenken Sie den Dämpfer und sorgen Sie dafür, dass der Reiniger jede Stelle im Dämpfer erreicht. Stellen Sie ihn dann für 20 bis 30 Minuten in ein Gefäß, falls doch Reiniger auslaufen sollte. Verschließen Sie nach der Einwirkzeit die waffenseitige Öffnung und schütteln den Dämpfer, bis sich die Verkrustungen im Innern gelöst haben. Anschließend entfernen Sie die Stopfen und leeren den Dämpfer aus. Sie werden sich wundern, welche Menge Dreck zum Vorschein kommt. Spülen Sie den Schalldämpfer anschließend mit warmem Wasser sorgfältig aus (vielleicht auch mehrmals, bis keine festen Rückstände mehr austreten) und stellen ihn zum Trocknen auf den Heizkörper oder den warmen Ofen. Sie können in der Nähe des Ofens oder Heizkörpers auch eine Fahrrad-Trinkflaschenhalterung montieren, in der der Dämpfer trocknen kann. Wenn Sie eine Fußbodenheizung haben, können Sie auch zwei Holzleisten (350 × 350 × 30 mm) zu einem „L“ zusammenschrauben. Das auf dem Boden aufliegende Teil können Sie beschweren und am senkrecht stehenden Teil befestigen Sie mit Gummiringen Ihren Schalldämpfer. Er trocknet vom Boden aus. Ich stelle ihn auch manchmal mit dem L-Brett auf den Specksteinofen.

Erst wenn Sie sicher sind, dass der Dämpfer trocken ist, können Sie ihn wieder auf der Waffe montieren bzw. ihn in den Waffenschrank stellen. Wenn Sie während der Trocknungsphase weg müssen, gehört der „Leisemacher“ zwingend in den Waffenschrank!

Aufbewahrung des Schalldämpfers im Waffenschrank

Im deutschen Waffenrecht gilt der Schalldämpfer als erlaubnispflichtiges Waffenteil und hat bei Nichtgebrauch im Waffenschrank aufbewahrt zu werden. Entfernen Sie den Schalldämpfer von der Waffe und verwahren Sie ihn separat (Kondensatbildung und damit Bildung einer schwefeligen Säure). Aber wohin damit im Schrank? Kleben Sie ein Stück Rohrisolierung mit einem Innendurchmesser von 35 mm mit einem doppelseitigen Klebeband an die Innenseite des Waffenschrankes. Der Dämpfer sitzt stramm in der Rohrisolierung. Sie können auch einen Flaschenhalter nutzen, wie er an Fahrrädern zu finden ist – zumindest zum Trocknen nach der Reinigung.

„L-Brett“: Der Dämpfer wird einfach mit einem Gummiring an der senkrechten Leiste befestigt. Magnet-Halteklammern vom Discounter halten im Waffenschrank den Schalldämpfer in der Fahrrad-Trinkflaschenhalterung (oben rechts) oder in der Stoffhülle (unten links) sowie anderes Zubehör.

KURZWAFFEN

Allgemeines

Beim Thema Kurzwaffen werde ich mich nicht lange aufhalten. Viele Jäger werden für die Fallenjagd bzw. als Fangschusswaffe eine oder zwei Kurzwaffen besitzen. Das Kaliber muss dem Jagdzweck entsprechend geeignet sein. Ob Pistole oder Revolver ist dem jeweiligen Jäger überlassen, da schwingen viele Emotionen mit. Abhandlungen zur Waffenwahl gibt es genügend, das muss ich nicht auch noch breittreten. Aus der jagdlichen Praxis kann ich hinsichtlich der Kaliberwahl aber eines sagen: 9 mm Para für die Nachsuche auf Schwarzwild ist definitiv die absolut unterste Grenze! Besser ist ein Kaliber mit den Leistungsdaten einer .357 Magnum, .40 S&W, .357 SIG oder darüber. Aber bereits hier beginnt wieder der Spagat: Besser ist es, der Jäger führt eine Fangschusswaffe, dessen Kaliber er auch beherrschen kann, um erforderlichenfalls in schneller Folge mehrere gezielte Schüsse abgeben zu können. Unnütz ist es, einen Revolver in .454 Casull im Format einer „Kinder-Pershing“ zu führen, wenn man ohnehin nur einen Schuss mit viel Angst abfeuert, der dann nicht trifft und nur die Umwelt gefährdet.

Trainieren Sie regelmäßig mit der Kurzwaffe, sonst werden Sie diese im Bedarfsfall unter Stress nicht beherrschen! Denken Sie daran, eventuell das Magazin bzw. die Trommel mit unterschiedlichen Geschosstypen zu laden. Das hat folgenden Hintergrund: Falls das Wildschwein nicht der 40-Kilo-Überläufer ist, sondern sich als 90-Kilo-Keiler entpuppt, haben Sie außer den Deformationsgeschossen (die in der Regel nach 20 bis 30 cm stecken bleiben) auch noch Geschosse mit hoher Eindringtiefe, die in der Tiefe des Wildkörpers noch Wirkung zeigen (wenn auch wenig).

Besserer Griff an der Waffe

Für gutes und besonders treffsicheres Schießen ist u. a. der Griff der Waffe bzw. die Art, wie die Waffe in die Hand genommen wird, ausschlaggebend. Moderne Pistolen verfügen mittlerweile über die Möglichkeit, Teile des Griffes (Griffschalen und Griffrücken) der Handgröße anzupassen. Bei Revolvern können Sie sich einen Maßgriff anfertigen lassen oder die Griffschalen mit dem Dremel nacharbeiten. Im Vergleich zum Schulschießen gibt es in der Praxis einige zusätzliche Umstände zu beachten, wenn Sie zum Bei-

Auswahl Kurzwaffenpatronen und Geschossarten; v. l. n. r.: 9 mm Para Vollmantel, Hexagon, CEPP, Golden Saber, Teilmantel-Rundkopf, Hydra Shock (im Schnitt); .38 Spezial Vollmantel Kegelspitz, 357 Magnum Vollmantel-Flachkopf, .44 Magnum Teilmantel-Flachkopf

Surfbrett-Tape zur Verbesserung der Griffigkeit oder zum taktischen Durchladen auf der Verschluss-Oberseite.

spiel bei sprichwörtlichem „Sauwetter“ im Regen mit nassen Handschuhen auf der Suche nach einem weidwunden Schwarzkittel durch Schlamm und Dickicht kriechen. Der Griff ist nass, die Handschuhe sind nass, schlammig und rutschig und jetzt sollen Sie auf den noch lebenden Keiler einen präzisen Fangschuss abgeben. Das kann zum Abenteuer werden ... Abhilfe und Verbesserung kann hier Surfbrett-Tape schaffen, das Sie an den Griffseiten, am Griffrücken und an der Griffvorderseite als Rutschsicherung anbringen, besonders bei älteren Waffen. Sie ruinieren den Wert der Waffe nicht, Sie können das Tape (zugegeben mit etwas Aufwand) auch wieder entfernen und die Klebereste mit Waffenöl entfernen.

Taktisches Durchladen

Wenn Sie vergessen haben, Ihre Pistole vor Beginn der Nachsuche durchzuladen und im Notfall (z. B. halten Sie gerade einen verletzten Hund, wenn der Schwarzkittel Sie annimmt) nur eine Hand zur Verfügung steht, um die Pistole durchzuladen, kann das schlimm enden. Deshalb kann – jedoch definitiv nur im Notfall! – die Waffe auf die am Foto gezeigte Weise durchgeladen werden. Lassen Sie dabei den Finger vom Abzug! Unfallgefahr!

Verlustsicherung

Falls Sie eine Kurzwaffe für die Nachsuche nutzen, sollten Sie eventuell an eine „Verlustsicherung“ in Form eines Spiralkabels denken. Bei Nachsuchen kriechen Sie durch Dickicht, bleiben hängen, fallen hin oder müssen sich auch einmal auf einen Baum retten, wenn der angeschweißte Keiler Sie annimmt. So haben Sie wenigstens noch das Kabel, an dem Sie die möglicherweise aus der Tasche/dem Holster gerutschte Kurzwaffe zu sich ziehen können.

Taktisches Durchladen an der Hose: Üben Sie das bitte mit Pufferpatronen zu Hause, bevor Sie im Ereignisfall einen Schusslöser produzieren und andere gefährden! Drücken Sie die Waffe kräftig mit der Verschluss-Oberseite an den Oberschenkel und stoßen dann kräftig und schnell nach hinten-unten. Eine dünne Hose kann dabei aber Schaden nehmen!

Sicherungs-Spiralkabel an einer Pistole

Aufbewahrung von Kurzwaffen

Um im Waffenschrank und speziell im zusätzlichen Innenfach für etwas Ordnung zu sorgen, habe ich mir ein paar Gedanken gemacht. Bisher lagen die Kurzwaffen von meiner Frau und mir zum Sportschießen und zur Jagd im separaten Innenfach ungeordnet herum. Jetzt sollte endlich jede Pistole und jeder Revolver seinen Platz bekommen.

Die einfachste Methode ist, sich im Onlinehandel **„Klebemagnete"** zu kaufen. Diese Magnete mit einer Haltekraft von 3 kg werden einfach an die Oberseite des Innenfaches geklebt und können zusätzlich noch angeschraubt werden.

Für einen Freund habe ich für das Innenfach seines Tresors eine **Pistolenschublade** gebastelt. Die Waffen werden mit der Mündung auf hölzerne Dübelstangen gesteckt und stehen mit den Griffstücken auf dem oberen Boden. Um die Waffen noch besser gegen umkippen zu sichern, können Sie die Griffstücke noch zusätzlich zwischen Holzklötzchen platzieren. In der Schublade darunter finden die Reservemagazine und das Waffenpflegeset Platz. Arbeitsaufwand: 3 Stunden, Material aus der Restekiste!

Wenn Sie so eine Kurzwaffenhalterung nachbauen wollen, verwenden Sie bitte dringend Holzdübel oder Kunststoffstangen für die Mündung. Mit Metallstiften könnten Sie die Mündung der Waffe eventuell beschädigen und eine Vorweite verursachen, welche die Präzision der Waffe ruiniert. Wenn es denn durchaus Metallstifte sein müssen, können Sie diese mit Schrumpfschlauch überziehen, um Kratzer an der Waffenmündung zu vermeiden.

Oben im Innenfach des Waffenschranks angebrachte Klebemagnete halten die Kurzwaffen sicher fest. So bleibt der Boden des Innenfaches frei zur Aufbewahrung anderer Sachen.

„Kurzwaffenschublade"

OPTIK

Auch zu den für die Jagd benötigten optischen Hilfsmitteln werde ich keine speziellen Empfehlungen aussprechen, sondern möchte einen kompakten Überblick und vor allem praktische Tipps zum Thema vermitteln.

Spektiv im „V“ des umgedrehten Fernglases aufgelegt

PRAKTISCHE TIPPS ZU SPEKTIV & FERNGLAS

Spektiv-Halterung auf der Ansitzeinrichtung

Spektive verfügen über hohe Vergrößerungswerte und lassen sich nicht oder nur sehr schwer ruhig halten. Bei der Bergpirsch kann man zur Not auf dem abgelegten Rucksack auflegen, auf dem Hochsitz gestaltet sich das schon schwieriger. Dort hat man nicht auch noch den Platz für ein Dreibein-Stativ, wohl aber für eine Tischklemme! Nehmen Sie eine nicht benötigte Tischhalterung für eine Bürolampe und einen Adapter (achten Sie auf den passenden Durchmesser der Lampenhalterung), den Sie als Zubehörartikel für die Wildfotografie erstehen können. Mit den Gewinden dürfte es keine Probleme geben, die müssten aufgrund der Normung in der Regel passen. Nun können Sie das Spektiv an der Kanzelbrüstung montieren. Sollte irgendetwas klappern, können Sie mit Gummi oder Isolierband für Ruhe sorgen.

Eine alte Tischklemme ist das Ausgangs-Stück für die auf dem rechten Foto gezeigte Halterung: Zwei Bandeisen werden waagrecht angeschweißt und die Halterung für Gartenwerkzeug (links) dient als Aufnahme für den Lauf der Jagdbüchse. An die Bandeisen können Sie beispielsweise eine Metallstange (rechts) mit Aufnahmegewinde für das Spektiv stecken.

Spektiv auf der Pirsch stabilisieren

Besonders in der Feld- und Bergjagd ist ein Spektiv unerlässlich, um weiter entferntes Wild exakt anzusprechen. Leider ist es fast nicht möglich, das Spektiv mit der Hand so ruhig zu halten, dass man nicht wackelt. Ein zusätzliches Stativ wäre in der Regel zu schwer, um mitgenommen zu werden bzw. würde in der Ansitzeinrichtung zu viel Platz beanspruchen. Legen Sie Ihr Fernglas mit der Oberseite auf den abgelegten Rucksack. In den durch den Mitteltrieb vorgegebenen Knick (das „V“) legen Sie Ihr Spektiv (siehe Foto S. 65). Sie werden überrascht sein, wie stabil das Spektiv liegt! Die Sache wird natürlich erleichtert, wenn Sie einen Rucksack haben, der durch die Anordnung der Außentaschen so ein „V“ bereits mitliefert.

Rucksack mit „Kerbe“ zwischen den beiden Außentaschen des Rucksacks, die als stabile Gewehr- oder Spektivauflage genutzt werden kann.

Zielfernrohr statt Spektiv

Das oben Geschriebene wird allerdings relativiert, wenn man sich die Vergrößerungswerte der heute erhältlichen Zielfernrohre anschaut. Mittlerweile gehören Vergrößerungen von 5-25x schon fast zum guten Ton. Allerdings limitiert der Objektivdurchmesser des Zielfernrohres die in der Dämmerung nutzbare Zeit etwas.

Handycam als Spektiversatz

Aus einer Richtung, die ich definitiv nie erwartet hätte, kam folgende Idee! Zu unserer lustigen kleinen Jagdgesellschaft kam am Vorabend des Gemeinschaftsansitzes ein in Ehren und Pulverdampf ergrauter Jäger Anfang 80 in die Jagdhütte. Etwas über 165 cm groß, schlank, drahtig, Pferdeschwanz, die Haut sonnengebräunt und durch das Wetter gegerbt, packte dieser Mann eine Handycam aus, stöpselte sie an sein Tablet und lud Aufnahmen herunter. Anhand dieser Fotos bzw. Videosequenzen wurde besprochen, welche Stücke am nächsten Tag bejagt werden sollten. Diese Art elektronischer Kriegsführung hatte ich von diesem Jäger nicht erwartet. Beim späteren Gespräch erklärte er mir, warum er kein Spektiv mehr verwende. Es sei sperrig und schwer und fast unmöglich ruhig zu halten. Der Camcorder verfügt über ein 30-fach-Zoom mit Bildstabilisierung, die Bilder kann er am Tablet zusätzlich noch vergrößern. Außerdem wäre die Handycam leichter und passe in die Jackentasche. Bilder und Videos könne er dann in Ruhe zu Hause auswerten. Ich hatte keine Fragen mehr ...

Fernglas freihändig stabil halten

Bei einem leichten Pirschglas mit geringerer Vergrößerung mag das Zittern beim freihändigen Beobachten noch nicht sonderlich auffallen. Je größer der Vergrößerungswert des Fernglases ist, desto unruhiger wird das Beobachtungsbild. Nehmen Sie doch einfach das Fernglas zum Beobachten wie gewohnt vor die Augen und stabilisieren Sie das Glas, indem Sie die Daumen nach hinten Richtung Gesicht abspreizen und diese unter dem Jochbein anlegen. Dadurch stabilisieren Sie das Fernglas nicht unerheblich! Wenn Seitenlicht störend auf die Okularlinsen fällt, greifen Sie in Anlehnung an die oben beschriebene Handhaltung das Fernglas weiter hinten am Okular, decken mit den Fingern seitlich den Lichtspalt ab und stabilisieren mit dem Daumengrundgelenk am Jochbein.

Achten Sie auf die Daumenhaltung. Durch das Anlegen der Daumen am Jochbein liegt das Glas wesentlich ruhiger in der Hand. Bei Seitenlicht-Einfall wählen Sie die Option im rechten Bild und greifen das Fernglas weiter hinten.

Fernglas als Ersatz-Zweibein?

Immer wieder hört oder liest man den Tipp, dass man sein Fernglas auch als Ersatz-Zweibein nutzen kann. Ich rate aus mehreren Gründen von dieser Zweckentfremdung ab!

1. Stellt man das Fernglas mit den Objektivlinsen auf den Boden, nimmt man damit bewusst in Kauf, dass man die Vergütung der Linsen beschädigt.
2. Die Auflage des Gewehres auf dem Mitteltrieb des stehenden Fernglases wird durch den Prellschlag beim Schuss auf die Dauer beschädigt.
3. Der Prellschlag bei der Schussabgabe kann die Führung der Okulare beschädigen.
4. Es kann sich die Verklebung der Porroprismen im Fernglasinneren lösen, das Fernglas ist unbrauchbar und muss für teures Geld instandgesetzt werden.

Bei der Schussabgabe wird die Waffe definitiv an einem Okular anschlagen; somit nimmt das Fernglas über kurz oder lang Schaden.

Wer trotzdem dieser Zweckentfremdung frönen will, sollte die Okulare so gut wie möglich dämpfen. Ich würde als Basis eine Dachlatte nehmen und ein „Langloch“ aussägen (etwa 7 × 12 cm). Außerdem würde ich alles gut mit Moosgummi oder Rohrisolierung polstern. Die Dachlatte müsste dann rutschsicher auf den Okularen aufgelegt werde können. Das Fernglas wird diese Behandlung vielleicht das eine oder andere Mal verzeihen, aber kaufen Sie sich lieber ein Zweibein für Ihr Gewehr. Das kommt auf Dauer sicher billiger als eine teure Reparatur. Und wenn Sie das wirklich durchziehen wollen, denken Sie auch an die Polsterung der Objektive.

Just als ich die Zeilen oben geschrieben hatte, klagte ein Jäger aus dem Nachbarrevier, dass sein gutes Zeiss 8 × 56 beschädigt sei. Die Okularverstellung rechts sei defekt, außerdem „schiele“ das Fernglas, er bringe die Bilder nicht mehr in Deckung. Zudem sei noch das Gehäuse an den Objektiven verbogen. Er wollte das Glas reparieren lassen, die Firma habe aber die Reparatur auf Garantie abgelehnt, weil die Beschädigungen nicht durch normale Benutzung entstanden seien. Die erforderliche Instandsetzung würde sich im Rahmen von 1.500–1.800 € bewegen. Auf meine Nachfrage räumte er ein, dass es ihm „schon mal runtergefallen“ sei, er aber sein Fernglas auch manchmal als Zweibein „zweckentfremdet“ habe.

Okularverstellung markieren

Als ich mit Ende 40 eine Brille brauchte, musste ich mir etwas überlegen, wie ich – mal mit, mal ohne Brille – schnell die richtige Einstellung am Okular von ZF oder Fernglas finde. Denn manchmal hat man die Brille auf, manchmal aber auch nicht. Am Körper der Optik ist ein „Nullstrich“ angebracht. Auf der Okularverstellung habe ich deshalb zwei Markierungen mit der Reißnadel angebracht und farbig markiert. Ein Strich für „ohne Brille“, zwei Striche für „mit Brille“.

Okularverstellung des Fernglases verstellt sich zu leicht

Mein Pirschglas stammt aus ausgesonderten Beständen der Bundeswehr in Form eines Hensoldt 8 × 30 mit Einzel-Okularverstellung. Leider verstellt sich insbesondere das linke Okular extrem leicht. Instandsetzung beim Hersteller? Über 90 €! Meine Lösung: Dichtungsringe aus dem Baumarkt 28 mm Ø, 4 mm stark, das Stück für ca. 4 €. Links zwei

Durch Prellschläge beim Schuss beschädigte Okularverstellung

Gummiring an der Okularverstellung

Stück, rechts eines und alles passte wieder. Als schnellste Lösung funktioniert sogar ein einfacher Gummiring, der mehrfach um das Gewinde geschlagen wird.

Fernglas: Beschlagen vermeiden

Besonders im Winter beschlagen die Okularlinsen des Fernglases häufig, weil man mit den Augen zu nah an den Linsen ist. Lassen Sie etwas Abstand, damit die Luft zirkulieren kann und atmen Sie durch den Mund „nach unten“ aus.

Okularschutz für das Fernglas

Neue Ferngläser werden vom Hersteller in der Regel mit Objektiv- und Okularschutzkappen ausgeliefert. Im Laufe der Jahre gehen sie meist kaputt oder werden schlicht verloren. Nachersatz ist häufig teuer oder umständlich zu beschaffen. Einen günstigen Okularschutz kann man sich aus Stoffresten der ausgemusterten Jagdhose oder Jagdjacke selbst basteln. Noch besser eignet sich Leder eines verschlissenen Leder-Arbeitshandschuhs oder (wie ich es gemacht habe) ein Lederrest einer alten Ledercouch (funktioniert auch mit Lodenstoff oder einem Stück einer alten Bundeswehr- oder Jagdjacke). Der Okularschutz aus Leder dient dann nicht nur als Regenschutz, die etwas raue Innenseite des Leders kann gleichzeitig auch als Reinigungslappen für die Linsen verwendet werden. Für mich ist diese minimalistische Lösung ausreichend.

Ein 25 × 25 cm großes Stück meiner alten Ledercouch erhielt zwei kleine Schnitte für die Durchführung des Fernglasriemens, diese wurden durch das Leder geführt und wieder angeschlauft. Wer will, kann die Seiten des Lederlappens noch zusammennähen, sodass eine Art Köcher entsteht.

Fastex- oder Knopfverschluss am Fernglasriemen

Ich trage zur Jagd überwiegend Kapuzenjacken/Parkas. Da ist es störend, wenn der Riemen des Fernglases unter der Kapuze im Nacken verläuft und man das Glas abnehmen möchte. Der Riemen nimmt die Kapuze zwangsläufig mit nach vorne, der Hut verrutscht, man bleibt hängen, verursacht Geräusche ... Abhilfe schaffen zwei Fastex-Verschlüsse, die zwischen Glas und Nacken-

Fernglasriemen durchtrennt und mit Knopfverschluss versehen – lautlos abzunehmen und wieder mit dem Nackenriemen zu verbinden.

riemen geschaltet werden. Oder Sie nähen einfach jeweils einen Knopf und eine Lasche an den durchtrennten Nackenriemen an. Am Ansitz angekommen, öffnen Sie einfach die Schnallen oder die Knöpfe und können Ihr Glas abstellen. Baumen Sie wieder ab, klipsen/knöpfen Sie das Glas einfach an. Bei der Schussabgabe stört kein Gewicht im Nacken und das baumelnde Fernglas behindert den Anschlag nicht. Ich nutze lieber die Knopf-Variante, weil sie lautlos ist.

Fernglas-Baumelei bei der Pirsch abstellen

Beim Pirschen habe ich immer ein leichtes Fernglas am Hals hängen. Doch ist die ständige Baumelei erstens nervig, zweitens kann es irgendwo anstoßen und Geräusche verursachen, drittens beim Anschlagen der Waffe hinderlich sein. Wie fixiere ich nun das Fernglas am Körper, ohne den Gebrauch zu behindern? Führen Sie einen entsprechend langen Expander um den Rücken und hängen Sie die Haken am Fernglas ein. Wählen Sie den Expander so, dass er das Fernglas gut fixiert, aber dennoch ermöglicht, dass Sie das Glas nach oben nehmen können.

Knopflasche am Mitteltrieb des Fernglases hilft, das Baumeln des Fernglases zu reduzieren.

Wenn es ein leichtes Fernglas ist, können Sie wie beim Militär eine Lederlasche oder Schlaufe um den Mitteltrieb legen, der über ein Knopfloch verfügt. Diese Lasche knöpfen Sie am Jackenknopf ein. Baumeln adé.

DAS ZIELFERNROHR (ZF)

Mittlerweile bin ich zur Überzeugung gelangt, dass viele Jäger nicht wissen, welch hochwertige Geräte sie in der Regel auf ihren Jagdbüchsen haben und welche Verstellmöglichkeiten ein ZF bietet. Angefangen hat das, als mir ein Bekannter voller Stolz sein günstig im Internet erworbenes Zielfernrohr zeigte. Aber mit dem Verstellring am Objektiv und den dort eingravierten Zahlen konnte er nichts anfangen. Als ich ihm erklärte, dass das die Parallaxenverstellung wäre, ging das Frage- und Antwortspiel los ... Deshalb hier nur eine ganz kurze grundsätzliche Einführung über das Absehen und wie Sie das Zielfernrohr einstellen:

Absehenvarianten

Die altbekannten Absehen 1, 4 und 4A sind heutzutage fast überholt. Mittlerweile gibt es auf dem Markt so viele unterschiedliche Absehenvarianten, dass das Aufzählen den Rahmen dieses Buches sprengen würde. Viele Absehen sind dergestalt gelasert, dass Sie die größere Zielentfernung durch simples Verlagern des Haltepunktes mit Hilfe des Absehens kompensieren können. Machen Sie sich kundig, lesen Sie sich ein und lassen Sie sich gut beraten.

Einstellung des Zielfernrohrs (ZF)

Visieren Sie eine helle Fläche oder Wand an und stellen Sie mit dem Drehring am Okular das Absehen scharf. Schon haben Sie eine große Hürde genommen, denn selbst das haben viele Menschen schon vergessen. Wenn Ihr Zielfernrohr lediglich über zwei Verstelltürme verfügt, haben Sie meist oben die Entfernungsverstellung und rechts die Seitenkorrektur. Hier ist der jeweilige Verstellwert auf 100 Meter oder Yards angegeben. Lesen und rechnen Sie! Wenn das ZF am Objektiv einen Verstellring aufweist, können Sie hier die Parallaxe auf die jeweiligen Entfernungen korrigieren. Kurz: Parallaxe ist eine optische Fehlstellung auf der Achse Auge-Zielfernrohr-Absehen-Ziel. Diese Fehlstellung können Sie mit dem Parallaxenausgleich berichtigen. Der Parallaxenausgleich kann aber auch in einem dritten Turm gegenüber der Seitenverstellung verbaut sein. Sehr oft ist hier auch eine Absehenbeleuchtung integriert. Fehlt dieser Verstellring und ein dritter Turm, ist Ihr ZF werksmäßig auf 100 Meter parallaxefrei gefertigt.

Nachdem Sie das Absehen scharf gestellt haben, können Sie mit dem Parallaxenausgleich das Ziel scharf stellen und haben im Umkehrschluss somit auch gleich eine grobe Entfernungsermittlung als Rückfallebene zum Entfernungsschätzen. Grob könnten Sie jetzt den Schuss unter Berücksichtigung der Geschossflugbahn brechen lassen. Verfügt Ihr ZF über eine Absehenschnellverstellung, können Sie je nach Zielentfernung fast metergenau den Treffpunkt einstellen.

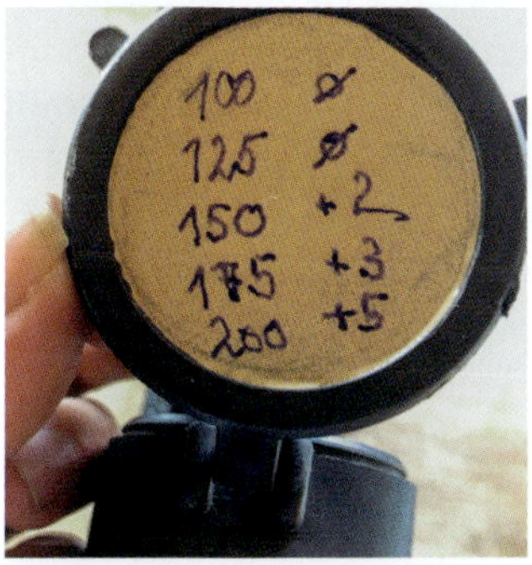

Klickverstellung auf dem Schutzdeckel, mit Tape auf dem Mittelrohr bzw. ZF-Verstelldaten am Schaft aufgeklebt. Das „Bandmaß“ gab es vor Jahrzehnten einmal bei Leupold, mittlerweile ist es leider nicht mehr aufzutreiben.

ZF-Verstelldaten immer dabei

Wenn Sie ein Zielfernrohr mit Absehenschnellverstellung nutzen und kein kalibrierter Verstellturm genutzt wird (Sie also die Klicks zählen müssen), können Sie einen Klebezettel mit den Entfernungsdaten am Objektiv- oder Okularschutzdeckel aufkleben. Bei Flip-up-caps eignet sich das Ankleben der Daten auf der Außenseite der Kappe, sodass sie im Anschlag gelesen werden kann. Oder Sie beschriften einfach mit einem Permanentmarker ein am Schaft oder ZF aufgeklebtes Tape.

Wenn der Vergrößerungswechsel am ZF schnell gehen muss …

Im Zubehörhandel für Jagdoptik gibt es Schnellverstellungs-Hilfen für den Vergrößerungswechsel an variablen Zielfernrohren. Leider kosten diese Teile in der Regel deutlich über 50 €. Eine sehr preisgünstige Alternative bietet der Angelzubehör-Handel: „Breakaway Coasters" kommen aus den USA bzw. aus Großbritannien und sind eine Art „Schraub-Kabelbinder". Einfach auf den Vergrößerungsring des ZF setzen, die Mutter festziehen und das Überstehende abschneiden. Die „Coasters" gibt es im Doppelpack für insgesamt 18 € (inklusive Versand).

Allerdings sei darauf hingewiesen, dass der große „Verstellknubbel" in entsprechender Stellung die Skala des Höhen- bzw. Seitenverstellturmes des ZF verdecken kann. Achten Sie bei der Montage auch darauf, dass Sie den vollen Umfang der Zoomverstellung nutzen können, ohne irgendwo an der Waffe anzuecken oder den Kammerstengel zu blockieren. Können Sie bei ungünstigster Stellung auch noch repetieren?

Sie können aber auch bei der Firma Minox für ca. 16 € so eine Verstellhilfe kaufen oder online mit dem Suchbegriff „Schnellverstellhebel" günstigere, auf dem oben beschriebenen Prinzip beruhende Verstellhilfen von anderen Herstellern suchen.

Reflexvisier

Eine Sache, die aus dem Bereich Militär bzw. dem sportlichen IPSC-Büchse kommt, kann sich der Jäger auch zunutze machen. Für schnelle Nahschüsse (z. B. die Pirsch zum Hochsitz, Drückjagd, Blattjagd) können Sie Ihr Zielfernrohr bzw. Ihre Zielfernrohrmontage aufrüsten. Im Zubehörhandel gibt es Montagen mit Oberringen, die ein Weaver-Profil bzw. eine Stanag-1913-Schiene aufweisen. Auf dieser kurzen Schiene können Sie ein Reflexvisier montieren (lassen). Das ist ideal, da Sie auf die kurzen Distanzen z. B. auf der Nachsuche das Reflexvisier nutzen können und gleichzeitig auf größere Entfernungen Ihr Zielfernrohr zur Verfügung haben. Das Einschießen des Reflexvisiers ist eine Sache von Minuten, da Sie den Absehenpunkt nur mit dem Absehen des ZF in Übereinstimmung bringen müssen.

Ein gravierender Nachteil muss allerdings erwähnt werden: Sie haben durch diese Aufrüstung das Problem, dass besonders im Nahbereich eine noch größere Ziellinienüberhöhung auftritt und Sie im Stressfall eventuell einen massiven Tiefschuss produzieren bzw. Trefferabweichungen aufgrund des Verkantens der Waffe auftreten.

Sie können dieses „Nahvisier" aber auch bewusst auf z. B. 50 Meter einschießen. Dann liegt der Treffpunkt eben tiefer als bei

Rotpunkt als Hilfsvisierung für kurze Distanzen. Links wird der Blick auf den Seitenverstellturm behindert, auf der rechten Waffe könnte das Rotpunktvisier schon fast wieder zu weit vom Auge entfernt sein. Sie entscheiden, wo Sie das gute Stück haben wollen.

der normalen Optik. Was Sie machen, bleibt Ihnen überlassen – Sie müssen halt wissen, was Sie tun! ... Und damit üben und zurechtkommen!

Feldmäßige Zielfernrohrmontage

Bei einem Weitschuss-Seminar klagte mir ein Teilnehmer auf der Schießbahn, dass er unerklärliche Schussgruppen außerhalb jeder Toleranz produziere. Er wisse nicht, warum, da er immer gut abkommen würde.

Nach genauerem Suchen und beim Überprüfen der Montage stellte ich fest, dass das ZF in den Montageringen gewandert war, somit der Augenabstand nicht mehr passte und auch der Turm der ASV nicht mehr senkrecht stand. Das Glas war nicht in die Ringe geklebt, sondern lag „einfach so" in den Halbringen. Da niemand auch nur den Hauch eines Klebstoffes dabeihatte, besann ich mich auf den Ratschlag eines Freundes, von einem Einweghandschuh einen Finger abzutrennen und daraus zwei Ringe als Unterlage herauszuschneiden. Das Latex wurde auf den Tubus des ZF gezogen und dieses erneut in den Ringen montiert und eingeschossen. Während des Seminars gab es keine Probleme mit dieser Art der Montage. Schussfest bei .300 WinMag.

Notmontage eines Zielfernrohrs mit Latexhandschuh. Von einem Finger des Handschuhs wurden zwei Ringe abgeschnitten und faltenfrei über den Tubus des ZF gezogen.

Apropos Zielfernrohrmontage: Es gibt einen Unterschied zwischen der mittlerweile überall bekannten Picatinny-Montage und den nach Mil-Spec-Vorgaben (Norm STANAG 1913) hergestellten Schienen. Sie sind in Form und Maß lediglich ähnlich. Passt hier der Heimwerker nicht auf und versucht, die beiden Komponenten zu kombinieren, kann es sein, dass die Montageringe/Sockel nicht in die Schiene passen bzw. die Sockel in der Schiene zu viel Spiel aufweisen und nicht flächig an- oder aufliegen. Passt dann zusätzlich der Übergriff nicht, dann können schnell Waffe oder Montage beschädigt werden.

Offene Visierung aufpeppen

Wer auf der Drückjagd im Wald lieber mit der offenen Visierung schießt, wird sich über ein Leuchtkorn freuen. Allerdings sind die hervorragenden Leuchtkorne für Büchsen oft sehr teuer. Bestreichen Sie das Korn ihrer Waffe mit Leuchtfarbe für Angelposen und vergessen Sie nicht den korrespondierenden Punkt auf dem Kimmenblatt.

Im Winter im Anschlag das Beschlagen des Okulars verhindern

Wenn Sie im Winter bei kalten Temperaturen mit der Langwaffe längere Zeit im Anschlag verharren müssen, beschlägt das Okular durch das Ausatmen. Die warme Atemluft setzt sich auf der kalten Linse ab und trübt den Blick durch das Zielfernrohr. Das kann man verhindern oder massiv verringern, wenn man mit dem Mund nach unten und von der Waffe weg ausatmet (Oberlippe über Unterlippe). So wird der warme Atem von der Waffe und dem Zielfernrohr weggeblasen.

Es sieht komisch aus, wenn man so ausatmet. Aber das Okular bleibt frei von Beschlag und somit klar für den treffsicheren Schuss, weil der warme Atem bewusst nach unten geblasen wird.

Stoßdämpfung für Zielfernrohre

Nachdem ich aus Unachtsamkeit auch schon mal mit dem Zielfernrohr an der Waffenschrank-Rückwand angestoßen bin und nicht sicher sein konnte, ob es sich nicht verstellt hat, habe ich Filzstreifen bzw. Autotür-Schutzfolie für die Garage auf Zielfernrohrhöhe an der Rückwand im Waffenschrank festgeklebt.

Zielfernrohrschutz, wenn Sie keine Waffentasche nutzen

Wenn Sie auf dem kurzen Weg ins Jagdrevier die Jagdwaffe ohne gepolsterte Tasche transportieren, Ihr Zielfernrohr aber trotzdem schützen wollen, verwenden Sie doch einfach eine aufgeschnittene Heizungsrohr-Isolierung. Schnell aufgeschoben, schnell abgenommen, trotzdem stoßgeschützt.

Definitiv nicht schön, aber zweckmäßig. Zur Not haben Sie damit auch gleich ein Rückenpolster auf dem Hochsitz, wenn Sie die Isolierung abnehmen. Nach vorne geschoben, kann sie auch als Lichtschutzblende dienen (siehe S. 76 rechts oben).

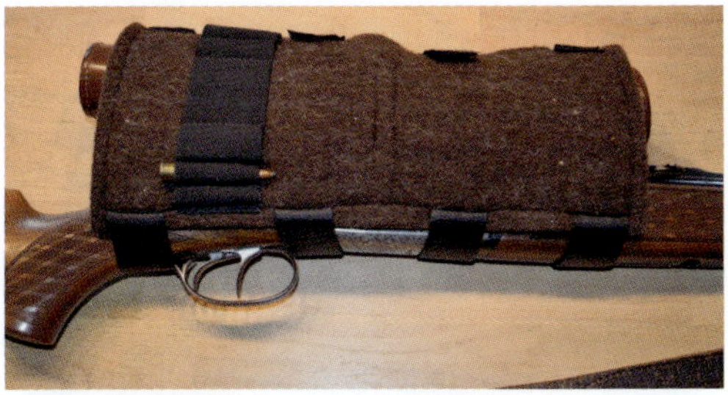

Filzmatte als Zielfernrohrschutz mit Gummischlaufen (für Patronen oder Reservebatterien für Taschenlampe, Nachtsichtgerät ...)

Optikschutzkappe mit aufgeklebter Loden-Geräuschtarnung; mit kleinem Kabelbinder gegen Verlieren gesichert.

ZF-Schutz aus Loden, Filz oder Neopren

Ein Jagdkamerad nutzt einen Zielfernrohrschutz aus dickem Filz zum Schutz der Jagdoptik auf seiner Kipplaufbüchse. Den Schutz hat er verliersicher am ZF befestigt und zusätzlich noch Gummischlaufen außen angenäht. In diese Schlaufen steckt er Reservepatronen, sodass sie schnell zur Hand sind, falls einmal ein schneller Nachschuss nötig ist. Wird der Filz nach vorne gezogen, dient er gleichzeitig als Gewehrauflage.

Schutz des ZF-Objektivs

Schneiden Sie von einem alten Fahrradschlauch einen 2–3 Finger breiten Ring ab und ziehen Sie ihn über das Objektiv des Zielfernrohres als Befestigung für Verbandmull (Tarnung) oder einen Pappstreifen (Blend- und Regenschutz).

Optikschutzkappen gegen Verlieren sichern

Im Laufe meines Jägerlebens habe ich bestimmt schon Optikschutzkappen im Wert von gut 100 € verloren, kaputt gemacht oder vergessen. Optikschutzkappen werden häufig mit Gummibändern aneinander befestigt (Objektiv- und Okularschutzkappe), ähnlich wie bei Zeiss-Zielfernrohren. Setzen Sie die Schutzkappen wie gewohnt auf und sichern Sie die Bänder an Objektiv und Okular jeweils mit einem Kabelbinder straff am ZF-Körper. Bei Gebrauch der Waffe schwenken Sie die Kappen einfach nach oben oder unten. Das **Klappern der Schutzkappen**, die normalerweise aus Kunststoff sind, können Sie vermindern, indem Sie den Kunststoff mit Tape oder besser Lodenstoff bekleben. Kein Klappern, kein Verlieren, außer Sie reißen die Kappe vom Gummi ab.

Alternative zu teuren Optikreinigungstüchern

Zur Pflege und Reinigung der Objektiv- und Okularlinsen nutze ich seit einiger Zeit Bildschirm-Reinigungstücher für den PC. Sie sind in der Spenderdose günstiger als Brillenreinigungstücher und machen genauso gut sauber.

Achten Sie aber darauf, dass Sie die empfindliche Vergütung der Linsen nicht beschädigen. Dazu nutze ich vorher einen sogenannten „LensPen“ und einen kleinen Blasebalg. Zum „Pinseln“ bietet sich ebenso ein Echthaar-Kosmetikpinsel mit Schutzhülle an. Das wäre eine kostengünstigere Alternative zu speziellen Optik-Reinigungspinseln.

Nano-Durchblick?

Ich habe mir für einen Versuch Nano-Spray für die Windschutzscheibe meines Autos besorgt. Von der neuen Klarsicht bin ich positiv

Mit dem „Blasebalg“ (rechts) und dem Pinsel (links unten) entfernen Sie groben Staub, mit dem „Lederteller“ (links oben) eliminieren Sie Beschlag bis in den Randbereich der Linsen.

überrascht und habe mir überlegt, ob ich das Spray nicht gar für meine Jagdoptiken nutzen kann. Momentan teste ich es an einem billigen, alten Zielfernrohr, weil ich nicht weiß, ob die Vergütung der Optik darunter leidet. Bis jetzt (nach 3 Monaten) konnte ich keine negativen Auswirkungen bemerken.

Lichtschutzblende für das Objektiv

Sonnen- oder Mondlicht schräg von vorne wird sehr leicht vom Objektiv des Zielfernrohrs reflektiert und warnt sowohl Schalen- als auch Raubwild. Die Anschaffung einer Lichtschutzblende lohnt sich also auf jeden Fall. Leider sind diese als Originalzubehör der jeweiligen ZF-Hersteller in der Regel teuer. Sie können leicht solche Lichtschutzblenden improvisieren. Die Blende sollte doppelt so lang sein wie der Durchmesser des Objektivs plus ein paar Zentimeter zum Befestigen am Objektiv. Von Pappe über Kunststoff bis hin zu Rohrisolierung eignet sich alles, was flexibel genug ist, sich der Rundung des Objektivs anzupassen. Diese Lichtschutzblende können Sie mit Kabelbinder oder Ringgummis am ZF befestigen. Manchmal reicht es schon, wenn Sie Verbandmull vor dem Objektiv herunterhängen lassen. Bedenken Sie aber, dass es dann im ZF dunkler wird und Sie bei variablen Gläsern eventuell mit der Vergrößerung etwas runtergehen müssen.

Hier ein paar Beispiele für improvisierte Lichtschutzblenden:

Lichtschutzblenden aus Rohrisolierung bzw. aus Pappe; mit Ringgummi befestigt. Den Karton können Sie noch bemalen, mit Panzertape bekleben und somit abtarnen.

Reduziert eventuelle Lichtreflexe am Objektiv: Verbandgaze, mit Ringgummi am Zielfernrohr befestigt.

Lichtschutzblende „Killflash" – Original und Nachbau

Wem die Lichtschutzblenden zu lang sind, der kann sich aus dem taktischen Bereich sogenannte „Killflash"-Wabenfilter besorgen. Sie haben die gleiche Eigenschaft wie eine Lichtschutzblende bei stark reduzierter Baulänge. Sie kosten aber leider 35–100 € und mehr je nach Hersteller und Ausführung. Kaufen Sie keine für Softair-Gebrauch, die halten dem rauen Alltag in der Regel nicht stand!

Aber auch dafür habe ich eine preisgünstige Bastel-Lösung gefunden. Kaufen Sie sich eine Garnitur Flip-up-caps (Schutzkappen für das ZF) und passen Sie innen das Gitter eines alten Lautsprechers ein.

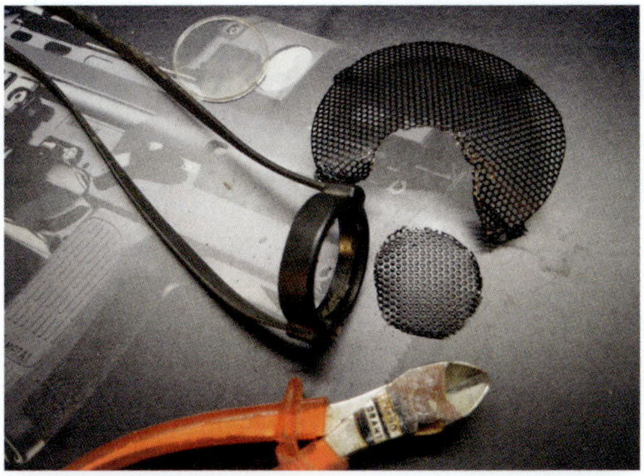

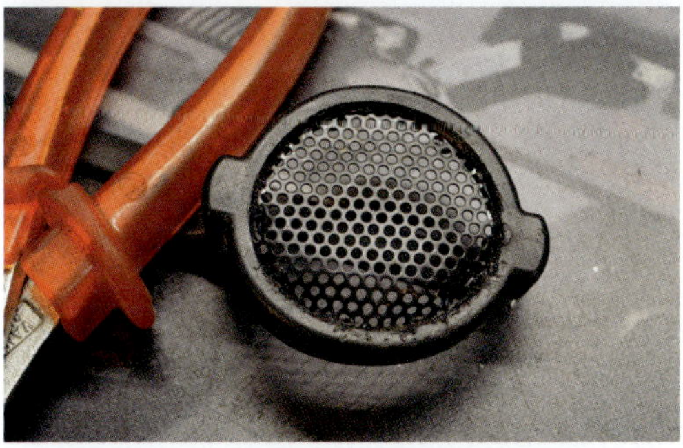

„Killflash" im Eigenbau. Lautsprechergitter ausschneiden, einpassen, aufsetzen. Die Wirkung ist erstaunlich gut, die Lichtreflektion wird merklich reduziert.

Wer es etwas professioneller haben will, dem kann auch geholfen werden. Als Verpackung für ein elektronisches Bauteil waren mehrere der am Foto abgebildeten Kunststoff-Wabenplatten in der Verpackung. Und schon hatte ich das Material für mein Steiner-ZF mit 56er Objektiv. Schutzkappe auflegen, mit einem Stift den Innendurchmesser anzeichnen, ausschneiden und in die Schutzkappe kleben, ist in 10 Minuten fertig!

Zielfernrohr-Kappe mit Kunststoff-Wabengitter; zur farblichen Angleichung können Sie das Wabengitter noch lackieren – natürlich müssen Sie es vorher vom Objektiv abnehmen!

Sie können sich aber noch eine Anleihe vom Militär nehmen. Schneiden Sie in den Klappdeckel der Schutzkappe ein Rechteck ein. Funktioniert auch, schluckt aber Licht ohne Ende! Oder Sie dunkeln mit einer Pappscheibe mit „Schlangenschnitt" ab.

Objektivschutzkappe und Objektivdeckel aus Pappe mit Schlitz zur Reflektionsminderung (Rechteckschnitt und „Schlangenschnitt“. Bei der „Schlangenblende“ durften sich meine Enkel malerisch verewigen. Sie können die Pappe aber auch mit Tape bekleben oder dunkel bemalen.).

Nachteil von Lichtschutzblenden

Allerdings muss ein Nachteil angesprochen werden: Sunshields/Sonnenblenden oder Killflashes schlucken Licht, das heißt, das Bild im Zielfernrohr wird zwangsläufig dunkler!

WÄRMEBILDKAMERAS, NACHTSICHTGERÄTE ETC.

Sehen in der Dämmerung

Bei einsetzender Dämmerung muss unser Auge sich an die schwindenden Lichtverhältnisse anpassen. Während der in unseren Breiten ca. eine Stunde lang dauernden Dämmerung passen sich auf der Netzhaut des Auges sowohl Zapfen als auch Stäbchen an die Dunkelheit an. Das geschieht in zwei Stufen: Binnen weniger Minuten erhöht sich die Empfindlichkeit der Zapfen auf das Tausendfache, anschließend schaltet das Auge auf Stäbchensehen um, was die Empfindlichkeit nochmals um den Faktor 10 Millionen erhöht. Der Preis ist der Verlust des Farbsehens bei Nacht. Die Umstellung der Hell-Dunkel-Adaption ist nach ca. 30 Minuten abgeschlossen.

Blendendes Licht & Adaptionszeit

Warum stört schwaches, rotes Licht bei Dunkelheit das Auge weniger?

Das liegt daran, dass sich das Farbspektrum der Stäbchen mehr im Bereich Blau-Grün befindet. Deshalb wird rotes Licht nicht als störend empfunden. Blickt der Ansitzjäger im Dunkeln in die Scheinwerfer eines vorbeifahrenden Fahrzeugs, muss er eine erneute Adaptionszeit von bis zu einer halben Stunde einrechnen. Man kann den Effekt der Blendung aber reduzieren, indem man das Zielauge bei Licht zukneift und lediglich das andere Auge blenden lässt. So ist man in der Lage, trotzdem im Dunkeln noch einen gezielten Schuss abzugeben.

Dämmerungskurzsichtigkeit

Jeder Jäger weiß, dass man in der Dämmerung nicht mehr in der Lage ist, wirklich scharf zu sehen. Zusätzlich zu dieser Dämmerungskurzsichtigkeit (Dämmerungsmyopie) verlangsamt sich die Modulation (Fähigkeit, zeitliche Abfolgen zu verfolgen) auf ca. 25 Hertz. Die Dämmerungskurzsichtigkeit kann bis zu zwei Dioptrien betragen! Das bedeutet im Umkehrschluss, dass sich das

Auge aufgrund fehlender Informationen zur Fokussierung auf einen fiktiven Ruhepunkt von 1–2 Meter vor dem Auge einstellt.

Indirektes Sehen

Ist nun die Dämmerung endgültig der Dunkelheit gewichen, müssen einige Punkte beachtet werden, um auch das letzte bisschen Licht wahrzunehmen, z. B. das „indirekte Sehen". Was versteht man darunter? Das bedeutet nichts anderes, als dass man bei Dunkelheit das Zielobjekt nicht direkt ansehen soll, sondern praktisch „am Ziel vorbeisehen" muss. Beim direkten Blick aufs Ziel wird dieses im zentralen Teil der Retina abgebildet, wo ausschließlich die bei Nacht untätigen Zapfen sitzen. Das leichte Vorbeischauen bildet dann das Ziel in einem Bereich der Netzhaut ab, wo die Zahl der lichtempfindlichen Stäbchen wesentlich höher ist.

Bitte beachten: Je nach dominantem Auge ist beim Gebrauch von Spektiv oder Zielfernrohr unterschiedlich zu verfahren. Ich erkläre das System anhand eines dominanten rechten Auges: Soll man hinter ZF oder Spektiv den Blick eher Richtung Nase oder Richtung Schläfe am Ziel vorbei wenden? Hier ist die Position des „Blinden Flecks" im Auge ausschlaggebend. Der „Blinde Fleck" bezeichnet die Stelle, an welcher der Sehnerv den Augapfel verlässt. Hier befindet sich keine lichtempfindliche Retina. Dieser Durchtritt befindet sich im Augapfel nasenwärts. Also versucht der Jäger, die Abbildung eben nicht auf den „Blinden Fleck" zu projizieren. Beim indirekten Sehen mit dem rechten Auge sollte man das lichtschwache Objekt eher nach innen zur Nase hin zu positionieren. So werden eher die lichtempfindlichen Stäbchen stimuliert.

Bei einem dominanten linken Auge ist spiegelverkehrt zu verfahren. Das Erlernen des indirekten Sehens ist mitunter etwas zeitaufwendig und erfordert Geduld, lohnt aber definitiv den Aufwand.

Nachtsichtgerät (NSG) für den schmalen Geldbeutel

Ein Bekannter machte mich auf ein YouTube-Video aufmerksam. In diesem Video wurde gezeigt, wie man seinen alten Digital-Fotoapparat zum IR-Nachtsichtgerät umbauen könne. Da ich kein Elektronik-Bastler bin, möchte ich hier nur den Hinweis geben. Durch einen Optik-Service kann man aus der alten Kamera den Infrarot-Filter ausbauen lassen. Dann kann man an das Kameragewinde eine Picatinnyschiene anschrauben und als Halterung für die Infrarot-Taschenlampe nutzen. Ich selbst kann die Umsetzbarkeit nicht beurteilen, es soll aber bis auf Kirrungsentfernung funktionieren.

Beispielbild, wie die Kamera-Lampen-Konfiguration aussehen könnte. Bei der Taschenlampe fehlt noch der Rotlichtaufsatz.

Nachtbeobachtung an der Kirrung

Wenn in einem Revier nur gelegentlich Sauen auftreten oder der Jäger nur ab und zu beim Nachtansitz ist, wird man die teure

Beschaffung eines Nachtsicht- oder Wärmebildgerätes (WBG) zu vermeiden suchen. Wissenschaftliche Studien und praktische Versuche ergaben, dass Wild auf Grünlicht kaum reagiert und dieses Licht lange aushält. Wenn Sie mit Klettband und doppelseitigem Klebeband eine Taschenlampe mit grüner Farbfilterscheibe oder grüner LED am Hochsitz oder – wo gesetzlich erlaubt – an der Waffe befestigen, können Sie zumindest auf Kirrungsentfernung das Wild ansprechen. Ein Versuch lohnt sich. Ähnlich soll es sich mit Rotlicht verhalten. Bitte beachten Sie die jeweilige Gesetzgebung Ihres Landes!

Ich habe festgestellt, dass der Lichtkegel der Taschenlampe das Wild weniger beunruhigt, wenn er von außen ausgehend in Richtung Wild geschwenkt wird – gleich einem Autoscheinwerfer, wenn ein Auto um die Kurve fährt. Das Wild flüchtet eher, wenn man anvisiert und plötzlich das Licht anschaltet.

Taschenlampen mit Farbfilterscheiben

NSG und WBG auf der Ansitzkanzel

Moderne Nachtsichtbeobachtungsgeräte haben allesamt einen meist genormten Anschluss für ein Stativgewinde, passend zu Kameragewinden. Warum nutzt man dieses eigentlich nicht für die Überwachung der Kirrung in Verbindung mit einem Kamera-Klemmstativ?

Klemmstativ für die Kanzel oder den Drückjagdbock mit unterschiedlichen Gewindeanschlüssen, die am Nachtsichtgerät oder Spektiv befestigt werden. Das Klemmstativ hält nicht nur an geraden Brettern, sondern umfasst auch Halblinge.

Schnellwechselplatte für Kamerastative, wie ich eines bei meinem Pirschstativ verwende.

So ein Klemmstativ kostet unter 15 € und verfügt über die entsprechenden Anschlussgewinde für Ihre (Nacht-)Optik. Wenn Sie auf dem Ansitz ein Fotostativ verwenden, nutzen Sie einfach eine Schnellwechsel-Platte. So können Sie schnell und geräuschlos das Beobachtungsgerät entnehmen. Das Ganze hat noch einen angenehmen Nebeneffekt: Da die meisten modernen Geräte über WiFi verfügen, können Sie sich in der Ansitzkanzel bequem zurücklehnen und die Sauenkirrung am Handy überwachen, ohne dauernd in das Okular starren zu müssen.

Befestigung von WBG und NSG

Bei einer Entrümpelungsaktion fielen mir drei Halterungen in die Hände, die über ein passendes Anschlussgewinde für mein Billig-Nachtsichtgerät verfügten. Das brachte mich auf die Idee, diese in den Sauenkanzeln fest zu montieren. Bei nächster Gelegenheit habe ich diese Halterungen mit Schrauben vor Ort befestigt. Sie können solche Halterungen auch auf ein kleines Brett schrauben und dieses dann mit einer kleinen Tischklemme oder Schraubzwinge auf der jeweiligen Kanzel fixieren und auf die Kirrung ausrichten (jederzeit abnehmbar).

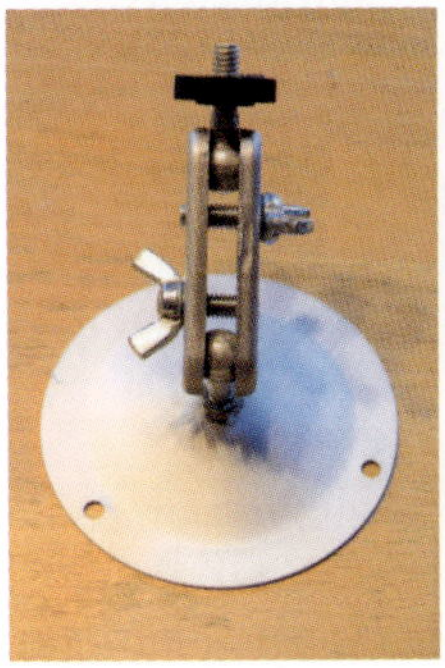

Eine der gefundenen Halterungen, die sich in alle Richtungen verstellen lässt und das NSG fixiert. So brauche ich auf dem Ansitz das Gerät nicht ständig in der Hand halten, sondern nur noch durch das Okular blicken.

Eine der Halterungen auf einem kleinen Brett montiert. Dieses Brett lässt sich mit einer Tischklemme (siehe S. 66) in der Kanzel befestigen.

ENTFERNUNG MESSEN/SCHÄTZEN

Um jagdlich auf die unterschiedlichsten Entfernungen exakt treffen zu können, müssen wir die Entfernung zum zu bejagenden Wild exakt ermitteln. Dazu hat der Jäger die Möglichkeiten des Schätzens, des Berechnens und des Messens.

Schätzen ist die ungenaueste Methode; mithilfe eines Spezialabsehens die wahrscheinliche Entfernung zu berechnen, kann schon genauer sein. Diese Methode wird in meinem Buch „Sniper. Militärisches und polizeiliches Scharfschützenwissen kompakt", 5. erw. Aufl., Ares Verlag (www.ares-verlag.com/product/sniper/) genau beschrieben. Die exakteste Entfernungsermittlung bietet der Laser-Entfernungsmesser (LEM). Da LEM mittlerweile durchaus günstig zu kaufen sind, erfreuen sie sich großer Beliebtheit.

Laser-Entfernungsmesser

Diese nützlichen Hilfsmittel gibt es von zahlreichen Herstellern mit ausreichender Präzision auf definierte Distanzen. Auch hier gilt der Grundsatz, dass man für das entsprechende Geld auch entsprechende Qualität bekommt. Sprich: teure Geräte reichen weiter und bieten auch auf große Entfernungen exaktere Messergebnisse als Billiggeräte. Sie müssen für sich selbst entscheiden, auf welche Entfernungen Sie schießen und wie viel Geld Sie ausgeben wollen. Wer wie ich auch auf der Longrange-Bahn unterwegs ist, wird mehr Geld für ein Gerät ausgeben, das auch noch jenseits der 1000 Meter Messdaten liefern kann. Für die allgemeinen jagdlichen Distanzen reichen Messbereiche bis 500 Meter. Allerdings gibt es auch hier Grenzen, beispielsweise beim Messen in dichtem Schneegestöber.

Alternative Entfernungsermittlung durch Berechnen

Diese Methode ist ebenfalls fehlerbehaftet, aber genauer als das bloße Schätzen. Ich möchte jedoch diesen speziellen Themenbereich nur ganz kurz als Einstieg für jene erwähnen, die Interesse daran haben, sich über meine knappen Ausführungen hinaus näher mit dem Thema zu befassen: Außer dem Schätzen der Entfernung und dem Messen mit dem Laser-Entfernungsmesser gibt es noch eine Rückfallebene – das Berechnen der Entfernung bei bekannter Zielgröße mit dem Absehen. Ich spreche jetzt nicht vom klassischen Absehen 1 oder 4, das ist für diesen Zweck sehr ungenau. Ich möchte hier eher die taktischen Absehen von Militär oder Polizei bzw. sportlichen Longrange-Schützen ins Spiel bringen. Das Absehen muss sich nur in der ersten Bildebene des Zielfernrohrs befinden, damit Sie beim Vergrößerungswechsel auch immer das Ziel in gleichem Maße mit vergrößern.

Eine genaue Erläuterung würde den Rahmen dieses Buches sprengen. Wenn Sie sich dafür entscheiden, Entfernungen mithilfe des Absehens zu berechnen, bleiben Ihnen ausgiebiges Selbststudium, Übung und Einholung zusätzlicher Informationen nicht erspart.

Schuss mit der Langwaffe auf kurze Entfernung

Jeder Jäger weiß, dass er beim Schuss mit der Langwaffe und montiertem Zielfernrohr auf kurze Entfernung einen Tiefschuss produziert. So birgt z. B. ein Fangschuss auf kurze Entfernung mit dem Gewehr das Risiko, dass man zum Beispiel den Träger eines Rehs entweder komplett verfehlt oder der geschundenen Kreatur lediglich die Drossel abschießt, was zu weiterem Leiden oder sogar zur Flucht des Tieres führt. Hier wird auf relativ kurze Distanz das bewusste Verkanten des Gewehrs helfen. Die nachfolgenden Bilder verdeutlichen die Thematik.

Der zu erwartende Tiefschuss beim normalen Anschlag mit der Langwaffe auf kurze Entfernung. Hier wirkt sich die Ziellinienüberhöhung voll aus. Der rote Punkt zeigt den wahrscheinlichen Treffpunkt des Geschosses.

Durch bewusstes Verkanten der Waffe auf Distanzen unter 10 Meter auf die Linie der Halswirbelsäule kann man das Problem elegant umgehen. Versuchen Sie es einmal im Ihrem Jagdrevier mit dem nachfolgend gezeigten Zielaufbau.

Auf dem Scheibenträger sind lediglich zwei Streifen Tape als Zieldarstellung für die Halswirbelsäule z. B. eines Rehs aufgeklebt. Bringen Sie die senkrechten Striche Ihres Absehens in Übereinstimmung mit dem Verlauf des Tapes und geben Sie einen Schuss ab. Er wird das Tape treffen! Je nach Richtung, in der das Tape verläuft, müssen Sie sich eventuell einmal etwas verbiegen. Achten Sie auf eine mögliche Hintergrundgefährdung.

MUNITION

ALLGEMEINES ZU KALIBERN

Das deutsche Bundesjagdgesetz schreibt über die Festlegung von Geschossenergien und Geschossdurchmessern auf der Jagd indirekt fest, welche Kaliber auf welche Schalenwildart verwendet werden dürfen. Auf Rehwild muss die Auftreffenergie auf 100 Meter mindestens 1.000 Joule betragen. Auf alles andere Schalenwild sind mindestens 2.000 Joule **und** mindestens ein Geschoßdurchmesser von 6,5 mm vorgeschrieben. Sie dürfen auch das Kaliber 5,45 × 39 (= Nachfolgekaliber der 7,62 × 39 des ehemaligen Ostblocks) in der Langwaffe jagdlich nutzen. Das Verbot der „Subkaliber" mit einem Geschossdurchmesser kleiner als 5,56 mm gilt in Deutschland nur bei Kurzwaffen, zum Beispiel der 5,45 × 17 für die Pistole PSM.

Gummiband zum Halten von 5 Patronen; zusammengenäht und mit einer dünnen Reepschnur am Knopfloch verlustsicher angebracht.

Schießen wir mit Kanonen auf Spatzen?

Als ich den Jagdschein machte, diskutierten Lehrgangskameradinnen und -kameraden häufiger, welche Jagdwaffe in welchem Kaliber man sich denn nach Erhalt des Jagdscheines kaufen würde. Aufgrund meiner dienstlichen Vita konnte ich bei den geführten Unterhaltungen meist nur (innerlich) lächeln. Die Lehrgangskameraden wussten nicht, dass ich zu diesem Zeitpunkt bereits einige Jahre Angehöriger einer Polizei-Spezialeinheit war, selbst Präzisionsschützen mit ausbildete und genau im Metier Waffen und Munition mein Geld verdiente. Der eine wollte eine 7 × 64 kaufen, eine .338 WinMag sollte es beim anderen sein, wieder jemand brachte auf Sauen eine .45-70 Gov. ins Spiel, selbst eine 8 × 68 S wurde erwähnt – weil „... Sau kann ja immer kommen!“ Irgendwann fiel den Lehrgangskameraden auf, dass ich mich bei diesen Debatten immer zurückhielt. Ich wurde direkt auf meine Überlegungen zur Kaliberwahl angesprochen und erntete überwiegend schlicht und ergreifend verständnisloses Kopfschütteln, als ich antwortete:

„Ich gehe die Sache von einer anderen Seite an. Welche Wildarten kommen bei mir vor? Maximal Schwarzwild oder vielleicht Rotwild und keine Wasserbüffel mit mehr als 700 kg. Also wird es bei mir eine .308 Win. Die langt doch überall hin! Die Munition ist günstig und auf alles heimische Schalenwild zugelassen. Mein Ratschlag wäre: Lernt erst mal schießen mit einem günstigen Kaliber, das ihr beherrschen könnt und wenn ihr das draufhabt, dann könnt ihr ja immer noch nachrüsten.“

Der Lehrgangsleiter hatte am Rande die Unterhaltung verfolgt und diese thematische Steilvorlage prompt für seinen folgenden Unterricht ausgenutzt. Nach dem Unterricht schaute das Ergebnis ganz anders aus. Die zur Debatte stehenden Kaliber waren plötzlich 6,5 × 55, .308 Win., .30-06 und 8 × 57 IS. Die zwei Mädels im Kurs wollten eine .223 Rem. und eine .243 Rem., weil bei ihnen kein Schwarzwild vorkam (zu dem Zeitpunkt, als ich meine Jagdprüfung abgelegt habe, kam Schwarzwild in meiner Heimat nur sporadisch vor – vor knapp 30 Jahren!) Aber mal ehrlich: Muss es denn im Wald auf 50 Meter wirklich eine .444 Marlin oder .338 WinMag auf ein Rehkitz sein, wo eine 7,62 × 39, .300 Blackout oder 5,6 × 50 R auch reicht?

Viele Jahre später griff eine deutsche Jagdzeitschrift genau diese Thematik in einem Artikel auf (Pirsch 7/2016). Aus diesem Artikel sind auch einige Tabellen entnommen, die hier weitergegeben werden.

Bei einem jagdlichen Weitschuss-Seminar eines Jagdwaffenherstellers aus Thüringen lernte ich den Fachjournalisten Wolfram Osgyan kennen, der nach eigenen Angaben über 60 % seiner Rehwild-Abschüsse mit der .22-250, 30 % mit der 6,5 × 57 und den Rest mit Patronen im .30er Diameter getätigt hat. Auf Nachfrage soll die .22-250 das Wildbret nicht mehr entwerten als andere Kaliber.

Der Autor eines weiteren „Pirsch“-Artikels (leider weiß ich nicht mehr, welche Ausgabe oder Jahrgang es war) hatte für seine Arbeit erinnerlich über 7.200 Berichte zur Auswertung zur Verfügung. Anhand dieser Berichte wurden lediglich 57 Stücke mit „klassischen“ Rehwildkalibern erlegt, alle anderen mit Hochwildpatronen.

Abschüsse nach Kalibergruppen bzw. Kalibern

Kalibergruppe	%
Sonstige	1,4
6,8 mm	1,4
6,5 mm	3,2
9,3 mm	8,9
8,0 mm	15,4
7,0 mm	18,3
7,62 mm	51,4

Kaliberbezeichnung	%
Sonstige	4,18
6.5 × 55	1,16
6,5 × 57 R	1,32
.270 Win.	1,36
7 × 57	1,59
7 × 65 R	4,18
7 × 64	9,05
.308 Win.	12,41
.30-06 Sprg.	31,24
.300 WinMag	5,17
.300 WeathMag.	1,48
8 × 57 IS	11,74
8 × 57 IRS	3,3
9,3 × 62	7,49
9,3 × 74 R	1,03

Diese ausgewertete Tabelle (Aufschlüsselung der Kaliber aus insgesamt 11.371 Abschüssen von Schalenwild in den Jagdjahren 2006 bis 2012) zeigt, dass in Deutschland anscheinend (ehemalige) Militärkaliber bei der Jagd auf Schalenwild ganz oben stehen. Ganze 55,39 % der Erlegungen wurden mit .308 Win., .30-06 und 8 x 57 IS getätigt.

Eine weitere Spalte im Gesamtumfeld der Auswertungen war die Betrachtung der ***Schussdistanzen****, die bei den Rehwildkalibern bei durchschnittlich 94 Metern, bei Hochwildkalibern bei knapp 77 Metern lagen.*

Die nachfolgende Tabelle zeigt die ***Fluchtstrecke*** *des Wildes in Metern nach Kalibern ohne Berücksichtigung des verwendeten Geschosses.*

Kaliber	Anzahl der erlegten Tiere	Mittelwert Fluchtstrecke
5,6 mm	36	19,74 m
6,5 mm	222	15,97 m
6,8 mm	116	24,42 m
7,0 mm	1274	21,62 m
7,62 mm	3866	22,02 m
8,0 mm	1064	21,14 m
9,3 mm	591	22,20 m

Für die tödliche Wirkung eines Schusses ist neben dem Treffersitz auch die Eindringtiefe und Energieabgabe des Geschosses im Wildkörper essentiell. Die Energieabgabe wirkt sich somit also direkt auch auf die Länge der Fluchtstrecke aus.

Die vorliegenden Daten zeigen, dass zum Beispiel eine alte 6,5 × 55 beileibe nicht als „schwach auf der Brust" abgetan werden sollte oder eine 7 × 57 „untermotorisiert" ist. Schließlich ist in Skandinavien die kleinste auf Elchwild zugelassene Patrone die 6,5 × 55. Beachten Sie bitte den Größenunterschied zwischen einem Rehkitz und einem Elch (auch wenn der noch in den Kinderschuhen steckt). Ich selbst nutze zur Jagd auf Rehwild im Wald beispielsweise überwiegend die 7,62 × 39 oder die 8 × 33. Mit knapp unter 2.000 Joule und zu erwartenden Schussdistanzen von +/- 40 Metern ist diese Patrone absolut ausreichend auf Rehwild. Die Wildbretentwertung ist minimal, die Fluchtstrecken lagen bis jetzt immer unter 10 Metern. Daher stellt sich mir die Frage: muss ich auf 40 Meter mit 3.500 Joule in ein Reh hämmern, wenn es 1.900 Joule auch tun?

Größenvergleich: .22 WinMag, 7,92 × 33, 7,62 × 39, 5,6 × 50R, 308, 8 × 57 IS, .300 WinMag, .338 Lapua Magnum

„Normalpatrone" und „Overkill"

Wo jetzt genau der Strich zwischen normalem und viel zu großem Kaliber gezogen werden soll, mag der Einzelne bitte für sich selbst entscheiden. Mein Tipp geht dahin, lieber ein leichteres Kaliber anzustreben, bevor man sich mit einem „Höllenteil" selbst **Schussangst** *antrainiert und somit zum „Viechschinder" wird (weil Schüsse verrissen werden und dadurch schlechte Treffer entstehen) anstatt zum verantwortungsvollen Jäger. Nur einmal als Denkanstoß: Könnte man nicht auch Rehwildkaliber für Schwarzwild bis 20 kg Gewicht freigeben? Ich glaube mich zu erinnern, dass in Brandenburg ca. 2016 eine entsprechende Diskussion angestoßen wurde. Über das Ergebnis ist mir leider nichts bekannt. In der Zeitschrift „Jäger" 10/2020 wurde in einem Artikel die Thematik der Abschaffung der Joule-Grenze der Jagdmunition aufgegriffen. Statt der Joule-Grenze sollte jedes Geschoss mit einer Angabe über dessen Energieabgabe und auch der Höchstschussweite versehen werden. Es wurde diskutiert, dass es evtl. Schalenwildklassen A (Torsoquerschnitt unter 20 cm) und B (Torsoquerschnitt über 20 cm) geben solle. Warum diese Überlegungen so plötzlich? Das hängt im Endeffekt nur mit der Einführung von „bleifreien" Geschossen zusammen. Dazu später mehr.*

Kleinere Kaliber – mehr Wildbret-Schäden?

Dazu passt auch die Diskussion, ob kleine, rasante Kaliber im Vergleich zu „größeren" Kalibern große Hämatome verursachen und somit das Wildbret über Gebühr entwerten.

Nach dem Wehrdienst (1985/86) hatte sich die .308 bei mir als „Arbeitstier" etabliert (nicht zuletzt deshalb, weil Munition günstig zu bekommen war). Als ich dann den Jagdschein in der Tasche hatte, ließ ich mich von anderen Weidmännern dazu überreden, mir „ … einen schnellen Flitzer …" als Fuchsgewehr zu kaufen. Die Wahl fiel auf das Kaliber .223 Remington. Das damalige Jagdrevier in der Hallertau mit ca. 50 % Feldanteil und einer unglaublichen Fuchsdichte machte die Entscheidung für dieses Kaliber noch leichter. Die ersten Füchse lagen allesamt am Anschuss, dann kam der Herbst und die schwachen Kitze wurden erlegt. Den Mahnungen anderer Jagdkameraden zum Trotz waren bei den schwachen Kitzen kaum Hämatome zu verzeichnen. Beim vierten Kitz dann plötzlich ein Desaster! Die Kugel saß nicht hinter dem Blatt, sondern direkt darauf. Der Einschuss war kaum zu finden, aus dem kleinen Ausschuss tropfte etwas Schweiß. Das Kitz lag am Anschuss. Als ich es barg und in die Wildwanne legte, war von der desaströsen Wirkung noch nicht viel zu ahnen. Beim Aufbrechen des Tieres zeigte sich die verheerende Wirkung des Geschosses. Das Zwerchfell war intakt, im Brustraum war alles „Matsch"! Bereits der Einschlag auf dem Blatt verursachte auf der Innenseite des Blattes ein großflächiges Hämatom, an den Rippen war es noch schlimmer. Die Ausschussseite musste aufgrund der höllischen Zerstörung komplett entsorgt werden. Die Einblutungen reichten bis hoch in den Rücken.

Das nächste Schreckerlebnis folgte bei einem Hegeabschuss auf eine nicht führende

Rehgeiß, die einige Tage vorher bei einem Verkehrsunfall verletzt und trotz Nachsuche nicht gefunden wurde. Dieses laufkranke Stück zog mit einem Sprung anderer Rehe nahe am Luderplatz vorbei, an dem ich auf Fuchs ansaß. Es zog einen Lauf stark schonend nach und konnte das Tempo des restlichen Sprunges nur mit Mühe halten. Auf knapp 120 m trug ich dem verletzten Reh die Kugel an, es zeichnete aber nicht. Vielmehr lief es hangabwärts in Richtung meiner Ansitzkanzel. Etwa 70 m vor der Kanzel blieb es breit stehen, nahm die zweite Kugel hinter dem Blatt und ging flüchtig an den 50 m entfernten Waldrand. Das weibliche Stück steckte jetzt in den Brombeeren fest! Hier fasste die dritte Kugel das Haupt des armen Tieres. Ein „jagdethisches Stalingrad"! Zwei Kammerschüsse und ein Hauptschuss! In der Kammer saßen die Einschüsse auf gleicher Höhe etwa 3 cm voneinander entfernt, die Ausschüsse waren 5 cm voneinander entfernt. Die Schusskanäle hatten sich im Körper gekreuzt. Verwertbar war nur noch ein Teil des Rückens und die Keulen ...

Ab da blieb die .223 im Schrank und ich nutzte sie lediglich noch zum Übungsschießen oder auf Fuchs bzw. Kugelkrähe. So wäre der Plan gewesen ... Der spätere Wechsel in ein Revier näher an meinem Zuhause führte zu einer Renaissance der .223 Rem. Bei der Jagd auf Winterfuchs mit der Ruger mit Vollmantelgeschossen (Balgschonung) kam mir ein sichtlich krankes Stück Rehwild in Anblick, welches als Hegeabschuss gestreckt wurde. Keine Fluchtstrecke, kein Knochentreffer, keine Hämatome. Ich fasste wieder Mut und mit Ausklang der Jagdzeit auf weibliches Rehwild erlegte ich ein weiteres Stück. Keine Hämatome, Ein- und Ausschuss fast nicht zu finden, aber innen Herz und Lunge massiv zerstört. Abgekürzt: Ich nutze (zur Not) dieses Kaliber nach wie vor auch zur Jagd auf Rehwild und mittlerweile auch mit bleifreien Geschossen. Sobald ein Knochen mit im Spiel ist, steigt die Gefahr der Hämatombildung massiv. Wird kein Knochen von der Kugel erfasst, ist die Wildbretentwertung relativ gering. So meine persönlichen Erfahrungen.

Für die Feldflur wähle ich überwiegend das Kaliber .308 Win., wobei auch mal die 8 × 57 IS oder sogar die .300 WinMag. (Weizensauen) ausgeführt wird.

Da im heimatnahen Revier auch ein größerer Waldanteil vorhanden ist, wird dort mit den genannten Mittelkalibern auf Rehwild gejagt. Es kam schon das eine oder andere Mal vor, dass bei stärkeren Kalibern (also 7 mm aufwärts) durch den Deformationsschlag des Geschosses und die daraus resultierende explosive Flüssigkeitsverdrängung im Wildkörper (besonders bei schwachem Wild) die Bauchdecke riss oder Teile der Lunge mit aus dem Ausschuss gezogen wurden.

Die Lösung war in meinen Augen aber ganz einfach: der Umstieg auf ein langsameres Mittelkaliber oder das Selberbauen einer „Schonzeitpatrone" als Wiederlader, vielleicht auch mit Reduzierhülsen!

7,62 × 39 oder 7,92 × 33 waren damals für mich die Lösung für die Jagd im Wald. Die sich jetzt auf dem Markt zu etablieren scheinende .300 AAC Blackout passt ebenfalls in diese Kategorie (5 bis 8 g Geschossgewicht, um 1800 Joule) oder man geht mit einem handlichen .30 M1 Carbine (7,62 × 33, 1.300 Joule) raus. Alle Patronen liefern zwischen 1.300 und 2.000 Joule (wobei man die 7,92 × 33 noch auf knapp über 2.000 Joule bringen könnte). Mit TM- oder Bleifreigeschossen und einer Präzisionsleistung von 5 cm/70 m reicht das für einen Rehabschuss im Wald. Die V0 liegt bei diesen Patronen bei ca. 600 bis 700 m/s und erfüllt auch die Weisheit eines damaligen Jagdausbilders: „A G'schoss muas Zeit hom zum Wehdoa!" (Ein

Geschoss braucht Zeit, um weh zu tun). Dieser erfahrene Weidmann mit damals knapp 60 Jagdjahren Erfahrung führte Zeit seines Lebens einen alten Wehrmachtskarabiner 8 × 57 IS oder im Wald einen alten .30 M1 Carbine. Einen Drilling hatte er natürlich auch noch, „ ...der Tradition wegen". Meine Erfahrungen mit den Kurzpatronen sind durchwegs positiv, die Hämatombildung bewegt sich in normalem Umfang, auch bei Knochentreffern. Lediglich die Fluchtstrecken (wenn überhaupt) sind etwas länger im Vergleich zu beispielsweise .308 Win. – im Schnitt zwischen null und 15 Metern. Das sind meine Erfahrungen, die ich nach über 25 Jagdjahren und jeweils mindestens 50 erlegten Tieren mit diesen Kalibern gemacht habe.

Im Vergleich: .308 Win. (links) und .300 AAC Blackout

EINIGE BEISPIELE FÜR GÄNGIGE GESCHOSSE

Was gibt es jetzt eigentlich so alles am Markt? Die folgende Ausarbeitung kann nicht vollständig sein, da sich am Angebot ständig etwas ändert. Außerdem würde das den Umfang dieses Buches definitiv sprengen und zu einer totalen Themenverfehlung führen. Wir wollen ja schließlich noch basteln ... Da das Thema aber immer brennender wird, noch eine kleine Abhandlung dazu.

Wir müssen bei den Geschosskonstruktionen unterscheiden in Voll- und Teilzerleger und Deformierer.

Vollzerleger

Sie werden hauptsächlich für die Raubwildjagd genutzt. Hier wird ein in der Regel gesinterter Geschosskern in einen herkömmlichen Tombakmantel gepresst. Dadurch ergibt sich eine geringe Tiefenwirkung aufgrund der sofort einsetzenden Fragmentierung des Geschosses.

Teilzerleger

Das sind konstruktionsbedingt Geschosse, deren Geschossspitze (ca. ⅓ des Projektils) aufsplittert und für eine massive Augenblickswirkung sorgt, während die verbleibenden ca. ⅔ des Geschossgewichts für den Durchschlag und somit den Ausschuss sorgen.

Deformierer

Sie sind material- und konstruktionsbedingt Geschosse, die ihr Ausgangsgewicht nahezu behalten und lediglich durch Deformation Energie an den Wildkörper abgeben. Sie bieten gute Tiefenwirkung und sorgen für eine hohe Ausschusswahrscheinlichkeit.

Beim Wechsel der Geschossmaterialien (bleihaltig bzw. bleifrei, siehe ab S. 90) kann es zu sogenannten Wechselschüssen kommen, muss es aber nicht. Da mit dem Wechsel des Geschossmaterials auch ein unterschiedlicher „Schmiereffekt" im Lauf auftritt, kann sich das negativ auf die Präzision auswirken. Sie müssen das bei Ihrer Jagdwaffe selbst testen! Nicht immer hilft ein vorheriges, chemisches Reinigen. Nach der chemischen Reinigung sollten Sie auf jeden Fall zwei bis drei Schüsse abfeuern, um den „Schmierfilm" im Lauf aufzubauen. Erst dann sollte die Präzision geprüft werden. Sie müssen also zwischen der Tagesreinigung (nach jedem Jagdtag) und der Grundreinigung bzw. anlassbezogenen Reinigung unterscheiden (siehe auch S. 50–54). Die Tagesreinigung umfasst die Entfernung des Pulverschmauches und das Einölen des Laufes (reicht mit einer Laufreinigungsschnur), die Grundreinigung erfolgt mit Chemie. Wenn Sie nach einiger Zeit feststellen, dass sich die Präzision massiv verschlechtert, sollten Sie mit Chemie an die Sache gehen und anschließend nochmals die Präzision prüfen. Dann wissen Sie, welche Reinigungsintervalle Sie mit genau dieser Waffe anstreben müssen.

BLEIFREIE MUNITION (BÜCHSE)

Vor nahezu 20 Jahren kam aus einer bestimmten politischen Richtung das Gerücht auf, dass Geschosse mit Bleikern (übertrieben gesagt) dafür verantwortlich wären, wenn Fleisch von mit Bleikern-Munition erlegtem Wild verzehrt würde, es bei schwangeren Frauen zu Fehlgeburten käme. Eine riesige mediale Welle rollte gegen Jäger und die Munitionshersteller. Zu vielen Punkten hielten sich (nur teilweise begründet) hartnäckig viele Vorurteile. Arbeiten wir einmal die wichtigsten Punkte ab.

Vorurteil 1: Bleifreie Geschosse verschmieren die Läufe

Sehen wir uns erst einmal allgemein die Geschosse an: Bisherige Mantelgeschosse verfügten über einen Kern aus mehr oder weniger hartem Blei. Der Mantel bestand aus Eisen, welches beschichtet war (Messing, Zinn etc.) oder aus Tombak. Tombak ist eine Kupferlegierung, die je nach Herstellungsverfahren eher weich oder eher hart ist. Der normale Büchsenlauf kommt also nicht mit einem gänzlich anderen Material in Berührung. Hauptproblem ist ein reines Kupfergeschoss (B Lapua Naturalis). Das reine Kupfer ist weicher als eine Tombak-Legierung und verursacht in der Tat mehr Abrieb im Waffenlauf. Ein Versuch, diesen erhöhten Abrieb in Griff zu bekommen, bestand aus der Beschichtung der Geschosse. Die ersten Beschichtungen (S&B mit Barnes-Geschossen) waren aber nicht so abriebfest wie erwünscht. Sie verschlimmerten das Problem eher noch. Heutige Beschichtungen kommen dem Ideal einer besseren Schmierverhinderung relativ nahe und werden teilweise sogar am Geschoss eingebrannt.

Vorurteil 2: Der hohe Gasdruck führt zur Waffensprengung

Eine harte Nuss! Ein Mantelgeschoss mit einem relativ weichen Kern aus Blei presst sich mit relativ wenig Kraftaufwand in das Laufprofil des Waffenlaufes ein. Ein Massivgeschoss, das durch und durch aus hartem Material besteht, braucht deutlich mehr Kraft, um in das Laufprofil eingepresst zu werden. So hat Geschossblei einen Härtegrad von 20, Kupfer einen von 40 Brinell. Es besteht also tatsächlich das Phänomen, dass hier in der Waffe ein höherer Gasdruck herrschen kann. Dem Problem kann aber abgeholfen werden, indem der Geschosshersteller Führungsbänder einarbeitet, d. h., die Führungsbänder haben den Durchmesser des Zugprofils, der Geschosszylinder den Durchmesser des Feldprofils. Mit diesen schmalen Führungsbändern wird einerseits der Einpressdruck des Geschosses ins Laufprofil reduziert, andererseits sogar noch der Gasschlupf im Rahmen gehalten. Bei Waffenläufen mit Polygonprofil herrscht mit der höchste Gasdruck im Rohr, wenn Massivgeschosse verfeuert werden. Bei ohnehin „knackigen“ Laborierungen am oberen Ende der Gasdruckgrenze kann man leicht an die Grenze des Beschussgasdruckes kommen.

Vorurteil 3: Bleifreie Geschosse erzeugen gefährliche Abpraller

Die deutsche DEVA (Deutsche Versuchs-und Prüfanstalt für Jagd- und Sportwaffen) hat hinsichtlich dieser Frage umfangreiche Versuche angestellt. Sie kommt zum Schluss, dass Massivgeschosse eine genau so große Abprallneigung haben wie herkömmliche Mantelgeschosse. Als Vorteil wird angeführt, dass es zu fast keinerlei Splitterbildung beim Abprallen kommt. Allerdings muss der Hinweis erlaubt sein, dass – wenn ein Massivgeschoss abprallt – der Abpraller sein ursprüngliches Geschossgewicht behält und somit ein höherer Gefahrenbereich gilt (Drückjagd!). Mantelgeschosse platzen an einem harten Hindernis in der Regel auf, die Geschossfragmente sind leichter und fliegen nicht so weit. Dafür gehen die Bruchstücke in verschiedene Richtungen ab, was beispielsweise bei Fangschüssen vor dem stellenden Hund unkalkulierbar und hoch riskant ist.

Vorurteil 4: Bleifreie Munition ist unpräzise

Ja und nein! Es scheint so, als würden tendenziell Waffen mit kaltgehämmerten Läufen sensibel auf Massivgeschosse reagieren. Ich habe beispielsweise bei meinen Langwaffen festgestellt, dass auch verschiedene Mantelgeschosse (auch bei meiner wiedergeladenen Munition) nicht immer Präzision verhießen. Die Blaser CDP und das RWS ID Classic liefen hervorragend, die Nosler Partition oder RWS Evo Green oder Speed Tip Pro waren nicht zu einer befriedigenden Präzisionsleistung zu bewegen. Das kann bei Ihnen ganz anders aussehen! Vielleicht liegt es an der Geschosskonstruktion, weil der Bleikern durch einen waagerechten Steg geteilt wird. Das CDP weist auch so einen Steg auf, der ist aber trichterförmig und presst sich anscheinend leichter ins Laufprofil ein. Besonders für Wiederlader ist der folgende Hinweis wichtig: Da Blei eine höhere Dichte als Kupfer hat (10,3 g/cm³ zu 7,8 g/cm³), müssen Kupfergeschosse bei gleichem Gewicht länger sein – oder sind bei gleichen Geschossabmessungen eben entsprechend leichter. Entweder schaut das Geschoss dann weiter in den Lauf hinein (und überschreitet dann die Patronen-Gesamtlänge der CIP) oder es sitzt tiefer in der Hülse (und verändert dadurch die Ladedichte und den Gasdruck in Patrone und Lauf). Hier hilft nur das Prinzip von Versuch und Irrtum. Testen Sie Ihre Munition!

Vorurteil 5: Bleifreie Geschosse vergrößern die Fluchtdistanz

Auch wieder Ja und Nein! Ist bei der Jagd auf Großwild eine hohe Eindringtiefe gefordert, sind Massivgeschosse sicherlich eine gute Wahl. Sie erzeugen bei entsprechender Geschosskonstruktion auch noch einen sicheren Ausschuss. Das kann zu einem schnellen Verenden eines Großwildes führen. Beim Schuss im Gebirge auf Gams über angenommen 400 Meter hat das Geschoss nicht mehr genügend Geschwindigkeit, um sicher zu deformieren. Eine lange Flucht und Nachsuche wäre vorprogrammiert.

Vergleichen wir einmal Kartoffeln. Eine gekochte Kartoffel verhält sich ähnlich wie ein Teilmantelgeschoss mit Blei- oder Plastikspitze. Werfen Sie die gekochte Kartoffel (auch mit wenig Kraft) gegen eine Stahlplatte, wird sie zerplatzen (vergleichbar mit einem 8 × 57 IS TMR, das auf den Knochen eines Keilers trifft).

Ein Massivgeschoss entspricht eher einer festen, ungekochten Kartoffel. Mit Kraft gegen eine Stahlplatte geworfen, zerbricht sie in wenige größere Stücke (vergleichbar mit Lutz Möller Geschossen oder LfB Jaguar). Wirft man die Kartoffel mit wenig Schwung, bleibt sie, wie sie ist. **Fazit:** Bleifrei braucht höhere Geschwindigkeiten, um sicher zu deformieren, in der Regel ungefähr 100 m/s mehr. Kommt man über eine gewisse Distanz hinaus, spricht das bleifreie Geschoss nicht mehr richtig an und verursacht hohe Fluchtstrecken, lange Nachsuchen und eventuell den Verlust der Jagdbeute. Hier haben Mantelgeschosse noch einen gewissen „Puffer", da sie auch bei geringeren Geschwindigkeiten noch deformieren. Zum Zeitpunkt der Manuskripterstellung war die Firma Hornady an einer vielversprechenden Problemlösung dran.

Vorurteil 6: Bleifrei ist teuer und nicht zu bekommen

Munition für die Jagd ist in den letzten Jahren durchgehend sehr teuer geworden! Das gilt für beide Geschossarten. Das Angebot für die .30er Diameter (.308 Win, .30-06, .300 WinMag ...), der 6,5 mm- Bereich ist mittlerweile recht üppig, auch der Bereich .323 / 8 mm (8 × 57 IS) ist gut versorgt. Die 9,3-er Gruppe ist sehr begrenzt zu haben. Für den Wiederlader gibt es genug Futter bei den großen Geschossherstellern wie Hornady, Sierra, RWS, Prvi Partizan und auch von Brenneke, Reichenberg, LfB oder Lutz Möller.

Wie der DJV (Deutscher Jagdschutzverband) schon ca. 2012 geäußert hat, ist die Jägerschaft nicht mit Blei verheiratet, man kann ruhig für Neuerungen offen sein. Der mediale und politische Druck hat aber nach meiner Meinung ein zu hohes Gewicht in der Diskussion. Es ist allgemein bekannt, dass hier an den Schaltstellen der Politik nur in den seltensten Fällen richtige Experten sitzen! Die letzte Wahlmöglichkeit sollte definitiv dem Jäger vor Ort überlassen bleiben. Das ist politisch aber nicht gewollt. Wenn mit Blei gejagt wird und sich der Jäger oder die Jägerin damit wohl fühlt und im Sinne des Tierschutzes gute Erfolge hat – warum nicht? Wenn das Stück Wild ordentlich versorgt wird, besteht keine Gefahr für die Gesundheit des Menschen oder gar für ungeborenes menschliches Leben. Da gibt es genügend andere Ursachen bzw. Quellen, die zuerst eliminiert werden müssten ...

BLEIFREIE MUNITION CONTRA BLEIHALTIGE MUNITION (SCHROT)

Die „Bleifrei-Problematik" ist vor allem aus der Niederwildjagd nicht mehr wegzudenken. Es hat bei Reviernachbarn auch tatsächlich schon vereinzelt Kontrollen gegeben, mit welcher Schrotart Federwild erlegt wurde. Bei Drückjagden im Staatsforst ist „bleifrei" mittlerweile Standard und zwingend vorgeschrieben. Doch wie kennt man im Durcheinander des Jagdrucksacks oder bei einer „Stamperjagd" (früh auf Enten/Wasserwild mit Stahlschrot, im Anschluss normal über die Felder auf Hase und Fasan mit Bleischrot) die entsprechenden Schrotarten auseinander? Ich markiere einfach mit

Bleihaltige und bleifreie Geschosse sind durch Beschriftung schnell und unmissverständlich erkennbar. Schrotgröße auf dem Hülsenboden der Schrotpatronen. Die in grüner Farbe beschriftete Hülse zeigt die Patrone mit Stahlschrot.

einem Permanentmarker die Hülsenböden der Patronen. Bei Schrot zugleich die Körnung. Bleischrot in schwarz, Stahlschrot in grün, Flintenlaufgeschosse mit einem Kreuz. So besteht keine Verwechslungsgefahr beim schnellen „Umstopfen" der Flinte oder zu Hause bei der Suche im Munitionsschrank.

Bei den Büchsenpatronen kennzeichne ich bleifreie Patronen mit einem Strich, bleihaltige bleiben unmarkiert. Sind die Patronen in einem Ladestreifen, wird einfach der Ladestreifen zusätzlich markiert.

Bleimunition, Untersuchungen & politische Entscheidungen

2020 legte das Bundesministerium für Ernährung und Landwirtschaft (BMEL) einen Referentenentwurf zur Änderung des Bundesjagdgesetzes vor. Im Abschnitt A werden die Ziele der Änderung beschrieben. Neben der Vereinheitlichung der Prüfungsvoraussetzungen und anderen Themen geht es auch darum, „... die Anforderungen an Büchsenmunition bezüglich ihrer Bleiabgabe an Mensch und Umwelt und ihrer Tötungswirkung bundeseinheitlich festzulegen."

Langjährige Forschungen auf Veranlassung des BMEL förderten zutage, dass die häufigste Todesursache bei Seeadlern in Deutschland oral aufgenommene Bleipartikel sind. Als Quelle des Bleis wurden Geschosspartikel aus Jagdbüchsengeschossen identifiziert.

Im Verlauf von mehreren Jahren wurden von der Hochschule Eberswalde (Fachgebiet Wildbiologie) Untersuchungen zur Tötungswirkung von Büchsengeschossen auf Schalenwild durchgeführt. Ergebnis war, dass die Tötungswirkung durch bleihaltige Geschosse erfüllt werden, durch bleifreie aber auch. Fast parallel dazu untersuchte die DEVA (Deutsche Versuchs-und Prüfanstalt für Jagd- und Sportwaffen e. V.) das Abprallverhalten bleifreier zu bleihaltigen Büchsengeschossen. Diese Testphase wurde durch das BMEL beauftragt und im Ergebnis als „... nicht so unterschiedlich ..." bewertet.

Etwa zu diesem Zeitpunkt schaltete sich die EU über ein Nebengleis in die Untersuchungen ein. Die Europäische Behörde für Lebensmittelsicherheit EFSA kam zum Schluss, dass Wildbret europaweit (angeblich) zu den am höchsten mit Blei verunreinigten Lebensmitteln gehört. Das offizielle Ergebnis ist bekannt: Mit erheblichem medialem Aufwand wurde das Verbot bleihaltiger Jagdgeschosse vorangetrieben, ohne auf die Herkunft des untersuchten Wildbrets einzugehen, welches großteils von außerhalb Europas importiert wird.

Innerhalb von zwei Jahren wurde die Jagd mit Bleischrot in Feuchtgebieten verboten. Seit 2023 ist die Verwendung von Bleischrot rechtlich auch durchgesetzt, zumindest in Bayern gilt jetzt sogar ein Mitführverbot (!!!) von Bleischrot-Patronen bei der Wasserjagd.

Doch zurück zu den Büchsengeschossen. Bisher wurde zur Tötungswirkung die Ge-

schossenergie auf eine Distanz von 100 Metern verlangt (Rehwild 1.000 Joule, alles andere Schalenwild 2.000 Joule, 6,5 mm Geschossdurchmesser). Nach altem Verfahren wissenschaftlich ermittelt und berechnet. Jetzt soll laut Definition im Paragraphen 18 b des Referentenentwurfes „ ... die Freisetzung der zur Tötung unter Vermeidung unnötiger Schmerzen beim Auftreffen und Durchdringen des Wildkörpers mindestens notwendigen Energie ...“ die Voraussetzung für die zuverlässige Tötungswirkung darstellen. Das heißt für den Jäger, dass nicht nur die Geschossenergie zählt, sondern auch die Energie, welche das Projektil an den Wildkörper abgibt.

Konsequenzen für Munitionshersteller bzw. für Wiederlader

Was bedeutet das nun für die Munitionshersteller? Jeder Munitionshersteller muss für JEDES von ihm produzierte Jagdgeschoss ein ballistisches Standardprüfverfahren durchführen lassen! Das Ergebnis soll dann „ ... in geeigneter Weise ...“ dem Jäger z. B. auf der Patronenschachtel mitgeteilt werden – evtl. unter Angabe einer Höchstschussentfernung.

Für den Wiederlader wird die Sache dann schon etwas komplizierter. Wie bekannt, kauft sich der jagende Wiederlader seine Komponenten (Hülsen, Zündhütchen, Nitropulver, Geschosse) selbst und stimmt all das mit geprüften Ladetabellen auf seine bevorzugte Waffe ab, um ein Höchstmaß an Präzision zu erreichen. In diesem Fall kann nach meiner Ansicht nur die Angabe der Mindestgeschwindigkeit Erfolg versprechen. Diese Mindestgeschwindigkeit bei definiertem Geschoss darf nicht unterschritten werden, weil ansonsten die Energieabgabe an den Wildkörper nicht mehr in erforderlichem Maß erfolgen kann. Ein Ballistikrechner kann dann die Höchstschussentfernung auch unter Berücksichtigung der Lauflänge ermitteln. Diese Verantwortung wird dann an den jagenden Wiederlader weitergegeben.

Grenzwerte für die Mindestanforderungen zur Geschossleistung wurden meines Wissens bereits wissenschaftlich festgelegt.

Auffällig im Referentenentwurf ist, dass hier von „bleiminimierten Geschossen“ geschrieben wird! Somit ermöglicht man den Geschoss- bzw. Munitionsherstellern, durch die Kombination verschiedener Materialien die erforderliche Energieabgabe an den Wildkörper zu erreichen. Man darf gespannt sein, was hier im Endeffekt noch auf die Jägerschaft zukommt. Fakt ist, dass seit ca. 15 Jahren (Stand 2020) mit einem massiven medialen Aufwand versucht wird, „bleifrei“ in der Jägerschaft zu etablieren, während relativ wenig auf die Giftigkeit von z. B. Kupfer eingegangen wird. Ebenso gespannt kann man auf die „Altbesitzregelung“ bleihaltiger Jagdgeschosse sein. Nicht wenige Jäger oder Wiederlader haben sich mit einer größeren Geschoss- oder Patronenmenge eingedeckt, wenn eine präzise Laborierung gefunden wurde. Wiederlader, die auch sportlich schießen, nutzen Preisvorteile beim Großeinkauf und laden an einem Wochenende schon mal den Jagd- und Trainingsvorrat für ein bis zwei Jahre ...

Alternative zu Blei- und Stahlschrot: Kupfer?

Zum Thema „bleifrei“ noch ein paar andere Gedanken: Im Jahr 2018 schlug nach dem Verbot von Bleischrot bei der Jagd auf Wasserwild an und über Gewässern eine Studie der Technischen Universität München (TUM) hohe Wellen. „Bleifreie Munition teilweise giftiger“ (als Blei) stand da zu lesen. Welche Schrot-Materialien standen in dieser Studie denn nun im Fokus und zu welchen Ergebnissen kam die Studie?

Untersucht wurden als Ersatz für Blei neben Kupfer unter anderem die Materialien Zink, Wismut, Weicheisen, Thungsten, Hevi-Shot. Der Autor der Studie griff hier lediglich einmal das Kupfer heraus.

In der Originalstudie war zu lesen: *„For the alternative shot type Sweet Copper, leaching of is main element at concentrations from 0,79 to 4,22* µmol Cu/L.“ Die Studie wies ebenfalls einen „EC-50-Wert“ von 1,46 µmol/Liter aus.

Kurz gefasst: 4,22 µmol Cu/Liter entspricht einer Konzentration von 0,26879 mg Kupfer/Liter Wasser. Diese Konzentration führt zur Immobilisation des Wasserflohs, welcher der Gradmesser für alle Studien ist. Wen es interessiert, welche Belastungen unser Trinkwasser aufweist, der kann unter folgendem Link nachlesen: (Quelle: www.umweltbundesamt.de/sites/default/files/medien/publikation/long/2222.pdf)

Als Blei-Ersatz wurde viel über Kupfer gesprochen. Kupfer oxidiert ebenfalls und bildet giftigen Grünspan. Wie sieht es damit bei der Wasserwildjagd aus?

Tötet man mit Kupferschrot alles Leben im bejagten Ententeich? Hierzu ein kleiner Versuch: Zwei Kupferschrote im Durchmesser von 3 mm in 100 ml Wasser ergeben eine Maximalkonzentration, die den Wasserfloh tötet.

Rechenbeispiel: Eine Schrotpatrone beinhaltet z. B. 200 Kupferkugeln, das Altwasser im Revier fasst 10.000 m³. Dann müssten (wenn ich mich nicht verrechnet habe) 20 Millionen Schrotkugeln in das Altwasser eingebracht werden, um diese maximale Konzentration zu erreichen. Das bedeutet, dass 100.000 Patronen in dieses stillstehende Gewässer verfeuert werden müssten. Nicht in die Luft darüber, nein! Jeder Schuss ohne den Verlust auch nur eines Kügelchens müsste direkt ins Wasser erfolgen. Ich glaube, man könnte getrost Kupferschrot verschießen. Doch jetzt noch einmal ein Seitenhieb: Was käme heraus, wenn man diesen gleichen Versuchsaufbau für Bleischrot anstellen würde? Mal rein hypothetisch? Doch dieser Vergleichsaufbau wird nicht durchgeführt – oder er wurde durchgeführt und die Ergebnisse nicht veröffentlicht. Ich möchte nur noch am Rande erwähnen, dass Norwegen das Bleiverbot bereits 2015 wieder zurückgenommen hat. Begründung?

„Eine gefährliche Umweltbelastung durch Bleischrote ist nicht belegt.“

(Quelle: www.jagdverband.de/aufheben-des-bleiverbots-fur-schrote-norwegen

www.jagderleben.de/praxis/wegenblei-frei-664888)

ALLGEMEINE TIPPS ZUM MUNITIONSTRANSPORT

Mich nerven lose in der Jackentasche herumkullernde und klappernde Patronen. Deshalb habe ich für mich folgende Lösungen gefunden, wie man auf der Jagd die benötigte Munition transportiert bzw. bereithält.

Gegen klappernde Patronen

Wer keinen Patronengürtel verwenden will, kann sich durch kleine Basteleien selbst behelfen, damit die mitgenommenen Patronen nicht in der Jackentasche klappern. Klappernde Patronen bringt man beispielsweise durch folgende Kniffe zum Schweigen:

Foto S. 84: Für das Kaliber 8 × 57 IS z. B. nehme ich ein 3 cm breites **Gummiband** (25 cm lang), lege es doppelt aufeinander und nähe mit der Maschine die Enden zusammen. Um Schlaufen für die Patronen zu erhalten, mache ich in regelmäßigen Abständen senkrechte Nähte (ca. 15 mm für die Patrone, 5 mm Abstand zur nächsten Patronenschlaufe; die Maße können natürlich für andere Kaliber – ob Büchsen- oder Schrotpatronen – angepasst werden). Mit diesem Stück Gummiband habe ich 5–6 Patronen schnell griffbereit. Am verbleibenden Rest kann man noch einen kleinen Ring annähen, an dem man eine mit der Jagdhose oder Jacke verbundene Kordel befestigt. So kann man die Patronen auch nicht verlieren!

Sie können aber auch sogenannten **„Knopfloch-Gummi"** verwenden. Die Anfangslasche lassen Sie länger und knöpfen diese Lasche am Knopf Ihrer Taschenpatte ein. Die Patronen sind in der Tasche verlustsicher untergebracht, aber trotzdem schnell griffbereit.

Foto 1, S. 97: Anstatt eines Patronengürtels kann man auch einen **alten Fahrradschlauch als Patronenhalter** nutzen. Schlitzen Sie einen alten Fahrradschlauch in entsprechenden Abständen oder lochen Sie ihn mit einem Locheisen. In die Öffnungen stecken Sie dann Ihre Patronen und nichts fliegt mehr lose in der Jackentasche herum oder klappert. Funktioniert für Büchsen- und Schrotpatronen gleichermaßen.

Foto 2, S. 97: Oder nutzen Sie einfach **Ladestreifen**, so wie sie früher vom Militär zum schnellen Nachladen ihrer Waffen benutzt wurden. Ladestreifen gibt es für sämtliche ehemalige Militärkaliber im Surplus-Handel, also auch für .30-06, 6,5 × 55, 8 × 57 IS, ... aber es passen z. B. auch Patronen .308 Win in die Ladestreifen für 8 × 57 IS.

Foto 3, S. 97: Auch **Kunststoffboxen** können für die Aufbewahrung bzw. das Mitnehmen von Patronen verwendet werden.

Foto 4, S. 97: Nutzen Sie ein **Lederetui oder eine Patronentasche**. Sie können sich lederne Patronenetuis auch leicht selbst herstellen. Nähen können Sie per Hand oder mit der Maschine, wenn das Leder dünn genug ist. Besorgen Sie sich beim Sattler Ihres Vertrauens ein paar Abschnitte von Polsterleder. Machen Sie sich aus dünnem Karton zunächst eine Schablone (zusammenhängend Vorder- und Rückseite mit Deckel – wenn gewünscht) und teilen Sie die Patronenfächer einzeln ab. Diese Etuis sind sehr flach und die eingesteckten Patronen klappern nicht mehr.

Aber bedenken Sie: Wenn Sie die Patronen zu lange im Lederetui lassen, verursacht die Gerbsäure im Leder in Verbindung mit dem Hülsenmaterial (Messing) Grünspan an der Patrone. Das ist erstens unansehnlich und zweitens passt die Patrone eventuell nicht mehr ins Patronenlager!

Zwei Patronen, die lange in einem Lederetui verstaut waren. Sind die Patronen lediglich leicht angelaufen, können Sie sie mit einem mit Spiritus benetzten Lappen sauber wischen.

Durch die Elastizität des Fahrradschlauches werden Patronen in den unterschiedlichsten Durchmessern in den Schlitzen sicher festgehalten.

Mitte: Patronen 8 × 33 und .308 Win. in Ladestreifen – hier klappert nichts mehr. Unten: ein Ladestreifen für 10 Patronen 7,62 × 39 für den Karabiner SKS Simonov.

Sollte in einer solchen Kunststoffbox die Munition etwas klappern, müssen Sie nur einen Stoffstreifen oder ein Papiertaschentuch auf die Patronen legen und den Deckel schließen.

Patronentaschen bzw. -etuis können gekauft werden oder aus (Kunst)Leder selbst genäht werden.

Neutralisieren der Gerbsäure in Leder-Patronentaschen

Damit Ihnen die Patronen nicht nach kurzer Zeit mit Grünspan anlaufen, wenn diese in der Leder-Patronentasche verbleiben, können Sie die Gerbsäure im Leder neutralisieren. Legen Sie die Patronentasche für 24 Stunden in eine Spülmittel-Lösung und dann für 24 Stunden in klares Wasser. Danach sollte ein weiterer Tag in einer Kernseifenlösung erfolgen, um dem Leder wieder einen gewissen Fett-Anteil zuzuführen. Nach diesem dritten Tag waschen Sie die Patronentasche gründlich mit klarem Wasser ab. In die durchweichte Tasche stecken Sie einen passenden Holzklotz oder entsprechende Patronenhülsen und lassen das Leder schonend und langsam an der Luft trocknen. Außen schadet es nicht, wenn Sie nach dem Trocknen das Leder mit Schuhwachs einreiben.

Kombination aus Patronen- und Magazintasche

An eine Nylon-Gürteltasche in passender Größe habe ich an der Außenseite ein breites Gummiband angenäht, in das einzelne Patronen gesteckt werden können. Im Inneren der Tasche wird klapperfrei das Reservemagazin verstaut. So ist eine einzelne Patrone schnell griffbereit bzw. auch das Reservemagazin, wenn man auf einer Drückjagd mehrere Schüsse abgegeben hat.

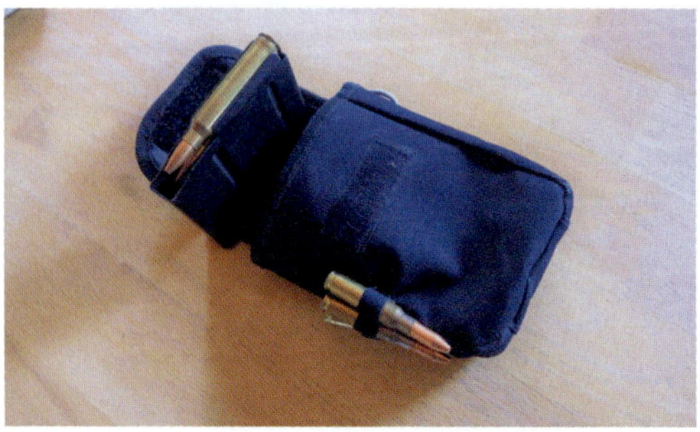

Patronen-Magazintaschen-Kombi

Gürtel für Schrotpatronen ist kaputt?

Neudeutsch bezeichnet man die Umarbeitung eines (beschädigten) Gegenstandes als „upcycling“. Warum den alten Patronengürtel entsorgen? Nähen Sie sich zwei Schlaufen auf die Rückseite des Gürtels und schieben Sie das Teil z. B. über den Schulterriemen des Rucksackes. So haben sie immer die Schrotpatronen griffbereit, wenn Sie am Ansitz sind oder auf der Treibjagd über die Felder gehen und Beute machen. Auf diese Art kommen Sie auch leichter an die Reservemunition als beim Patronengurt, der um den Leib getragen wird und von Bekleidungsfalten überdeckt wird.

Selbst genähte Patronenhalterung

Ich habe mir aus übrigem Verlegefilz eine Basisplatte für die Jackentasche genäht, die ich am Flauschband in der Jackentasche festkletten kann. Eine Stunde Handarbeit an einem verregneten Nachmittag ...

Alter und defekter Schrotpatronengurt; am Schulterriemen meines Jagdrucksacks angebracht

Material: Filz, Gummiband, Nadel und Faden, Klett- bzw. Flauschband, Schere und eine Ahle (zum Vorstechen von Löchern, falls der Filz sehr dick ist).

Zuerst nähen Sie das Klettband auf der Rückseite des Filzes an.

Anschließend nähen Sie das Gummiband so am Filz fest, dass die entstehenden Schlaufen für die Patronen passend sind. In meinem Fall fasst der Filz mit 10 × 10 cm 7 Patronen .308 Win.

Aufrüstsatz: Wenn Sie jetzt noch innen in Ihrer Jagdjacke einen Streifen Flauschband und auf der Rückseite Ihrer Patronentasche den zugehörigen Klett annähen, können Sie die Patronen unverlierbar in der Tasche mitführen und haben die Munition stets ordentlich und griffbereit.

Die Patronenhalterung ist in der Jackentasche am Flauschband angeheftet.

Magazintasche selbst nähen

Aber nicht nur für die Patronen habe ich mir Halterungen genäht, auch für die Magazine meines G3-Klones. Das geht folgendermaßen: Zunächst das Magazin nehmen und aus Papier oder dünnem Karton eine Schablone machen. Mit dieser auf dem Werkmaterial die Umrisse anzeichnen und das Material ausschneiden. Sodann mit Sekundenkleber kleine Fixpunkte für eine grobe Formgebung setzen und den Platz für die Gürtelschlaufe festlegen. Diese annähen und ebenfalls die Stöße an den Seiten der Tasche annähen. Zum Schluss den Platz für den Druckknopf an Tasche und Deckel festlegen und den Druckknopf befestigen.

Magazin und Schablone zum Ausschneiden des Werkmaterials

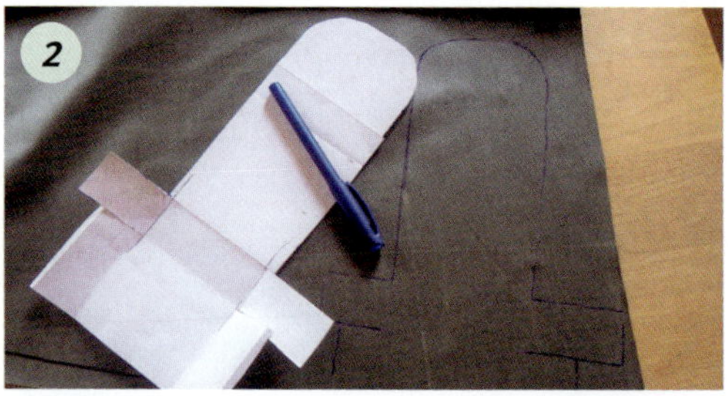

Anzeichnen, ausschneiden und die grobe Form vorgeben.

Dazu mit Sekundenkleber die seitlichen Laschen innen an die jeweilige Taschenseite kleben. Spätestens jetzt die Gürtelschlaufe annähen.

Die Rückwand mit den Taschenseiten vernähen und bei eingesetztem Magazin die Position des Druckknopfes festlegen.

Gürtelschlaufe auf der Rückseite der Magazintasche und das fertige Stück

Pen-Clip

Einen Blick wäre zum Beispiel auch ein sogenannter Pen-Clip wert. Eigentlich dient dieser Pen-Clip dazu, zwei Kugelschreiber griffbereit und schonend in der Hemdtasche bereit zu halten. Er eignet sich aber auch hervorragend, um zwei Randpatronen (z. B. 9,3 × 74 R) zugriffsbereit an der Jackentasche zu befestigen. Pen-Clips bekommen Sie im Internet (z. B. memo.de oder flugversand.de) oder im gut sortierten Schreibwarenhandel.

Pen-Clip hält Patronen zuverlässig fest

Munition verschlossen transportieren

Waffen und Munition sind voneinander getrennt und verschlossen zu transportieren. Als ich auf Wettkämpfe oder zum Longrange-Training gefahren bin, habe ich mir zum Munitionstransport meine MG-Gurtkästen überarbeitet, da damals verschließbare Munitionskoffer entweder nicht zu kaufen waren oder unverschämt viel Geld kosteten. Die Deckel mit Tragegriff besitzen eine Gummidichtung, sind wasserdicht und im Militär-Gebrauchtwarenhandel günstig zu erstehen.

Der stirnseitige Klappverschluss verfügt über ein Loch im Schließblech, durch das ein Winkelblech ragt, welches über eine Bohrung für den Bügel eines Vorhängeschlosses verfügt. Mittlerweile gibt es aber Kunststoffboxen im Waffenhandel, die über korrespondierende Bohrungen für ein Schloss verfügen.

Diese Munitionskiste aus Stahlblech sollte verschließbar gestaltet werden. Aufweiten und Anpassen des Frontverschlussbleches an das Bandeisen.

Gurtkiste mit Verschlussblech für Vorhängeschloss fertig angeschweißt.

SCHIESSEN

EINSCHIESSEN DER LANGWAFFE

Schießtraining: Was war jetzt der erste Schuss?

Für den Jäger ist der erste Schuss aus der kalten Waffe der für die Jagd ausschlaggebende! Wenn man Schussgruppen schießt und den ersten Schuss nachvollziehen will, sollte man das Geschoss der ersten Patrone einfach mit einem Filzstift anmalen. Das die Scheibe durchschlagende Projektil hinterlässt einen farbigen Ring auf der Pappe.

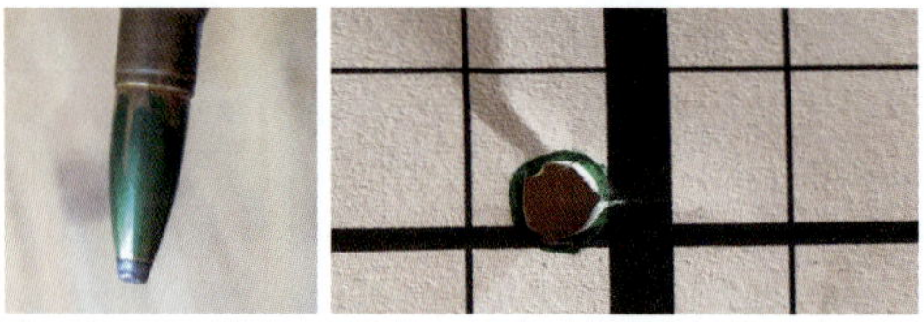

Bei der ersten Patrone einer Serie male ich immer das Geschoss mit einem Permanentmarker an. Beim Durchschlag durch die Kartonscheibe streift sich der Farbrand ab und markiert den so wichtigen ersten Schuss aus kaltem Lauf.

Von einem Seminarteilnehmer selbst gebauter Anschusstisch

Kleines theoretisches Tutorial: Selbst einschießen

Viele Jäger überlassen das Einschießen der Waffe (besonders, wenn es sich um starke Kaliber mit hartem Rückstoß handelt) dem Büchsenmacher. Ich bin der Meinung, dass jeder Jäger seine Waffen selbst einschießen sollte. Warum? Jeder schaut anders durch sein Zielfernrohr, der eine ist Brillenträger, der andere nicht, der eine ist 1,50 m groß, der andere 1,95 m, Mann, Frau ... jeder liegt anders hinter der Waffe und Auge und Optik müssen auf den jeweiligen Schützen justiert werden. Besonders, wenn Sie bei der Jagdreise am Zielort ankommen oder bei der Bergjagd auf einer extremen Höhenlage einen Kontrollschuss machen bzw. die Waffe komplett neu anschießen müssen, aber der Büchsenmacher des Vertrauens gerade 3.000 Kilometer entfernt ist. Wer aufgrund des harten Rückstoßes Schussangst entwickelt, dem sei der Kauf eines Rückstoßpolsters, einer wirkungsvollen Mündungsbremse, eines Kickstops empfohlen oder er legt das kleine Sandsäckchen als Rückstoßpuffer zwischen Schulter und Schaftende. Oder man schießt ein weicheres Kaliber ...

Waffen werden abhängig von ihrer Visierung unterschiedlich angeschossen. Offene Visierung, Aimpoint/Rotpunktoptiken ohne Vergrößerungsvorsatz (Magnifier) in der Regel auf 50 Meter Fleck. Bei Nutzung von

Magnifiern auch auf 100 Meter Fleck. Bei der Nutzung eines Zielfernrohres (ZF) erfolgt das Einschießen in der Regel auf 100 Meter mit ca. 4 cm Hochschuss. Verfügt das ZF über eine Absehenschnellverstellung (ASV), schießt man normalerweise auf 100 Meter Fleck ein, bei zunehmender Schussdistanz klickt man einfach an der ASV die entsprechende Entfernung her.

*Üblicherweise schießt man die Waffe im Anschlag sitzend aufgelegt am **„Anschusstisch" (Fotos siehe S. 116–117)** ein (im Revier kann das schon mal liegend, auf dem Rucksack aufgelegt, erfolgen oder nötig sein). Ich empfehle zusätzlich noch den Gebrauch eines kleinen Sandsacks als Hinterschaftauflage.*

*Die Zielscheibe befindet sich in 50 oder 100 Metern Entfernung (mit dem Laser-Entfernungsmesser kontrolliert). Der Vorderschaft liegt auf Sandsack, Benchrestauflage oder auf dem Zweibein auf. Lauf und Zielfernrohr werden nicht berührt! Sorgen Sie für einen neutralen Zielpunkt, sodass Sie die Waffe stabil auf Vorderschaft- und Hinterschaftauflage auflegen können und die Waffe eigentlich schon direkt ins Ziel zeigt. Geben Sie nun drei Schuss konzentriert auf die Zielscheibe ab und beurteilen Sie diese erste Schussgruppe. Entfernen Sie dann die Schutzkappen der **Verstelltürme** und **lesen** Sie, was auf den Verstelltürmen bzw. den Rädchen steht. Da steht in der Regel der **Verstellwert,** den ein Klick auf 100 Meter/Yards bewirkt und in welche Richtung man drehen muss. 1 cm/100 m, ¼"/100 yds., ½ MOA oder so ähnlich. Dann die Drehrichtung: UP oder U (= up) für hoch, D (= down) oder „bei hoch" für runter, R für rechts, „bei Links" oder so ähnlich. Sie können jetzt bei eingespannter Waffe und gleichzeitigem Blick durchs ZF Ihr Absehen in die Mitte der Schussgruppe drehen oder auf der Zielscheibe die Ablage der Schussgruppe vermessen und die Anzahl der Klicks ausrechnen und am ZF korrigieren.*

***1 Zoll = 25,4** mm, **1 MOA** entspricht dem Abstand von **29,1** mm/**100 m**. Wenn Sie sich diese Umrechnungen nicht merken können, dann notieren Sie sich die Daten auf Ihrem ZF oder in einem Datenbuch. Holen Sie sich im Bürofachhandel einen Etikettendrucker und kleben Sie die Verstellwerte in die Schraubkappen der Verstelltürme oder die Optik-Schutzkappen.*

*Jetzt sollte die nächste Schussgruppe eigentlich im Ziel liegen. Stimmen Haltepunkt und Zielpunkt nicht überein, wiederholen Sie den Vorgang. Ich empfehle Ihnen zusätzlich noch, die **Anschussscheibe in einem Ordner** zu archivieren und die **Laborierung/Patronenart/Losnummer** auf der Scheibe **zu notieren**. Dann wissen Sie immer, wie Ihre Waffe mit welcher Munition zusammenschießt. Nur der Vollständigkeit halber möchte ich erwähnen, dass man die Waffe auf **eine** Laborierung/Losnummer anschießt und kein Sammelsurium an unterschiedlichen Herstellern und Geschossgewichten aus der Grabbelkiste verwendet! Das kann auf der Jagd nur schiefgehen und sorgt beim Wild für Schmerz und Leid und beim Jäger für beschwerliche Nachsuchen oder den Verlust der Jagdbeute!*

*Für das erstmalige und grobe **Einjustieren** verwenden manche Jäger auch **„Laserpatronen"**. Es kommt bei diesen nützlichen Helfern aber auch ab und zu mal vor, dass sie sich im Patronenlager verklemmen und von der Auszieherkralle des Verschlusses nicht ausgezogen werden – warum auch immer. Machen Sie nicht den Fehler, selbst mit grober Gewalt Hand anzulegen. Nehmen Sie lieber einmal den Weg zum Büchsenmacher in Kauf, bevor Sie sich auch noch das Patronenlager ruinieren!*

Einschießen von kombinierten Waffen/Laufkühlung

In den meisten Jägerhaushalten findet sich zumindest eine Bockbüchsflinte oder ein Drilling. Schlägt man einmal mit der Waffe an oder will ein neu montiertes Zielfernrohr einschießen, kommt es zum Problem der Lauferwärmung und der damit einhergehenden Treffpunktverlagerung. Schießstandbesuche sind teuer und die Abkühlung der Läufe dauert ihre Zeit. Ein Laufgebläse reduziert die Abkühlphase merklich, doch woher bekomme ich ein Laufgebläse?

Im Internet gibt es kleine und **handliche „Grillgebläse“** (z. B. BBQFan), die mit Batterien betrieben werden. Für geringes Geld können Sie solch ein Teil erstehen und mit der Kautschukspitze einer Silikonkartusche an das jeweilige Kaliber anpassen.

Oder man macht es für die Drillinge gleich eine Nummer größer und umfasst gleich das gesamte Laufbündel. Besorgen Sie sich ein HT-Rohr mit 75 mm Durchmesser und einer Länge von ca. 50 cm, ein Stück Sperrholz (ca. 20 mm dick) mit Kantenlänge 80 × 80 mm und einen USB-Lüfter mit 60 mm. Alles zusammen Materialkosten von ca. 10 €. Bohren Sie bis zur Hälfte der Sperrholzdicke erst mit einem 72-er Dosenbohrer ein Loch, das der Aufnahme des HT-Rohres dient. Von der anderen Seite bohren Sie mit einem 60-er Dosenbohrer komplett durch die Sperrholzplatte. Von dieser Seite setzen Sie den USB-Lüfter auf die Platte und schrauben ihn fest. Der Lüfter wird mit einer Powerbank oder (falls eine Steckdose auf dem Stand ist) mit einem USB-Netzgerät betrieben. Die Wartezeit, bis man weiterschießen kann, verkürzt sich von ca. 15 Minuten auf etwa 5 Minuten. Rechnet man die Materialkosten gegen, hat sich die Investition bereits beim ersten Standbesuch gerechnet.

Sie können sich auch einen Akku-Laubbläser mit Aufsteckrohr, Trichter und Silikonschlauch so umbauen, dass Sie damit den Lauf ordentlich kühlen können. Meiner Erfahrung und Meinung nach sind die anderen Methoden aber ausreichend.

PC-Ventilator und 9-Volt-Blockbatterie zum Kühlen des ganzen Laufbündels für Drillinge

Oder Sie verwenden einfach einen **batteriebetriebenen Handventilator** zum Wegblasen der Mirage (aufsteigende Wärme- und Hitzeschlieren) über dem heißen Lauf bei ausgedehnten Schussserien auf dem Schießstand.

Patronenauswurf bei Halbautomaten

Bei Halbautomaten tritt häufig das Ärgernis auf, dass die Hülsen auf dem Schießstand dem Nachbarn um die Ohren fliegen oder auf der Jagd für das Wiederladen nicht mehr zur Verfügung stehen, weil sie die Büchse unauffindbar „wegwirft“. Je nach Waffenart empfiehlt sich hier die Anschaffung eines Hülsenfangsackes. Fangsäcke für AR-Klone kosten in der Regel unter 100 €, die von Heckler und Koch rund das Vier- bis Fünffa-

Gekaufter Hülsenfangsack für meine T 43, respektive HK-Klone

Hülsenfangsack: Kescher aus dem Angelzubehör; am Schießtisch festgeklemmt. Oben am Rand des Keschers befestige ich einen Kartonstreifen – dieser „hält" das Netz hoch, damit die Hülsen Platz haben, um ungehindert ins Netz zu fallen.

che. Zumindest beim Ein- oder Anschießen im Revier nutze ich einen simplen Kescher aus dem Angelladen für unter 10 €, den ich mit einer Tischklemme oder dem geschweißten Dreibein neben die Hülsen-Auswurföffnung stelle. Keine Verluste an Hülsen zum Wiederladen, kein Ärger mit den Landwirten und günstig ist der Kescher auch noch.

WAS BEIM SCHIESSEN BEACHTET WERDEN MUSS

Die Schießausbildung nimmt leider in der gegenwärtigen Jungjägerausbildung einen immer geringeren Zeitrahmen ein, abgesehen vom „Laufenden Keiler". Deshalb ist es umso wichtiger, dass der Jäger (egal, wieviel Jagdscheine er schon gelöst hat!) an sich selbst arbeitet und das Schießen trainiert. Während beim Schrotschuss der Schuss lediglich „hingeworfen" wird, kommt dem Büchsen- und Kurzwaffenschuss eine wesentlich höhere Präzisionsforderung zu. Ein wichtiger Punkt ist hierbei neben dem neutralen und stabilen **Anschlag**, dem richtigen **Zielbild**, der **Abzugskontrolle** und anderen Faktoren (Schaft, Optik, Munition, ...) das richtige **Atmen**. „Alte Soldaten" und Jäger haben von ihren Ausbildern oft genug gehört: „Einatmen, halb ausatmen, Luft anhalten, Schuss!" So oder so ähnlich. Aber ist das wirklich so?

Im Verlauf von über 39 Dienstjahren habe ich 27 Jahre „an der Front" bei Spezialverwendungen zugebracht, den „normalen Dienst" und mein Vorleben als Sportschütze nicht mitgerechnet, und somit genügend Erfahrung im Schießen gesammelt. Dazu kommt noch das Schießen im Verein und bei der Jagd. Daher im Folgenden einige Tipps:

Ruhig Atmen

Das richtige Atmen ist lediglich **ein** Mosaikstein beim Schießen, aber ein durchaus wichtiger! Insgesamt müssen alle Komponenten harmonieren, damit ein wirklich präziser Schuss abgegeben werden kann.

Beim Büchsenschuss muss unterschieden werden zwischen den unterschiedlichen Anforderungen bei der jeweiligen Jagdart. Während beim Entenstrich, der Treibjagd oder auch bei der Drückjagd auf relativ kurze Distanz auf sich bewegendes Wild geschossen wird, fällt dem richtigen Atmen nur wenig Aufmerksamkeit zu. Im allgemeinen Stress geht die Atemkontrolle schlicht unter. Beim präzisen Büchsenschuss auf 300 Meter, womöglich nach anstrengender Pirsch im Gebirge, ist die richtige **Atemtechnik** von wesentlich größerer Bedeutung.

Nachdem der Mensch nicht genormt ist, reagiert jeder etwas anders auf Belastung vor und während des Schießens. Achten Sie mal auf Ihren eigenen Körper und machen Sie Trockentraining der etwas anderen Art: Bereiten Sie Ihre Jagdwaffe mit Pufferpatronen zum Trockentraining vor und bringen Sie in einiger Entfernung ein Hilfsziel an, das Sie anvisieren können. Bevor Sie in den Anschlag gehen, machen Sie ein paar Kniebeugen oder Liegestütze und achten Sie zunächst im Trockenanschlag auf Ihren Puls. Legen Sie Augenmerk darauf, wie die Atmung Ihren Pulsschlag beeinflusst und versuchen Sie, das kleine Hilfsziel so gut wie möglich im Absehen zu halten. Sie werden feststellen, dass – je ruhiger der Herzschlag wird, die Schläge intensiver, härter im Absehen erkennbar sind. Treiben Sie jetzt mal Ihren Pulsschlag richtig in die Höhe und wiederholen Sie die Atemtechnik und achten genau auf Ihren Körper. Sie werden feststellen, dass **bei mittlerem oder höherem Puls der Ausschlag der Waffe in der Regel geringer** sein wird. Dieses Phänomen kennen Soldaten auf der Kampfbahn, Schützen, die IPSC schießen, Biathleten im Besonderen und auch Jäger nach einer anstrengenden (Berg-) Pirsch. Sie können dies mit einer Autofahrt über Kopfsteinpflaster vergleichen. Bei Tempo 30 schüttelt es einen im Auto durch, bei Tempo 50 weit weniger.

Um den Atem und das Jagdfieber unter Kontrolle zu bringen, habe ich eine Empfehlung, die für den Großteil der Jäger und Schützen, die ich unterrichtet habe, hilfreich war: Nachdem der durchschnittliche Jäger in der Regel kein trainierter Hochleistungssportler ist, der vor der Schussabgabe einen 180er-Puls beherrscht, sollte man folgenden Ablauf versuchen. **Vermeiden Sie tiefes Einatmen vor der Schussabgabe und das Anhalten der Luft** bis hin zur Pressatmung. Atmen Sie gefühlt ca. ⅔ der Luft aus, beobachten Sie die Auf- und Ab-Bewegung des Absehens auf dem Ziel und versuchen Sie, bei idealer Stellung des Absehens die Luft kurz anzuhalten, um **zwischen zwei Pulsschlägen den Abzug zu betätigen**. Wer seine Waffe genau kennt, kann die Schussauslösung bei stehendem Druckpunkt zeitlich exakt bestimmen. Das können Sie am besten im Trockentraining sehen und trainieren.

Natürlich gibt es Situationen, wo es trotz körperlicher Belastung, bei Jagdfieber oder unter Zeitdruck erforderlich sein kann, den Schuss abzugeben. Das sollte aber stets die Ausnahme bleiben, da es meistens schiefgeht, wenn man sich von einer Situation beherrschen lässt. Aus Tierschutzgründen ist die Abgabe eines Schusses in dieser Situation fast unverantwortlich, zumindest aber problematisch.

Ein kleines **Beispiel** soll die Vorgehensweise etwas verdeutlichen. Sie sind auf der Pirsch oder gehen im Gebirge die auserwählte Beute an. Der Puls steigt in der Regel bereits beim Anblick des Wildes, hinzu kommt das beginnende Bockfieber. Das Annähern ist beschwerlich und treibt die Herztätigkeit nochmals in die Höhe. Das Herz schlägt bis zum Hals. **Passen Sie Ihre Atmung der jeweiligen Situation an.** Um zu wissen, welche Atemtechniken Sie anwenden sollen, sollten Sie das im Trockentraining einmal durchprobiert haben. Natürlich wissen Sie bei Beginn der Pirsch nicht, was Sie erwartet, wie lange sie dauert oder was auch immer dazwischenkommt. Versuchen Sie rechtzeitig, mit einer ruhigen Atmung in einer Deckung zu beginnen. Sobald Sie in Schussposition und im Anschlag sind versuchen Sie, Körper und Atmung unter Kontrolle zu bekommen. Atmen Sie anfangs tiefer, dann immer flacher werdend. Sie werden sehen, Sie werden ruhiger. Die Absehenbewegung im Anschlag zeigt Ihnen, ob Sie noch warten müssen.

Anschlag

Unter Anschlag verstehe ich das Positionieren der Waffe am Körper dergestalt, dass man mit möglichst wenig Muskelkraft und Muskelanstrengung einen gezielten Schuss abgeben kann.

Für die diversen Jagdarten und Schießpositionen mit den unterschiedlichen Waffen ergeben sich auch unterschiedliche Anschlagarten. Ich zähle hier lediglich einmal den Flintenanschlag, den Anschlag mit der Büchse stehend angestrichen und stehend freihändig, sitzend aufgelegt, liegend aufgelegt etc. auf – bei Weitem nicht vollständig! Und innerhalb dieser Anschlagarten muss der erfahrene Schießtrainer auch noch auf die Individualitäten der jeweiligen Schützen eingehen. Sie sehen, ein sehr umfangreiches Themengebiet, das den Rahmen dieses Buches definitiv sprengen würde. Deshalb nur ein paar Eckpunkte:

Skelettanschlag: Bauen Sie wenn möglich jeden Anschlag auf Ihrem Knochengerüst auf, so dass Sie Ihre Muskeln so wenig wie möglich beanspruchen müssen. Muskeln verbrauchen Sauerstoff und fangen an zu zittern, wenn dieser knapp wird. Versuchen Sie, eine möglichst neutrale Schießposition zu finden, an der sich die Waffe möglichst wenig bewegt und möglichst wenig Muskelarbeit verrichtet wird. Eine ganz andere Herangehensweise erfordern die Anschläge bei Drückjagd und beim Flintenschießen.

Referenzpunkte: Für das präzise Schießen soll jeder Anschlag möglichst gleich sein, denn nur so erhält man reproduzierbare Leistung. Man kann keine Fehler abstellen, wenn jeder Anschlag anders ist! Referenzpunkte wären die Position der Schulterstütze auf dem Brustmuskel, die Wangenposition, der Waffengriff und die Position der Führhand.

Um auf all das einzugehen, wäre der Rahmen dieses Buches gesprengt. Ich zeige hier anhand weniger Bilder, wo die Referenzpunkte liegen und wie man sie für das Trockentraining (vor dem Spiegel?) zur Selbstkontrolle auch wiederfindet. Beispiel:

Drückjagdanschlag: Wichtig ist, den perfekten, ergonomischsten Weg aus dem Voranschlag heraus zu verinnerlichen und ihn in einzelne Schritte aufzuteilen. Anfangs langsam, schneller wird man von alleine.

- Fußstellung
- Bereitschaftshaltung
- Position der Führhand am Vorderschaft
- Anheben der Waffe bis zum Einsetzen in die Schulter
- Position der Wange an der Schulterstütze
- Aufnahme des Zielbildes

Fußstellung: Der rechte Fuß ist etwa eine halbe Fußlänge zurückversetzt, die Füße stehen etwa schulterbreit auseinander.

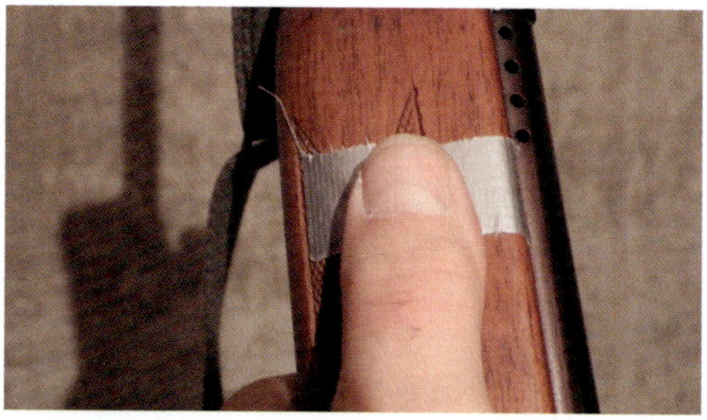

Position der Führhand am Vorderschaft wird mit einem Tape fühlbar markiert.

Position der Schulterstütze auf dem Brustmuskel wird ebenfalls mit einem Stück Tape markiert. So fällt sofort auf, wenn der Kolben falsch positioniert ist.

Die Oberseite der Schulterstütze und die Kolbenkappe verdecken das Tape. Hier sitzt die Waffe richtig in der Schulter.

So können Sie vor dem Spiegel überprüfen, ob Sie richtig anbacken und die Waffe korrekt sitzt.

Sie sehen, es gibt sehr viel zu erklären und zu lernen und macht eventuell deutlich, warum moderne Jagdwaffen heutzutage mit längenverstellbaren Schäften und variabler Wangenauflage angeboten werden. So kann man die Waffe immer perfekt an sich und seine Jagdkleidung anpassen.

Haltung der Schusshand

Ein Tipp für alle, die mit der herkömmlichen Art, den Kolbenhals der Jagdwaffe zu umfassen, ein Problem haben: An einem Seminar nahm ein Handwerker teil, dessen Abzugshand schwer durch die jahrelange, harte Arbeit in Mitleidenschaft gezogen war. Ein erst ein halbes Jahr zurückliegender Arbeitsunfall mit genau dieser Hand machte die Sache für ihn auch nicht besser. Er konnte schlicht (anatomisch) mit dem Daumen den Kolbenhals nicht mehr umfassen, wollte das aber immer („ ... weil ich das so gelernt habe!“). Seine Handhaltung war völlig ver-

Variationen der Handhaltung der Schusshand bei der Abzugsbetätigung

Gebrauch der Hinterschaftauflage: Der Daumen liegt längs am rechten Kolbenhals (wie im Bild oben rechts) und Mittel-, Ring- und kleiner Finger ziehen die Waffe moderat in die Schulter. Mit der linken Hand wird durch Zusammendrücken bzw. Loslassen des kleinen Sandsacks am Hinterschaft die Höhe korrigiert.

krampft und jede Schussabgabe bereitete ihm sichtliche Schmerzen. Ich gab ihm den Tipp, einfach den Daumen längs am Kolbenhals zu lassen, um die Muskel(ver-)spannung der Hand aus dem Anschlag zu nehmen. Das Zurückziehen der Waffe in die Schulter mit Mittel-, Ring- und kleinem Finger reicht allemal für einen stabilen Anschlag. Und siehe da, es funktionierte!

Zielbild

Halten Sie den entsprechenden Augenabstand zum Okular ein und achten Sie darauf, dass sich keine Sichelschatten bilden! Stellen Sie das Zielfernrohr richtig ein (Absehen, Parallaxe) und achten Sie auf Ihre Atmung und den Herzschlag. **Wenn das Absehen auf dem Blatt springt, lassen Sie den Finger gerade** und bauen den Anschlag atmungstechnisch neu auf. Erst wenn Sie das **Absehen ruhig auf dem Zielpunkt** halten können, dürfen Sie an eine Schussabgabe denken.

Abzugskontrolle

Wenn Ihre Jagdbüchse einen Stecher hat und Sie damit fehlerfrei umgehen können, können Sie ihn verwenden. Hier braucht man keine Abzugskontrolle im klassischen Sinn. Der leichteste Druck reicht aus. Bei allen anderen Büchsen teilt sich der Abzugsweg grob auf in Vorweg, Druckpunkt, Triggerstopp (und bei Halbautomaten noch Trigger-Reset).

Beachten Sie bei der Abzugsbetätigung die Amplitude des Waffenausschlags beim Visieren. Wird die Auf- und Abwärtsbewegung ruhiger, sollte der Schuss zwischen zwei Herzschlägen auf der Höhe des richtigen Haltepunktes brechen. Wie beschrieben, halten Sie zur Schussabgabe während des ruhigen Ausatmens kurz die Luft an und atmen dann ruhig weiter. Vergessen Sie nicht, bewusst nachzuhalten! Mit der beschriebenen Atemtechnik sollte sich auch das jeden

Jäger mehr oder minder befallende Bockfieber leichter kontrollieren lassen.

Ansprechen

Fehler beim Ansprechen sollten nicht passieren, kommen jedoch immer wieder vor. Sie ereignen sich häufig bei Drückjagden, wo im Sekundenbruchteil ein flüchtiger Schwarzkittel angesprochen und sicher erlegt werden muss. Ich habe auf Nachsuchen und bei Drückjagden schon äußerst erfahrenen Jägern geholfen, deren versehentlich erlegte Bachen aus dem Unterholz zu bergen. Also muss es sich um ein Phänomen handeln, das mit Jagderfahrung anscheinend nichts zu tun hat. Auch bei der Rot- und Rehwildjagd können Wahrnehmungsfehler passieren, vor allem, wenn es schnell zugeht.

Hier ein Beispiel für einen ***Wahrnehmungsfehler,*** *der mir bei (eigentlich) reichlich Zeit unterlaufen ist:*

Ich hatte von meinem Jagdherrn einen kräftigen Gabler zum Abschuss frei bekommen. Dieser hatte sich in der Nähe einer viel befahrenen Straße eingestellt und die Gefahr bestand, dass er während der Brunft einem Verkehrsunfall zum Opfer fallen könnte. Ich suchte mir zum Ansitz eine Kanzel aus, die auch den Blick auf eine Kirrung in einem Ausläufer des Hohlweges freigab. Bei mehreren Ansitzen wurde der Gabler fast immer bestätigt, kam aber nie schussgerecht vor die Büchse. Der Bock war prägnant auffällig aufgrund seiner langen linken Gehörnstange mit langen, weißen Spitzen. Die rechte Stange war niedriger.

An einem Hochsommerabend wollte ich auf Weizensauen ansitzen, die im Revier äußerst unregelmäßig lediglich als Wechselwild vorkamen. Die Kirrung war wie immer beschickt, der Malbaum bestrichen, es war warm, die Suhle hatte Wasser und es war bei „fast Halbmond" und wolkenlosem Himmel ein herrlicher Sauenansitz zu erwarten. Auf der Wildkamera tauchten an dieser Kirrung die Schwarzkittel manchmal schon bei gutem Büchsenlicht auf. Langer Rede kurzer Sinn: Ich saß frühzeitig bei Tageslicht auf der Kanzel, die Klappen der Fenster blieben auf drei Seiten geschlossen, nur der Blick auf die Kirrung blieb frei.

Nach einer knappen halben Stunde war massiver Betrieb im Weizenfeld hinter mir, ein Bock trieb. Nachdem die Klappen der Kanzel auf drei Seiten geschlossen waren, war nur das Rascheln zu hören. Das Geräusch kam näher und näher und durch einen schmalen Spalt einer geschlossenen Fensterklappe konnte ich beim Bock lediglich eine Gehörngabel links erkennen. Der freigegebene Bock? Und der zog von hinten genau auf die Kanzel zu! Auch gut, dann halt keine Sau! Im Verlauf von 10 Minuten zog der Bock nun unter der Kanzel durch und fing an zu äsen. Das Haupt immer unten und zur Fliegenabwehr ständig schüttelnd. Ich machte keine Bewegung und hielt mich im Dunkeln der Kanzel auf. Als der Bock geradeaus wegziehend ca. 20 Meter von der Kanzel entfernt war, brachte ich die Büchse in Anschlag, ging mit der Vergrößerung auf den niedrigsten Wert von 3-fach. Kurz vor dem In-Anschlag-Gehen waren beim Kopfschütteln des Bockes noch einmal zwei lange, weiße Gehörnspitzen zu erkennen. Noch 10 Meter, dann musste er vor dem Brennnessel-Feld nach links abdrehen und würde breit stehen. Da war eine schmale Schneise von vielleicht zwei Metern Breite. Da musste der Schuss brechen. Also nahm ich Maß, suchte den Punkt hinter dem Blatt, der Bock drehte sich wie vermutet nach links, der Schuss brach. Der Bock nahm die Kugel, machte einen Satz in die Brennnesseln, schlegelte noch kurz und dann war Ruhe.

Ich baumte ab, ging zum erlegten Stück und erschrak. Der erste Gedanke war: „Wer hat mir jetzt den Bock da hingelegt?“ Vor mir lag der Jagdherren-Bock, der sich in diesem Revierteil noch nie hatte sehen lassen und der eigentlich in einem Bereich weit über einen Kilometer entfernt seinen Einstand hatte. Ein „Prügel-Sechser“! Wie konnte das geschehen?

Beim ersten Erkennen von lediglich zwei Enden der linken Gehörnstange war ich der Überzeugung, der zu erlegende Gabler stünde vor mir. Hirn auf Schuss programmiert, mich selbst unter Zeitdruck gesetzt, mich auf den Haltepunkt konzentriert, Unglück geschehen. Anfängerfehler nach fast 20 Jagdjahren! Nach der Beichte beim Jagdherren und anständig Ärger und Scham in der Seele, hatte ich mehrere Nächte, in denen ich nicht so gut schlief. Wie die Sache mit meinem Jagdherren-Bock ausging? Da ich das Glück habe, mit Jägern jagen zu dürfen, die einem auch einmal einen Fehler verzeihen und auch nicht schussneidig sind, lief die Sache für mich glimpflich ab. Da ich damals schon seit über zehn Jahren im Revier als Jagdaufseher tätig gewesen war und trotz freier Büchse und Flinte noch nie einen Trophäenbock erlegt hatte, freute sich mein Jagdherr mit mir über den erlegten Bock. Die Trophäe ziert seitdem die Jagdhütte und jeder kann sich daran erfreuen.

Wahrnehmungsphysiologie

Die Lösung suchte ich in der Wissenschaft und bei einem Bekannten, der sich mit der Wahrnehmungsphysiologie gut auskennt (er unterrichtete damals auch in meiner alten Truppe). Die Kurzfassung wäre, dass besonders in Stresssituationen wie einer Drückjagd die Entscheidung zwischen „Schießen!“ und „Nicht schießen!“ in unserem Kopf in Sekundenbruchteilen im Nervensystem fällt. Die Entscheidung zum Schießen oder nicht fällt aber nicht nur im rational denkenden Teil unseres Gehirns (Großhirnrinde), sondern auch im Zwischenhirn. Äußere Reize, die schnelle Reaktionen erfordern, laufen in einem Bereich unterhalb der Großhirnrinde ab, ohne überhaupt die bewusste Wahrnehmung der Großhirnrinde zu erreichen. Solche Impulsreaktionen erreichen also die bewusste Wahrnehmung gar nicht. Hierzu gibt es sogar Versuche von Wissenschaftlern wie dem Neurologen Benjamin Libet und dem Psychologen Donald Broadbent.

Libet stellte Probanden die Aufgabe, zu einem willkürlichen Zeitpunkt immer wieder den Finger zu heben, wenn ihnen spontan danach war. Sie sollten dann die Zeit ablesen. Gleichzeitig wurde die Hirnaktivität gemessen. Die Tests zeigten, dass regelmäßig bereits eine halbe Sekunde vor Wahrnehmung des Dranges zum Fingerheben ein Impuls aus dem Gehirn gesendet wurde. Es fallen also Bewusstsein und Handlungsdrang zeitlich nicht zusammen! Libet folgerte daraus, dass das positive Tun-Wollen weniger wesentlich ist, als das Unterlassen-Wollen. Was bedeutet das jetzt?

Lassen Sie sich für die Schussabgabe etwas mehr Zeit! Geben Sie dem Hirn Zeit, die Situation vollends zu erfassen und bewusst Befehle auszusenden. Nur so kann das Hirn bei Fehlern auch gegensteuern. Durch intensives Training (wie es Spezialeinheiten machen) kann diese Zeitspanne verkürzt und der sich gebildete Wahrnehmungstunnel wieder erweitert werden.

Mit dem Namen Donald Broadbent ist der Begriff der „Unaufmerksamkeitsblindheit“ verbunden. Bei voller Konzentration auf erwartete Reize werden unerwartete Reize schlicht und ergreifend einfach übersehen.

Ansprechfehler vermeiden

Auf dem Ansitz oder Drückjagdstand beim Warten auf ein bestimmtes Stück Wild ist die Gefahr von Fehlabschüssen umso größer, wenn ein ähnliches Stück auftaucht, das nicht genau angesprochen wird. Das heißt für uns Jäger, dass wir viel neutraler beobachten müssen. Rechnen wir eher mit „ähnlichem Wild", haben wir unser Gehirn schon entsprechend konditioniert und ein Fehlabschuss wird unwahrscheinlicher. Wenn wir dann noch eine halbe Sekunde Zeit draufsetzen, können wir nachts gut schlafen und haben keine Bauchschmerzen, weil wir das falsche Stück Wild aus dem Leben genommen haben. Fazit: „Schau gscheit und lass dir Zeit, dann host an der Jagd immer a Freid!" (Schau genau und nimm dir Zeit, dann hast Du an der Jagd immer Freude).

Konsequentes Schießtraining

Eines sollten Sie definitiv auf keinen Fall: mit dem Schießtraining nachlassen! Haben Sie mit Aufwand endlich ein gutes Niveau an Schießleistung erreicht, ist es mit relativ geringem Aufwand möglich, dieses hohe Level zu halten.

Wie baut man ein sinnvolles Trockentraining auf? Ich persönlich trainiere liebend gerne mit dem **Kleinkalibergewehr** (ab und zu auch im Revier): geringe Munitionskosten, geringe Lärmbelastung, geringe Hintergrundgefährdung, leichter Kugelfang. Ich gehe zum Beispiel beim **Trockentraining** für die **Drückjagdsaison mit der Langwaffe** so vor, dass ich vom **idealen Anschlag** in Schussposition den „Weg zurück" in verschiedene Schritte aufteile bis zur Ausgangsposition im jagdlichen Voranschlag, High Ready = (Hochanschlag) oder Low Ready (= Mündung Richtung Boden) oder wie auch immer Ihre Ausgangsposition genannt wird. Sodann kehre ich den Prozess des Waffen-Anschlagens um und suche nach dem perfekten, ergonomischsten Weg aus dem Anschlag heraus und teile ihn in einzelne Schritte auf (siehe S. 107–108 unter „Anschlag"). Nach dem Anschlagen der Waffe entsichere ich und schlage trocken ab, ... später kann noch das Nachladen mit Magazin oder Ladestreifen eingebaut werden.

Seien Sie ehrlich zu sich selbst, wenn Sie versuchen, jeden Bewegungsablauf identisch auszuführen und achten Sie auf Ihre Anschlag-Geometrie, Referenz- und Ankerpunkte Ihrer Beine, Hände und Waffe bei jedem Anschlag. Trainieren Sie lieber zehn Minuten voll konzentriert statt eine halbe Stunde unkonzentriert. Langsam ist präzise, präzise ist sicher, sicher ist schnell!

Wenn Sie jetzt beispielsweise noch den **Zielwechsel trocken trainieren** wollen, denken Sie daran, dass Sie zuerst Ihr Ziel ansehen, bevor Sie mit der Waffe auf das neue Ziel schwenken. Die Wahrnehmung ist der limitierendste Faktor beim Schießen. Trainieren Sie Ihre Hand-Augen-Koordination durch Trockentraining!

Schießkino bzw. Simulation zu Hause

Praxisnahes Schießtraining ist auf jeden Fall in einem Schießkino möglich. Besonders im Hinblick auf die Drückjagdsaison ist effektives Training unerlässlich. Skeptiker argumentieren beim Drückjagdtraining im Schießkino, dass das Vorhaltemaß nicht ganz der Praxis entspricht, wenn man auf eine Entfernung von 25 bis 30 Meter auf die Leinwand schießt. Stimmt, wenn man auf größere Entfernungen als die 25–30 Meter schießt! Ich ziehe für mich persönlich die Grenze bei 40 Metern, behalte mir aber für Notfälle (Sau läuft noch weiter) den Entfernungspuffer bis 60 Meter vor. Soll es Leute geben, die auch auf größere Distanzen schießen und treffen – ich bleibe bei meinen

40 Metern! Da liefere ich gutes Wildbret und produziere keine riskanten Nachsuchen. Beachten Sie aber das zur Abprallgefahr von Geschossen Geschriebene!

Dennoch ist der Lernerfolg nicht zu unterschätzen. Wie bei allem sollte dem Schießstandbesuch aber ein intensives Trockentraining vorangehen wie vorher beschrieben. Genau das ist es, was man in Stresssituationen braucht. Das Gehirn kann pro Sekunde nur eine gewisse Anzahl von Reizen verarbeiten. Werden durch das Automatisieren von Bewegungsabläufen diese ins Muskelgedächtnis „programmiert", stehen im Gehirn wieder Ressourcen zur Verfügung, etwa zum Beseitigen des Tunnelblickes.

Ebenso kann man in diesem Zusammenhang auch das In-Anschlag-Gehen und Mitziehen üben. Wenn Sie zu Hause üben, achten Sie bitte darauf, dass Sie nicht von Unbeteiligten oder Außenstehenden beobachtet werden können. Sie könnten sonst unangenehmen Besuch von meiner alten Truppe bekommen.

Wenn Sie ein Leuchtpunktvisier haben, können Sie auch zu Hause das Mitziehen trainieren: Spannen Sie zu Hause im Garten zwischen zwei Punkten ein deutlich sichtbares Seil und führen Sie Ihren Leuchtpunkt entlang des Seiles von links nach rechts, von rechts nach links ... Spannen Sie das Seil auch mal schräg und folgen sie ihm im Anschlag von links unten nach rechts oben und umgekehrt. Stellen Sie sich dabei die wechselnde Sau vor und spielen in Gedanken und mit Pufferpatronen den Schuss von Anfang bis Ende durch. Auf diese Art können Sie auch in Gedanken die annehmende Sau simulieren, indem Sie das Seil in einem Winkel schräg auf sich zu spannen. Schon sind 70 % des erforderlichen Trainings absolviert. Wenn Sie keinen Garten haben, können Sie auch die Fensterbank oder einen Bilderrahmen in Ihrer Wohnung als Referenzstrecke nutzen. Jetzt fehlt nur noch der scharfe Schuss. Mit diesem Trockentraining vorab nutzen Sie die doch teils erheblichen Kosten für eine Stunde Standbesuch effektiv aus.

Ein Tipp aus der Erfahrung heraus: Sie werden auch im Schießkino Fehler machen, in Richtung eines auf der Leinwand erscheinenden Treibers schießen oder einfach mal einen schlechten Tag haben. Machen Sie zu Hause vor oder nach dem Waffenreinigen in aller Ruhe noch ein paar Trockenanschläge. Ich bezeichne das als geistigen „Reset", der Schütze schließt mit einem positiven Erlebnis den Tag ab.

Für das Trockentraining brauchen Sie **Pufferpatronen**. Entweder Sie kaufen sich solche teuren Teile oder Sie machen sie selbst. Das abgeschlagene Zündhütchen stoßen Sie aus und ersetzen es durch Hartgummi, wie zum Beispiel einen Radiergummi. Das schont den Schlagbolzen. Wenn Sie ein gängiges Militärkaliber führen (.308 Win, .30-06, 8 × 57 IS beispielsweise), können Sie bevorzugt auch abgeschossene Platzpatronen verwenden.

TONTAUBENSCHIESSEN ODER „DIE KUNST, VORBEIZUSCHIESSEN“

Wer kennt nicht die Situation: Beim Tontaubenschießen läuft alles gut, fünf Treffer beim jeweils ersten Schuss. Dann der Fehlschuss! Nicht selten fehlt man dann die nächste und übernächste Taube auch noch und die gesamte Serie ist dahin ... Oder beim Training auf den „Laufenden Keiler“. Die ersten Durchgänge laufen gut, dann der „grandiose“ Fehlschuss und im Kopf beginnt es zu arbeiten. Schon folgt der nächste Fehler, dann ein halbschariger Treffer, Fehler ... Fasziniert schaut man dann auf andere Schützen, die nach vorheriger guter Schießleistung nach einem Fehlschuss mit derselben Sicherheit im Anschluss wieder einen Treffer nach dem anderen platzieren. Wie machen die das? Vergessen Sie nicht: Ein Treffer bei drei abgegebenen Schüssen gilt beim „Laufenden Keiler“ meist als „passabel“.

Die entsprechende Schießfertigkeit vorausgesetzt, findet Schießen und Treffen natürlich im Kopf statt. **Erfolgreiche Schützen haben sich, ihren Körper und ihre Gefühle** schlicht und ergreifend einfach **im Griff**. Sie nehmen einen Fehlschuss als das hin, was er ist. Wer schießt, macht auch zwangsläufig einmal einen Fehler. Das ist ein ganz normaler Vorgang. Das erscheint fast unvermeidlich. Ein begangener Fehler zwingt aber auch zu einer nüchternen Bewertung, um diesen jeweiligen Fehler nicht noch einmal zu begehen oder – im Wiederholungsfalle – die Auswirkung des begangenen Fehlers zu reduzieren. Kann man das nüchtern machen, wird einen ein Fehler nicht aus der Bahn werfen. Wie kommt man auf diese emotionale Ebene? Besiegen Sie zuerst einmal Ihre Eitelkeit! Der Gedanke, wie andere Sie selbst sehen („Der trifft mal wieder gar nichts!“), ist grundverkehrt. Ein Fehlschuss ärgert mich selbst am meisten, ist aber völlig normal. Das passiert jedem einmal und interessiert mich persönlich lediglich am Rand.

Was aber wichtig ist, ist die **kritische und ehrliche Fehleranalyse** – vergessen Sie die zwei Dutzend Ausreden, die Ihnen im Kopf herumschwirren. Seien Sie ehrlich zu sich selbst. Die echten Fehler findet man nur auf dem Schießstand heraus! Hier heißt es ganz nüchtern: „Hinten vorbei!“ „Nicht mitgeschwungen!“ „Falsch gestanden!“ „Zu tief!“ „Kolben falsch in der Schulter!“ „Zu spät gestartet!“, „Bei der Schussabgabe stehen geblieben“ ...

Sagen Sie Ihre Treffer selbst an, **schauen Sie durchs Feuer**. Das ist besonders auf der Drückjagd wichtig, um dem Nachsuchenführer wichtige Informationen geben zu können.

Auf dem Schießstand können Sie ausprobieren, auf der Jagd dürfen Sie keine Zweifel an Ihrer Schießfertigkeit haben! Schießen Sie aus Respekt vor der lebenden Kreatur nur im Rahmen Ihrer eigenen Schießfertigkeit. Wenn Sie das beherzigen, wird ein auf der Jagd begangener Schießfehler nicht gravierend sein!

Was ist der beste Schuss nach einem Volltreffer? Der totale Fehlschuss! Angebleit ist viel schlimmer!

Fehlschüsse wegstecken

Natürlich gibt es Tage im Jägerleben, die man nur als persönliches „Stalingrad“ werten kann. Wie geht man am besten mit solchen Tagen um? Da gibt es nach meiner Ansicht und aus eigener Erfahrung zwei Möglichkeiten:

1) Fehlschüsse abhaken
Nach dem Motto „schlimmer kann es nicht mehr werden!" sollten Sie sich nicht den Tag vermiesen lassen, auch wenn Sie ein Stück gefehlt haben! Entweder Sie treffen wieder, weil Ihnen jetzt alles egal ist und Sie keine Hemmungen mehr haben, oder es setzt sich fort, dass Sie weiterhin nichts treffen. Haken Sie den Fehlschuss einfach ab, irgendwann wird's wieder klappen!

2) Fehlschüsse mit Humor nehmen
Als ich einmal bei einer Drückjagd in Thüringen vom Ansteller am Stand abgeholt und nach den zwei von mir gefehlten Sauen befragt wurde („Waren die Sauen zu schnell oder du zu langsam?"), antwortete ich einfach: „Weder noch! Die waren vorne und hinten einfach zu kurz!" Im nächsten Treiben erlegte ich eine Sau und einen Fuchs.

PRAKTISCHE HELFER BEIM SCHIESSEN – SELBST GEMACHT

Dreibein-Anschusstisch selbst bauen

Jeder Jäger kennt das Problem: Die Jagdwaffe schlägt unbeabsichtigt am Leiterholm an, fällt einem bei der Vorbereitung zur Jagd aus dem Waffenschrank oder der Hund wirft die angelehnte Waffe um ... Die Frage ist nun, ob sich die Treffpunktlage verstellt hat – ein Kontrollschuss bzw. ein erneutes Einschießen ist erforderlich. Zu diesem Zweck habe ich für meinen Freund Tom einen wackelfreien Dreibein-Anschusstisch gebaut. Fotos kann ich leider nicht beisteuern, da Tom weggezogen und der Kontakt leider abgebrochen ist.

1. Grundgestell: ein dreieckiger Rahmen aus 50/20/5er Winkelstahl, der verschweißt wird. Sie können natürlich auch ein Vierkantprofil verwenden.
2. Am Rahmen bzw. an dort angeschweißten Knotenblechen drei Klemmhalter (Stützen an Pkw-Anhängern) in einem Winkel von ca. 70° anschweißen
3. Diese nehmen die Tischbeine auf; sie sind 70 cm lang, der Rohrdurchmesser beträgt 48 mm.
4. Auf dem Rahmen mit Schlossschrauben dann die Tischplatte (OSB-Platte, Siebdruckplatte 20 mm dick) befestigen. Diese Platte ist an der Schützenposition etwas ausgeschnitten, damit der Oberkörper hinter der Waffe gut Platz findet und beide Ellbogen eine sichere Auflage haben.
5. Zusätzlich auf dem Tisch vorne und am Rand noch umlaufende Leisten anleimen, um der Gewehrauflage einen Anschlag zu bieten und ein Herunterfallen derselben zu verhindern.

Selbst gebauter Anschusstisch in Leichtbauweise

Bei einem Longrange-Seminar präsentierte ein Schütze seinen eigenen, in Leichtbauweise gebauten Schießtisch. Der bestand aus einer passend zugeschnittenen Siebdruckplatte und daran anschraubbaren Kunststofffüßen. Aufgrund der Tischform ist dieser für Links- und Rechtsschützen gleichermaßen geeignet (Foto siehe S. 102).

Selbst gebauter Anschusstisch mit einklappbaren Füßen

Eine andere Basis stellte für mich ein alter Biertisch mit klappbaren Füßen dar. Der Tisch lag jahrelang im Freien unter Brennnesseln, das Holz war verfault, der Klappmechanismus der Beine aber nach einigen

Tropfen Rostlöser und Öl aber noch gängig. Ich entfernte die Reste der Tischplatte und richtete das teils verbogene Gestänge des Klappmechanismus der Beine aus. Dann besorgte ich mir im Baumarkt eine neue Platte mit den Maßen 1200 × 600 × 18 mm. Der Tisch sollte leicht zu transportieren sein und bequem auf die Ladefläche meines Pick-ups passen.

Die neue Tischplatte, entsprechend den Maßen, allerdings für mich als Linksschützen zugeschnitten.

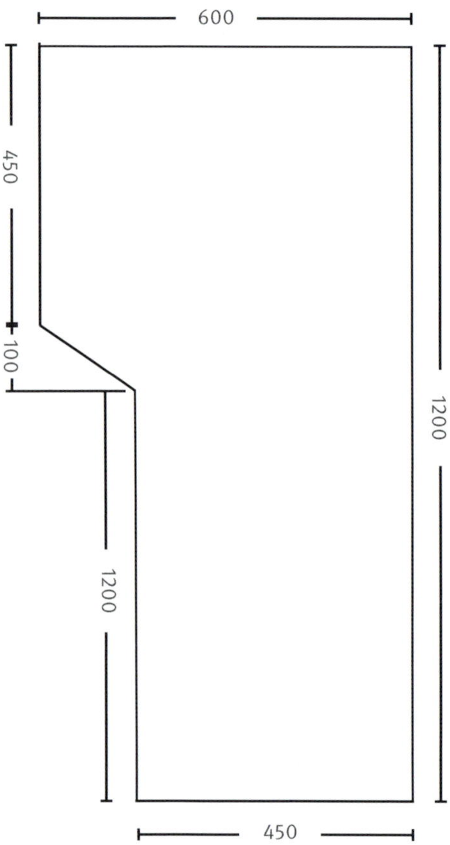

Skizze für einen Anschusstisch für Rechtsschützen. Für Linksschützen müsste die Platte gespiegelt werden.

Nach dem Streichen der Platte in einem neutralen Farbton und nach dem Trocknen der Farbe erfolgt die Montage der Klappfüße und des Verriegelungsmechanismus.

Während ich den Tisch gebaut habe, kam meine neue Longrange-Büchse in .338 Lapua Magnum beim Händler an. Prompt war der Tisch für die lange Waffe zu kurz. Da ich diesen Tisch auch auf der 1.000-Meter-Bahn nutzen wollte, musste ich ihn verlängern auf 150 cm, sodass er nach wie vor auf die Ladefläche des Pick-up passt, aber auch ausreichend Platz für die neue Waffe nebst Zweibein bietet. Für normale Jagdwaffen sind die vorher beschriebenen Maße ausreichend, der Tisch steht wackelfrei und stabil.

Der gezeigte Tisch ist für mich als Linksschützen gefertigt. Momentan tüftle ich an einem Update, dass der Tisch mit wenigen Handgriffen auch für Rechtsschützen umgebaut werden kann. Vielleicht hat einer der Leser ja eine Idee, bevor er mit dem Nachbau beginnt.

Verlängerter Tisch in zusammengeklapptem Zustand

Als Basis für einen Schießtisch können Sie auch das Gestell eines Bügelbrettes nutzen, das „ausgesondert" wurde. Ein Vorteil ist die stufenweise Höhenregulierung. Ob Ihnen die Auflagefläche für die Waffe reicht, müssen Sie für sich beurteilen. Ich würde lieber eine breitere Tischplatte mit den vorgenannten Maßen nutzen, die Sie auf das originale Bügelbrett anpassen müssen oder darauf aufschrauben. Hier bestünde dann die Möglichkeit, die Tischplatte mittels Schlossschrauben und Flügelmuttern wendbar für Rechts- und Linksschützen zu gestalten.

Anschusstisch fürs Revier

Der Anschusstisch kann auch – z. B. auf einem Anhänger platziert – als kurzfristige Ansitzeinrichtung dienen. Dazu muss der Anhänger aber mit passenden Stützen ausgestattet sein, sodass der frei stehende Hänger nicht plötzlich umkippt oder wackelt wie Espenlaub.

Verlängerter Schießtisch, nachgestrichen

Anhänger mit Anschusstisch, Gerüststützen und Tarnverblendung nahe eines Fuchsbaus. Die Tarnung ist oben offen und kann auch zur Krähenjagd genutzt werden.

Einschießauflage selbst bauen

Einschießhilfen sind begehrt und auch nützlich für alle, die ihre Waffen selbst ein- und anschießen wollen. Sie haben nur einen Fehler: Sie sind teuer! Manche auch sehr teuer! Bei speziellen Benchrest-Gewehrauflagen mit Ledersäckchen sind schnell einmal 1.000 € und mehr fällig, und das ist mir ehrlich gesagt eindeutig zu kostspielig!

Ich habe mir aus einem alten Scheren-Wagenheber und einer Holzplatte als Boden eine solche Hilfe selbst gebaut. Die Bodenplatte verfügt über vier Rändelschrauben, damit ich die Platte exakt „ins Wasser“ stellen kann, wenn der Anschusstisch etwas schief stehen sollte. Auf der ausfahrbaren Schere wurde eine gepolsterte Gewehrauflage (abnehmbar) montiert. Zur Höhenverstellung wurde an der Öse für den ursprünglichen Kurbelhaken ein Adapter für den Akkuschrauber angeschweißt, der auch das Drehrad zur Höhenverstellung aufnimmt. Der Hinterschaft wird mit einem Sandsack abgestützt. Fertig!

Ausgangsbasis für ein Einschießgerät: Auflageholz für den Sandsack befestigen. Halter für den Akkuschrauber oder das Handrad schlitzen und anschweißen.

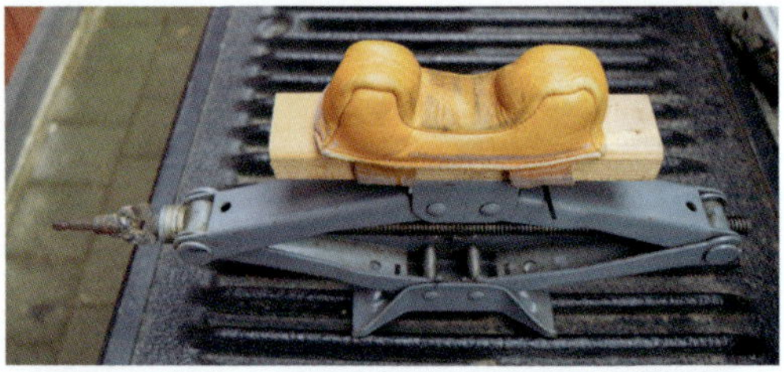

Anschluss für den Akkuschrauber am Wagenheber anschweißen und die Vorderschaftauflage befestigen.

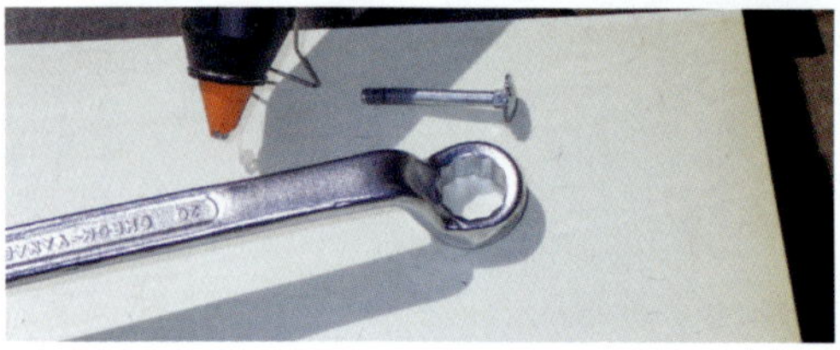

Da es keine passenden Verstellräder gibt, bastle ich sie mir einfach selbst. Einen 24er Ringschlüssel innen einölen, bodenbündig auf eine eingeölte Kunststoffunterlage legen und mit Heißkleber ausgießen. In den heißen und flüssigen Kleber stecken Sie die Schraube mit dem Kopf voran und lassen den Heißkleber 5 Minuten aushärten. Durch den Ölfilm lässt sich das selbst gemachte Stellrad bequem rausdrücken.

Hier werden die Muttern für die Nivellierfüße in die Standflächenvergrößerung geschweißt. Die Schlossschrauben bekommen noch die gleichen Stellrädchen wie links beschrieben.

Gewehrauflage für Anschusstisch

Im Handel gibt es eine Unmenge an Gewehrauflagen für den Schießstand. Gut geeignet für Sport- und Benchrestschützen, für die Jagd eher nicht geeignet, weil sie zu schwer sind. Leider sind diese Gewehrauflagen in der Regel nicht unter 200 € zu haben, nach oben ist wie immer keine Grenze erkennbar. Aus einer Holzplatte, ein paar Kanthölzern, Beilagscheiben, dem Abschnitt einer Gewindestange, Holzleim und ein paar Holzdübeln oder langen Schrauben kann man eine günstige Auflage selbst bauen.

Vorderschaftauflage

Einem präzisen Schuss zuträglich ist es, wenn die Waffe stabil und gedämpft aufliegt. Wie man aus abgeschnittenen Hosenbeinen oder Jackenärmeln eine Gewehrauflage herstellen kann, wird auf S. 125–126 beschrieben. Wem das zu viel Aufwand ist, kann sich aber auch genähte Säckchen von verschiedenen Anbietern holen, die für günstiges Geld als Türstopper vertrieben werden.

Spezieller Schießrucksack

Bei einem taktischen Longrange-Seminar hatte ein Teilnehmer seinen speziellen Schießrucksack mitgebracht. Er hatte eine Vorderschaftauflage aus Hart-Schaumstoff in Stoff eingefasst und mit Klett am Boden seines Rucksacks befestigt. Er meinte, dass er diesen Rucksack auch jagdlich nutze. Da es im Gebirge oftmals schnell gehen muss, braucht er nur den Rucksack ablegen, Büchse in der Auflage positionieren, fertig! Ich habe diese Konstruktion selbst getestet und für gut befunden.

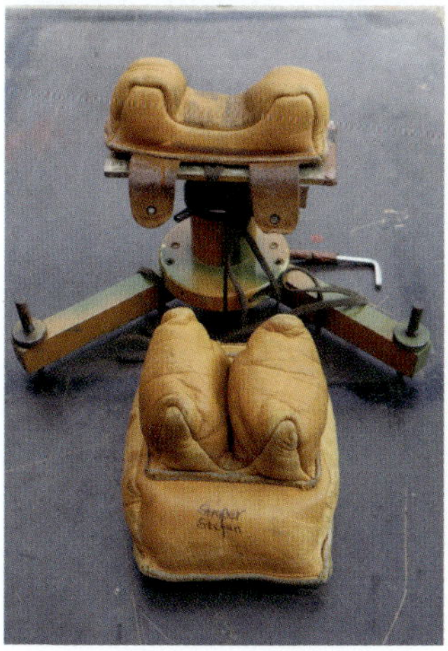

Meine Benchrestauflage zum Longrange-Schießen (links).
Eine aus Holzresten selbst gefertigte Gewehrauflage (rechts) ist bedeutend günstiger.

Jagdrucksack eines Seminarteilnehmers mit beschriebener Waffenauflage. Auf dem Schießstand kann die Vorderschaftauflage separat verwendet werden.

Mobiler Revierkugelfang

Immer mehr Nicht-Jäger beobachten die Jagd mit Argusaugen und prangern liebend gerne alles an, was sie selbst in ihrem Weltbild nicht verstehen (wollen). So ist ihnen neben vielen anderen Sachen auch das erlaubte Ein- und Anschießen der Jagdwaffen im Revier ein Gräuel.

In jedem Revier, das ich kenne, gibt es eine Ecke, in der man einen Kontrollschuss machen kann – und wenn nötig auch einmal mehrere. Diese Ecke habe ich im Revier mit einer alten Kunststoff- Mülltonne ausgestattet, die mit Erdreich und Sand gefüllt ist und als Kugelfang dient.

Eine alte Mülltonne, mit Erdreich und Sand gefüllt, dient als Kugelfang. Bei Nichtgebrauch wird sie einfach verblendet, andernorts versteckt oder mit einem Tarnnetz zugehängt.

Einschießen im Revier

Um potenziellen Kritikern gleich hier im Ansatz den Wind aus den Segeln zu nehmen, verfahre ich beim Ein- oder Anschießen wie folgt: Wenn abzusehen ist, dass mehr als die üblichen 2–5 Schuss anfallen werden, benachrichtige ich vorher telefonisch die örtliche Polizeistation und sage Bescheid, dass es häufiger krachen wird und warum. Meist wird von den Beamten im Computer ein Einsatz angelegt, sodass auch die umliegenden Dienststellen (die Dienstbereichsgrenze zweier Inspektionen verläuft nahe der Reviergrenze) und die Einsatzzentrale mitlesen können. So weiß schon mal die Polizei, dass hier keine Terroristen trainieren, damit ich nicht plötzlich Besuch von meinen alten Kameraden bekomme. So kann bei einem Anruf eines Bürgers der Beamte in der Wache schon abwiegeln. Und wenn die Meldung über „110" eingeht, hat das auch die Einsatzzentrale auf dem Monitor.

Das mache ich seit folgendem Vorfall: Ein spazierengehender und mit einem Mobiltelefon bewaffneter Naturnützer und seines Erachtens „Naturschützer" wollte mich anzeigen, weil ich beim erlaubten Anschießen der Jagdwaffe im Revier – mit seinen Worten: „... beim sinnlosen Rumballern ..." – „Blei in unerlaubt hohen Mengen ins Erdreich einbringen" würde, was „zur Vergiftung des Erdreichs" führe und dieses Erdreich „... als Sondermüll zwingend auf meine Kosten entsorgt ..." werden müsste. Der „Umweltfreund" rief vor Ort in meinem Beisein die Polizei. Tatsächlich musste wegen diesem Blödsinn eine uniformierte Polizeistreife ins Revier fahren und sich die Sache anschauen. Die Polizeibeamten konnten keine Straftat meinerseits erkennen, weil das Ein- und Anschießen der Jagdwaffe gesetzlich erlaubt ist und die sandgefüllte Kugelfang-Mülltonne keinerlei Ausschüsse aufwies. Die Projektile waren allesamt in der Tonne stecken geblieben. Als für den „Naturfreund“ dieser erste Angriffsversuch nicht funktionierte, versuchte der Irregeleitete den Umweg über die Definition einer „nicht genehmigten Schießanlage“, die ich betreiben würde. Das scheiterte aber an den fehlenden „baulichen Anlagen“, wozu argumentativ auch der bewegliche (weil in einer fahrbaren Mülltonne und somit nicht ortsgebundene) Kugelfang massiv beitrug und auch der ortsfeste Anschusstisch (weil trag- und zerlegbar) fehlte. Es folgten noch einige schwache Angriffsversuche, die alle sofort widerlegt werden konnten (z. B. ein nicht genehmigtes Übungsschießen, durch die lediglich vier verschossenen Patronenhülsen nachgewiesen). Als es den Beamten zu bunt wurde und sie androhten, den Anrufer selbst wegen Vortäuschens einer Straftat anzuzeigen, verkrümelte sich dieser. Also Vorsicht auf ganzer Linie! Wie sagte schon Meister Eder zum Pumuckl? „Es muas a Blede gem, aber de wean oiwei mehra!“ (Es muss auch Blöde geben, aber die werden immer mehr).

Zielscheibenrahmen für Schrot und Kugel

Wer keinen „mobilen Kugelfang“ in Form einer alten Mülltonne nutzen kann, sollte sich vielleicht einmal folgende Zielscheibenträger anschauen.

1) Zielscheibenrahmen aus Dachlatten: Dazu brauchen Sie zwei Dachlatten mit 100 cm Länge als Steher, Abstandshölzer zweimal mit je 23 cm und die Stützen mit 60 cm Länge. Der Rahmen wird geleimt und geschraubt, das untere Querholz auf einer Höhe von 30 cm von unten gesetzt. Für Schrot ändere ich die Längen auf 120 cm (Länge), 50 cm (Breite) und 70 cm für die Stützen. Zusätzlich können Sie bodennah zwei Ringhaken an die Steher schrauben und mit einfachen Häringen den Rahmen gegen Umfallen bei Wind sichern.

Auf diesem Rahmen können Sie die Zielscheiben befestigen. Achten Sie darauf, dass dahinter ein Kugelfang besteht (z. B. ein Hang oder eine Böschung).

2) alter Gartenstuhl: Bevor Sie alte Gartenstühle auf den Sperrmüll bringen, entfernen Sie die Sitzfläche und die Rückenlehne und behalten die klappbaren Stuhlbeine. Sie brauchen noch etwas Pappe oder Sperrholz, eine Dachlatte und ein paar Kabelbinder und fertig ist der Aufsteller für Zielscheiben. Und wenn der Aufsteller mal kaputt geschossen ist, können Sie ihn immer noch wegwerfen.

Kaputter Gartenstuhl nach Entfernen von Sitzfläche, Armlehnen und Rückenlehne sowie fertiger Scheibenhalter fürs Revier.

Nachtrag zum Gartenstuhl: Die Sitzfläche können Sie auch noch als Sitzerhöhung für kleinere Jagdgäste oder als Sitzauflage bei nassen Sitzbrettern auf offenen Ansitzeinrichtungen verwenden.

3) Modifizierter Pfostenschuh: Eine geschweißte Halterung für Zielscheiben können Sie aus altem Eisenmaterial machen (Beschreibung unter den Fotos). Wenn Sie Ihre ASV (Absehen-Schnellverstellung) kontrollschießen wollen, können Sie gleich mehrere dieser Halterungen versetzt zueinander in verschiedener Entfernung aufstellen.

Maße: Länge 120 cm, Höhe 140 cm, das untere Rahmenprofil ist 30 cm über dem Boden

4) Profilrahmen: Aus Vierkantprofilen vom Schrottplatz habe ich einen Ständer für Zielscheiben zusammengeschweißt. Die Querstangen sind schraubbar, sodass der gesamte Scheibenträger zerlegt und platzsparend transportiert werden kann. Bei Wind können Sie die aufgehängte Tafel mit einem Expander nach unten abspannen. Wenn Sie Stahlziele beschießen, ist es unumgänglich, die Füße mit z. B. Sandsäcken zu beschweren oder mit langen Häringen im Boden zu verankern.

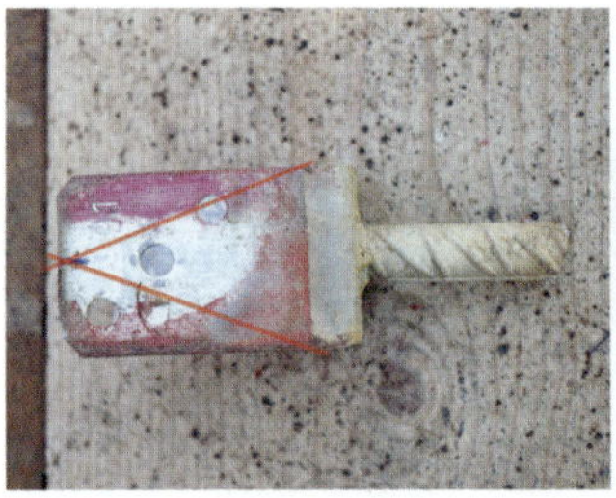

Alter, nicht mehr benötigter Betonanker. Die beiden Ohren wie auf dem Foto markiert spitz zuflexen und eine 100 cm lange Stange Rundmaterial (8 mm Ø) am verbleibenden Baustahl anschweißen.

Jetzt noch im oberen Bereich eine 30 cm lange Querstange anschweißen, an der die Zielscheibe (auf Pappe geklebt) mit einfachen Wäscheklammern befestigt wird.

Einschießfass/Einschießkanister

Füllen Sie pfandfreies 5-Liter-Bierfass mit etwas Sand für einen besseren Stand und kleben Sie für den nächsten Kontrollschuss Ihre Zielscheibe darauf. Das Fass steht stabil und wird mit der Sandfüllung auch nicht vom Wind verweht. Auf dieselbe Art kann auch ein nicht mehr benötigter Kunststoffkanister oder eine Obstkiste verwendet werden.

Bei der dienstlichen Scharfschützenausbildung (Schießen auf unbekannte Entfernungen) habe ich beispielsweise zusätzlich zum normalen Zielaufbau immer mehrere leere 5- und 10-Liter-Kunststoffkanister wahllos bis auf Entfernungen von 700 Metern auf der Schießbahn verteilt. Der Wind trieb die Kanister über die Schießbahn und so hatten die Kameraden nie dieselbe Position und Entfernung der Ziele. Der Lerneffekt war groß.

Silhouetten aus Kunststoff

Vielleicht eine kleine Anregung, um etwas mehr Spaß beim Schießen zu haben, besonders, wenn man einen Schalldämpfer nutzt. Diese Art der Zieldarstellung zwingt einen auch nicht nach jedem Schuss zur Scheibe, um den Treffer zu kontrollieren.

Die DJV-Fuchsscheibe diente in diesem Fall als Schablone, Zielmedium ist weißer Kunststoff von einem alten Wassertank. Die Zielscheibe wurde mit schwarzer Farbe des Herstellers Pinnecke und Engelhart gestrichen. Diese Farbe hat die Eigenschaft, an der Stelle eines Geschossdurchschlages abzuplatzen und den weißen Kunststoff da-

Partyfass, Obstkiste und Plastikkanister mit Zielmarkierung

Die Scheibe wurde bereits mehrfach beschossen und Sie erkennen, dass lediglich ein neuer Treffer auf der rechten Scheibe erkennbar ist. Die Farbe um den Einschuss der .223 Rem ist abgeplatzt.

runter freizulegen. So können Sie auf mehrere hundert Meter Entfernung Ihre Treffer durchs Zielfernrohr erkennen.

Upgrade aus England: Dort werden Speichenreflektoren als Ersatz für die Lichter eines Fuchses auf der Silhouettenscheibe angebracht und das Schießen auf Fuchs mit Nachtsichtgeräten und mit Scheinwerfern trainiert. Die Reflektoren zeigen im Lichtstrahl den Ort des Zieles an. Bei uns in Deutschland sind Nachtsichtgeräte nur zur Jagd auf Schwarzwild erlaubt! Das Anstrahlen und Blenden des Wildes mit Scheinwerfern ist verboten.

Silhouetten aus Sperrholz oder Gips

Die gewichtsmäßig schwerere Lösung ist das Ausschneiden von Silhouetten aus Sperrholz oder Kunststoff, die mit engmaschigem Hasendraht bespannt werden, der wiederum mit Gips ca. 1 cm dick verschmiert wird. Wenn der Gips trocken ist, wird er mit Farbe bestrichen. Beim Treffen der Scheibe platzt an der Einschussstelle die Farbe ab und der helle Gips wird sichtbar. Die Einschusslöcher füllen Sie einfach wieder mit Spachtelmasse auf und streichen mit Farbe darüber.

GEWEHRAUFLAGEN

Bei der Jagd von der Kanzel oder beim Einschießen der Jagdwaffe sind Gewehrauflagen unentbehrlich! Am häufigsten werden wohl Sandsäcke verwendet; sie sind günstig, wenn man sie selbst fertigt oder teilweise auch ziemlich kostspielig, wenn man sie kauft. Auf jeden Fall sind sie Eines: sehr schwer, wenn sie mit Sand gefüllt werden!

Die Empfehlung, als alternatives Füllmaterial Reis oder Bohnen zu verwenden, ist nicht unproblematisch (wenn sie feucht werden, können sie anfangen zu keimen, zu schimmeln und zu stinken), außer Sie füllen den Reis oder die Bohnen vorher in einen Plastiksack und dann erst in den Stoffsack.

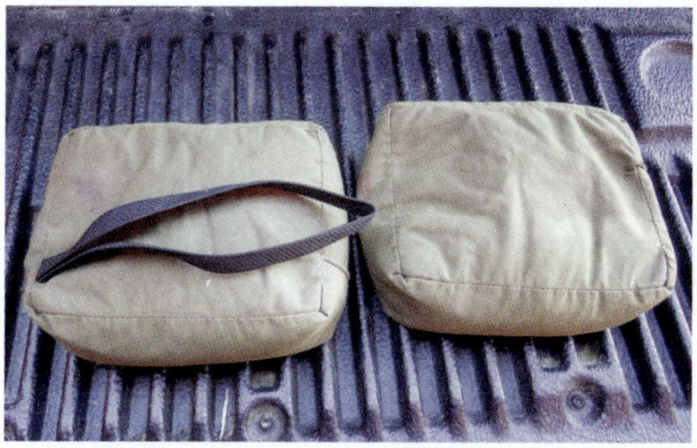

Zwei selbst genähte „Sandsäcke“ mit Trageschlaufe und Füllung aus Gummigranulat als Gewehrauflage.

Selbst genähte Sandsäcke

Sandsäcke eignen sich perfekt als Gewehrauflage. Sie können diese leicht selbst herstellen. Dafür benötigen Sie Meterware Stoff, alte Hosenbeine oder Jackenärmel von Jagdhosen oder –Jacken, Jutesäcke, aussortierte Feuerwehrschläuche, alte Socken u. v. m., die Sie mit Sand befüllen ... Trageschlaufe nicht vergessen!

Sie können für kleinere Sandsäcke auch Abschnitte von ausrangierten Feuerwehrschläuchen nutzen. Füllen Sie den Sand aber nicht direkt in den Schlauch, sondern zunächst in eine separate Plastiktüte und stecken diese dann in den Schlauch. Jetzt müssen Sie nur noch die Enden vernieten und verkleben.

Brauchbares Ausgangsmaterial für einen selbst gefertigten Sandsack wären auch Beschwerungssäcke aus dem Landtechnikhandel, wie sie zum Fixieren von Planen auf Silos oder Mieten verwendet werden. Auf die passende Länge kürzen und wieder neu vernähen.

Leichte Gewehrauflage für die Kanzel

Ich nutze als alternatives Füllmaterial Gummi- bzw. Plastikgranulat. Es ist leicht, feuchtigkeitsbeständig und somit ideal! Beim Füllen der Schießauflagen müssen Sie lediglich darauf achten, dass Sie die Beutel nicht prallvoll machen. Lassen Sie genug „Luft“, um eine kleine Kuhle für den Vorderschaft formen zu können. Soll der Sandsack als Hinterschaftauflage dienen, gilt dasselbe. Durch Quetschen oder Loslassen des Sandsacks können Sie die Höhe der Hinterschaftauflage ändern. Dazu braucht es etwas Platz.

Eine leichte Gewehrauflage für den Hinterschaft.

Weiche Waffenauflage immer dabei

Wenn Sie beim Schuss von der Kanzel den Vorderschaft auf die ungepolsterte Kanzelbrüstung aufgelegt haben, kann der Schuss verprellt werden. Eine weiche Auflage verhindert diesen Effekt. In der Regel hat der Jäger seinen Filzhut oder Handschuhe dabei, die er unterlegen kann. Ein am Gewehrriemen angebrachter, verschiebbarer Filzüberzug dient einerseits als verbreiterte Tragehilfe auf der Schulter, andererseits als ständig verfügbare Gewehrauflage. Sie können eine solche Gewehrauflage teuer kaufen oder sie selbst anfertigen. Besorgen Sie sich im Baumarkt einen Belag für Filzreibbretter und einen alten Sicherheitsgurt vom Schrottplatz. Schneiden Sie sich passend den Filz zurecht (ca. 14 × 28 cm) und nähen ein entsprechend großes Stück Sicherheitsgurt quer über die Breitseite an, Sie können mehrere Abnäher für Patronen machen; in der Mitte zwei Nähte so weit voneinander entfernt setzen, dass der Gewehrriemen durchpasst. Am anderen Ende des Filzstückes quer ein Klettverschlussband annähen, auch dort ist der Gewehrriemen durchgefädelt. So kann das Polster längs auf dem Waffenriemen verschoben werden kann. So ist immer eine weiche Waffenauflage dabei und entlastet bei entsprechender Breite sogar noch die Schulter aufgrund der größeren Auflagefläche. Der Gewehrriemen schneidet nicht mehr so sehr ein.

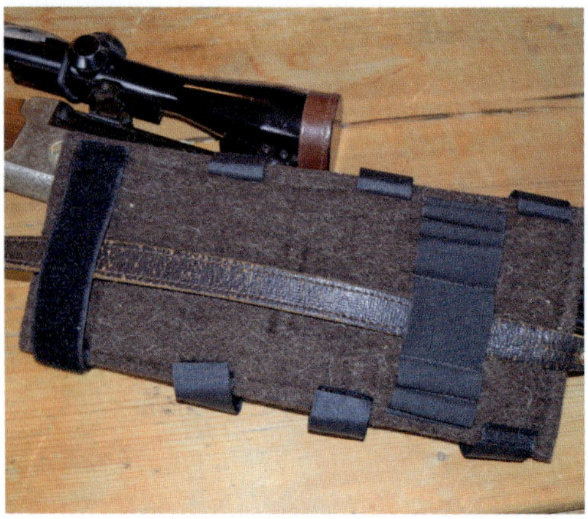

Verschiebbarer Filzüberzug am Gewehrriemen

Das Säckchen am Gewehrriemen. So ist es immer dabei und kann sowohl als Vorderschaft- als auch als Hinterschaftauflage genutzt werden.

Kleiner „Sandsack" an der Waffe

Wer auf der Pirsch oder dem Ansitz einen sicheren Schuss abgeben will, muss für eine sichere Waffenauflage sorgen. Neben dem Zweibein, das ich liebend gerne nutze, brauche ich nur noch eine Auflage für den Hinterschaft. Die habe ich mir aus einem Stück Jackenstoff und einem Abschnitt eines Riemens genäht und mit Gummigranulat (siehe Foto S. 125) gefüllt. Das Säckchen hat die Fertigmaße 24 × 12 cm und eine 8 cm lange Schlaufe. Mit der Schlaufe hänge ich das Säckchen an den Gewehrriemen der Büchse. So ist das Säckchen immer dabei und kann als leichte Vorderschaftauflage oder zur Stabilisierung des Hinterschafts dienen. Das Säckchen ist nicht prall gefüllt, sondern lässt Platz, um den Schaft in einer Kuhle zu betten. Wird es als Hinterschaftauflage genutzt, kann man durch Zusammenpressen oder Loslassen des Säckchens die Neigung der Langwaffe ändern.

Sandsackschlauch

Sehr praktisch sind auch lange, dreiteilige Sandsack-Gewehrauflagen, die variabel sind und so z. B. „über die Brüstung" gelegt oder aufgetürmt werden können. Auch als zusätzliche Unterstützung unter dem Brustkorb für einen bequemen Liegend-Anschlag eignen sie sich.

Dreiteiliger „Sandsackschlauch“

Gepolsterte Laufauflage

Ein Seminarteilnehmer unterbreitete mir vor Jahren folgende Idee: Er meinte, er würde sich auf der Jagd sämtliche weichen Gewehrauflagen auf allen Hochsitzen sparen, es würde doch völlig reichen, wenn man den Gewehrlauf polstern würde. Einfach ein Stück Rohrisolierung über den Waffenlauf geschoben und alles wäre gut! **Bitte nicht machen!** Laut seiner Aussage hätte er keinerlei Treffpunktabweichungen, was ich nicht glauben kann! Jeder Kontakt des Laufes bei der Schussabgabe verändert sein Schwingungsverhalten und beeinflusst so den Abgangs-Fehlerwinkel, was wiederum zu Trefferabweichungen führt. Mag sein, dass bei dem einen oder anderen Gewehr diese Beeinflussung so gering ausfällt, dass sie in der allgemeinen Waffen-, Munitions- und Schützenstreuung untergeht. In der Regel ist die Trefferabweichung aber massiv! Wenn Sie wollen, können Sie das ja mal selbst ausprobieren.

SCHIESSSTÖCKE, PIRSCHSTÖCKE ETC.

Pirschstock

Bei genauerer Betrachtung zum Thema Pirschstock will ich es nicht bei ein paar kleinen Absätzen belassen. Ein Pirschstock ist ein so universeller Gegenstand, dem leider in unserer Zeit relativ wenig Aufmerksamkeit geschenkt wird. Soll es für die „Flachlandtiroler“ ein leichter Pirschstock sein, der gelegentlich als Zielhilfe dient? Oder soll es ein Bergstock werden, der im Gebirge massive Belastungen aushalten muss? Der Verwendungszweck bestimmt die Dimensionen des Stockes! Als Grundmaße können gelten:

***Flachland-Geh- und Pirschstock:** Mindestdurchmesser 25 mm, mindestens schulterhoch, eher mannshoch.*

***Bergstock:** Durchmesser ca. 40 mm, etwa 30 cm länger als der Nutzer groß ist. Er sollte in der Mitte das Körpergewicht des Nutzers tragen können.*

***Materialwahl:** Für den Jäger wird in erster Linie Holz als natürlicher und nachwachsender Werkstoff an erster Stelle stehen, auch wenn die EU seit neuestem der Meinung ist, dass Holz kein nachwachsender Rohstoff ist. Natürlich bieten Jagdausstatter auch Pirschstöcke aus Aluminium oder Kunststoff an. Ich mache mir meine Sachen lieber selbst aus natürlichen Materialien. Warum Holz? Was ist eigentlich „Holz“? Holz ist schlicht nichts anderes als ein Verbundwerkstoff aus Zellu-*

lose und einem Kleber, genannt Lignin. Jetzt hat Holz die Eigenschaft, dass es nicht 100 % gerade wächst, es lässt sich aber biegen und ausrichten – Dank des Lignins. Leichte Krümmungen lassen sich beseitigen, indem man das Holz ca. zwei Wochen in einem fließenden Gewässer fixiert (bitte nicht über scharfe Kanten ausrichten, da Kanten das Holzgefüge beschädigen) oder man die entsprechende Stelle am Holz in Wasserdampf aufweicht und dann begradigt.

Welches Holz sollte man jetzt verwenden? Ich favorisiere die Haselnuss. Fast in jedem Revier zu finden, wachsen die Stöcke grundsätzlich schon einmal relativ gerade und sind eine gute Kombination aus Gewicht, Elastizität und Stabilität. Ähnliche Eigenschaften weist die Esche auf. Das edlere Holz wäre natürlich Schwarzdorn, das ist aber in Länge und Geradlinigkeit eher selten im Revier zu finden. Holen Sie sich auf jeden Fall mehrere in Frage kommende Stöcke, weil es auch einmal beim Trocknen, der Oberflächenbehandlung, der Bearbeitung und auch beim Gebrauch zu Verlusten kommen kann. Sei es, dass sie beim Trocknen reißen oder sich bei der weiteren Verarbeitung Schadstellen zeigen.

***Stock schneiden und bearbeiten:** Holen Sie sich die Stöcke am besten „am kurzen Tag" (Mitte Dezember bis Ende Januar, bei abnehmendem Mond), weil in diesem Zeitraum am wenigsten Wasser im Holz ist und Sie sie im laubfreien Busch am leichtesten finden.*

Haben Sie Ihre Favoriten ausgewählt und geerntet, müssen Sie die Astansätze vorsichtig so nah wie möglich am Stamm abschneiden. Scharfe Kanten glätten Sie bitte vorsichtig mit Schleifpapier. Behandeln Sie die Schnittflächen oben und unten mit Ballistol. Dieses Öl zieht aufgrund seiner Dünnflüssigkeit tief ins Holz ein und verhindert ein Einreißen der Stockenden.

***Schonendes Trocknen der Stöcke:** Ich empfehle, die Stöcke nicht zu schälen. Das verlängert zwar die Trocknungszeit, Ihr Pirschstock schaut dafür aber nicht aus wie ein Besenstiel. Trocknen Sie die Stöcke hängend, mit einem Gewicht beschwert, an einem trockenen, schattigen und gut belüfteten Ort. Wenn Sie 10-kg-Gewicht am Stockende befestigen, ist das definitiv nicht zu wenig. Das Gewicht soll verhindern, dass sich der ausgerichtete Stock beim Trocknen wieder zurückbiegt. Sie können den Stock aber auch zwischen zwei Bretter spannen, die Sie mit Schraubzwingen zusammenpressen. Je nach Dicke und Holzart des Stockes dauert das Trocknen ein halbes bis eineinhalb Jahre. Bereits nach einem Monat können Sie schon beginnen, den Stock mit Ballistol oder gutem Leinölfirnis einzureiben. Durch die Trocknung versucht das Holz, den Flüssigkeitsverlust auszugleichen und zieht das imprägnierende Öl nach innen. Durch die Trocknung werden kleine Astansätze wieder deutlicher fühlbar. Sie können diese wieder etwas planschleifen. Jetzt kommt die persönliche Befindlichkeit des Jägers wieder ins Spiel: schleifen Sie den Ansatz plan, haben Sie nachher eventuell einen rutschigen Stock, der Ihnen mit nassen oder schlammigen Händen keinen Halt bietet. Lassen Sie die „Knöpfe" dran, könnten Sie sich allerdings Blasen an den Händen holen, dafür ist der Stock griffiger.*

***Weitere Ausgestaltung:** Ist der Stock trocken, kann der künftige Nutzer seiner Phantasie freien Lauf lassen, was die weitere Ausgestaltung des Stockes anbelangt. Wie soll der „Bodenanschluss" aussehen? Es gibt im Handel eine große Auswahl an Stahlspitzen, die angepasst werden müssen. Reicht eine schlichte Nagelspitze, die unten eingebohrt und geklebt wird? Nimmt man den Messingboden einer Schrotpatrone? Ebenso kann* *beispielsweise am oberen Ende eine Gehörngabel als Gewehrauflage befestigt werden. Oder Sie montieren ein gebogenes Bandeisen auf Schulterhöhe als Gewehrauflage? Dazu nachher mehr Anregungen.*

Oberflächenbehandlung: *Glätten Sie die Oberfläche mit feinem Schleifpapier, Schleifvlies oder rauem Spülschwamm, ohne die Rinde zu entfernen. Tragen Sie nun mehrfach Ballistol, Leinölfirnis oder Holzöl/Schaftöl auf und lassen Sie dem Öl Zeit, ins Holz einzuziehen bzw. walken Sie mit dem Handballen das Öl ins Holz. Ich rate vom Lackieren des Stockes ab. Selbst Schiffs- oder Fußbodenlack reißt irgendwann einmal beim Gebrauch und blättert ab oder es sickert Wasser unter den Lack. Hässliche, graue Flecken zeigen sich.*

Achtung! Wenn Sie Leinölfirnis mit dem Lappen auftragen, ist in der Folge Vorsicht geboten. Firnisgetränkte Lappen können sich durch die Reaktionstemperatur beim Trocknen selbst entzünden.

Aufbewahrung: *Bewahren Sie Ihren Pirschstock weiterhin an einem schattigen, kühlen, trockenen Ort auf, reinigen und ölen Sie den Stock ab und zu und Sie werden eine lange Zeit ein Unikat nutzen können, das mit jedem Gebrauch an Erinnerungswert gewinnt.*

Haselnuss-Pirschstock mit Gehörngabel

Die Verbindung von Abwurfstange und Stock erfolgt mit Spreizdübeln und Gewindestange oder mittels Langmutter und Gewindestange. Die Gabel dient auch als Gewehrauflage. Zum Schonen des Vorderschaftes in der Gehörngabel können Sie einen Streifen Filz oder Rohr-Isolierung nutzen, den Sie unauffällig in die Gehörgabel kleben. Das schützt nicht nur den Schaft und beugt hässlichen Kratzern am Vorderschaft vor, sondern reduziert auch den Hochschlag der Jagdwaffe.

Reiner Pirschstock

Es empfiehlt sich bei einem reinen Pirschstock, das eine Ende mit einem Gummipuffer, das andere Ende mit einer Eisenspitze zu versehen. Je nach Untergrund kann man auf Fels den Gummipuffer, auf der Wiese oder im Wald die Eisenspitze verwenden. Wenn Sie lediglich eine Eisenspitze haben, sorgen Sie für einen aufsteckbaren Gummipuffer.

Reflektionsfolie an einem Bein des Pirsch-Dreibeins. Während der Pirsch decken Sie die Folie mit Klettband ab. Haben Sie nachts Beute gemacht, stellen Sie das Dreibein mit blanker Folie darüber. Sie brauchen nur mit der Taschenlampe in die Richtung leuchten und finden das erlegte Wild wegen der Lichtreflektion leicht wieder.

Pirschstock im Dunkeln wiederfinden

Wenn man nachts auf Sauen pirscht, stellt man schon mal den Pirschstock beiseite oder steckt ihn neben die erlegte Sau, wenn man das Auto holt. Wie findet man den Pirschstock im Dunkeln wieder? Bekleben Sie ihn doch an einer Stelle mit Reflektorfolie, wie sie an Warnwesten vernäht werden. Wenn Sie mit der Taschenlampe leuchten, blinkt die Folie zurück. Bedenken Sie aber auch, dass die Scheinwerfer eines vorbeifahrenden Fahrzeuges eventuell das Wild vergrämen, wenn der Lichtstrahl reflektiert wird. Oder Sie haben Beziehungen zur Bundeswehr und können Leuchttrassierband organisieren. Dieses strahlen Sie mit der Taschenlampe an, bevor Sie gehen und können im Dunkeln auf wenige Meter das Schimmern des Bandes erkennen.

Haken als Gewehrauflage

Am Pirschstock können Sie zusätzlich noch einen aus einem schmalen Bandeisen gebogenen Haken als Gewehrauflage anbringen, wenn Sie die Gehörngabel-Version nicht nachbauen. Das Bandeisen mit einem Stück Gartenschlauch, Fahrradschlauch, Filz oder Rohrisolierung überziehen, das schützt den Vorderschaft der Waffe. Wie Sie den Haken am Pirschstock anbringen, ist Ihrer Phantasie überlassen. Anschrauben, mit Schlauchschellen fixieren, Nutzung von Kabelbindern, einpassen und mit Zweikomponentenkleber fixieren, schrauben ... alles ist möglich!

Variabler Aufsatz für den Pirschstock

Ein Mit-Jagdaufseher hat seinen eigenen Pirschstock modifiziert. Er hat den oberen Teil des Stocks auswechselbar gestaltet, indem er ihn verjüngt hat. Nun dient diese Verjüngung als Aufnahme für abnehmbare Anbauteile wie Gewehrauflage, Sägeblatt, Knauf ...

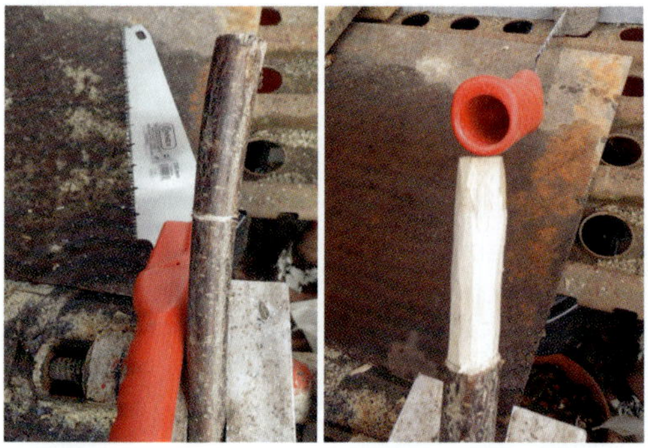

Ich habe einen meiner Pirschstöcke ebenfalls modifiziert. Im Foto nicht zu sehen ist eine Querbohrung für eine Schraube und Flügelmutter, welche die Säge stabil am Pirschstock hält.

Pirschstock mit Hinterschaftauflage

Ein Jagdgast hat sich aus einem Besenstiel seinen Pirschstock gebastelt. Passend zu diesem Besenstiel hat er sich ein Alublech in den Maßen 5 × 12 cm hergestellt, in das er an einem Ende ein Loch gebohrt hat, das im Durchmesser 0,5 mm größer war als der Durchmesser des Besenstiels. Das Blech hat er in der Mitte um ca. 25° abgekantet und die verbleibende Fläche mit Filz beklebt. Das Blech kann stufenlos in der Höhe verstellt werden. In der Höhe fixiert es sich selbst durch Klemmung/Verkantung in der Bohrung, wenn es mit Gewicht belastet wird. Das Blech wiegt nicht viel und kann leicht in der Jackentasche mitgeführt werden.

Mit Filz beklebtes Alublech am Pirschstock bildet eine stabile Hinterschaftauflage. Sie können im Anschlag den Pirschstock links oder rechts vom Schaft platzieren, beides ist möglich.

Upgrade-Pirschstock

Ein bei meinem Jagdherrn zur Blattjagd eingeladener österreichischer Jäger hatte seinen „Spezial-Pirschstock“ dabei. Der Einfallsreichtum der Menschen fasziniert mich immer wieder … Er hatte zwei Pirschstöcke unten mit einer Gewindestange, einer Mutter als Abstandshalter dazwischen und zwei selbstsichernden Muttern außen verbunden. Oben bildeten zwei gekürzte Gehörngabeln (eine pro Stock; eine Gabel Vorderschaftauflage, eine für den Hinterschaft) den Abschluss. Einen der beiden Stöcke umwickelte er mittig mit einem alten Badetuch und überzog diese Wicklung mit dem Ärmel einer alten Militärjacke. Auf meine Frage, warum er das gemacht habe, meinte er, dass er so neben einem Pirschstock für Vorderschaft- und Hinterschaftauflage zusätzlich noch eine Ellbogenauflage für die Ansitzkanzel hätte, wenn er ihn „über Eck“ auf den Kanzelwänden auflegt – einfach universell verwendbar!

Transport

Da die Pirschstöcke in der Regel so ca. 160 cm und länger sind, gestaltet sich der Transport derselben im Auto in der Regel etwas ärgerlich, weil sie schlicht zu sperrig sind. Sägen Sie den Stock in der Mitte auseinander und verbinden Sie die beiden Enden mit einer ¾ Zoll Schraubverbindungsmuffe. Der Stock ist deutlich handlicher zu transportieren, die Schraubverbindung ist stabil genug für den täglichen Gebrauch. Wenn Sie Ihren Pirschstock nicht zerlegen wollen, können Sie ihn auch im Skisack Ihres Pkws transportieren, so Sie ein Fahrzeug mit diesem Extra nutzen.

Längenmarkierung

Ich habe mir die Schafthöhe meiner Gummi- und Schaftstiefel am Pirschstock mit Tape markiert. Das hilft mir zu erkennen, ob ich mit meinen Gummistiefeln trocken durch einen Bachlauf oder Sumpf komme. Messen Sie mit dem Pirschstock die Tiefe des Gewässers, bevor Sie „absaufen“ oder „einschöpfen“.

Längenmarkierung der Schafthöhe am Pirschstock mittels Gewebeband.

Aus Einbein mach Dreibein

Im Jagdzubehörhandel kann man praktische sogenannte „Trigger-Teleskop-Einbein-Zielstöcke“ kaufen. Praktisch, aber teuer! Nun ist das Schießen vom Pirschstock nicht jedermanns Sache. Oft wird so ein Ungetüm für teures Geld gekauft und man stellt fest, dass dessen Handhabung für einen selbst fast nicht praktikabel ist. Um diesem teuren Ausrüstungsgegenstand doch noch einen Verwendungszweck zu geben, können Sie dem Einbein noch zwei zusätzliche (Haselnuss-)Stöcke oder Alustangen angedeihen lassen – als zweites und drittes Standbein. Die Pirsch-Waffenauflage steht nun bombenfest und kann den präziseren Schuss ermöglichen.

Ein Teleskop-Besenstiel ist mit einer Waffenauflage versehen worden. Da das meinem Freund etwas zu instabil bei der Schussabgabe war, habe ich ihm einfach noch zwei Alustangen angeschraubt und mit einem Fahrradschlauch die Schraubung verdeckt.

Stabiler Anschlag am Pirschstock

Pirschstock im Anschlag richtig stabilisieren

Sie können Ihren einfachen Pirschstock für einen stabileren Anschlag schnell fixieren, indem Sie ihn (als Rechtsschütze) innen an Ihrem etwas zurückgesetzten rechten Schuh ansetzen, an der Innenseite Ihres linken (etwas nach vorne platzierten) Knies bzw. Oberschenkels anlehnen, um ihn seitlich zu stabilisieren, und dann zusätzlich durch das Waffengewicht fixieren. Hört sich kompliziert an, ist aber schnell umzusetzen. Auf jeden Fall ist der Anschlag stabiler als „stehend freihändig“.

Pirschstock mithilfe von Riemen stabilisieren

Eine andere Art der Stabilisierung des Pirschstockes wird teilweise in der Jagdliteratur be-

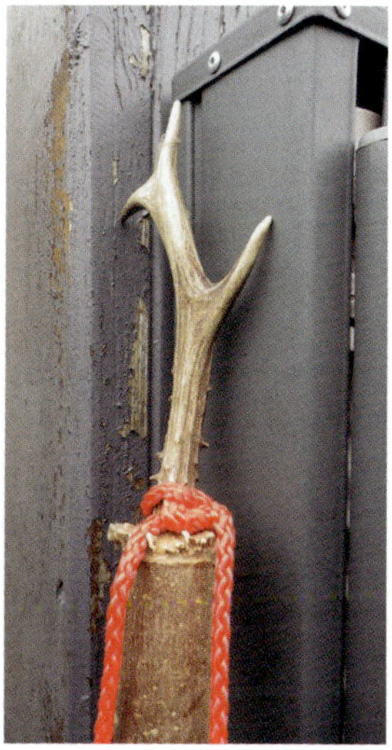

Pirschstock mit zwei Paracords zum Stabilisieren (auf den Fotos in Rot, damit besser zu erkennen).

Indem Sie auf die Seilenden treten und den Pirschstock nach vorne drücken, haben Sie einen stabilen Dreipunktanschlag.

schrieben. Ich komme damit nicht sonderlich zurecht, möchte das Prinzip aber trotzdem der Vollständigkeit halber beschreiben und zeigen. Die Stabilisierung erfolgt mit einem zusätzlichen Riemen oder Strick, der in etwa so lang wie der Zielstock selbst ist. Der Riemen/Strick wird im oberen Bereich auf der Höhe befestigt, auf der die Führhand normalerweise beim Schuss den Stock greift. Das andere Ende wird mit einer Schlaufe oder einem Gummiring (Reifenschlauch) versehen und dient als Standfläche. Kommt der Stock zum Einsatz, stellt man sich mit dem Fuß auf die Schlaufe, neigt den Stock in Richtung Ziel und baut Spannung auf. Funktioniert mit zwei Riemen/Stricken besser. Wie gesagt, mir persönlich liegt dieser Anschlag nicht so sehr, ich habe aber immer gerne eine oder mehrere Rückfallebenen.

Walkingstock in Pirschstock verwandeln

Schrauben Sie oben auf den Griff einfach ein gepolstertes, gebogenes U-Eisen. So einfach kann die Welt sein … Längenverstellung inklusive!

Pirsch-Zweibein aus Nordic-Walking-Stöcken

Hinsichtlich des Zweibeins können Sie auch (ausrangierte) Ski- oder Nordic-Walking-Stöcke benutzen. Die Skistöcke haben eine fixe Höhe, Walkingstöcke können Sie sogar in der Höhe verstellen. Verbinden können Sie die Stöcke entweder mit einem starken Gummiband oder Sie nutzen die Schlaufen der Stöcke an den Griffen.

Stellen Sie die Stöcke parallel. Schlaufe des linken Stockes über den Griff des rechten Stockes legen …

… Schlaufe des rechten Stockes über den Griff des linken Stockes legen und die Stöcke kreuzen. Es bildet sich eine weiche Gewehrauflage durch die Handschlaufen. Die Auflage ist allerdings relativ niedrig, eignet sich aber gut für den Knieend-Anschlag.

Pirsch-Zweibein

Suchen Sie sich einen geraden Haselnussstecken mit einer Länge von ca. 160 cm und spalten Sie ihn längs in der Mitte mit Kreis- oder Bandsäge. Etwa 20 cm unter dem oberen Ende verbinden Sie die beiden Hälften mit einer Schraube M8 mit Mutter und Beilagscheibe. Hängen Sie den Stock zum Trocknen frei mit Gewicht auf, wie bereits beschrieben. Dann verzieht sich der Stock beim Trocknen nicht. So haben Sie mit einem finanziellen Aufwand von ca. 1 € ein praktikables Zweibein und einen Pirschstock zugleich.

Sie können es aber noch einfacher haben. Schneiden Sie sich zwei gerade Haselnussstecken und hängen sie mit Gewichten zum Trocknen auf. Sind sie trocken, ziehen Sie oben auf passender Höhe einen 10 cm langen Abschnitt eines Fahrradschlauches über beide Stöcke – fertig!

Eine Alternative zu Haselstöcken wären kunststoffummantelte Rosenstöcke aus dem Baumarkt. Die obere Fixierung kann wie oben beschrieben oder mit über Kreuz geführter Kordel erfolgen. Wenn Sie noch Schaumstoffgriffe für Fahrradlenker (ebenfalls Baumarkt) überschieben, ist der Vorderschaft auch noch gegen Verkratzen geschützt.

Zweibein aus Haselstecken mit Fahrradschlauch als flexible Stockverbindung.

Dreibein

Dreibein mit einfacher, nicht drehbarer Gabel als Gewehrauflage (diese können Sie fest montieren oder drehbar gestalten; mit der drehbaren Variante können Sie ziehendem Wild im Anschlag folgen).

Dreibein mit Aluminiumschiene

Für den **atypischen Ansitz** im Feld am neu entdeckten Fuchsbau oder am Luder habe ich den oben gezeigten Pirschstock etwas modifiziert. Der Fuchs eräugt Bewegungen auch auf große Entfernungen sehr gut. Damit mich der Fuchs nicht noch beim Anschlagen der Waffe entdeckt, richte ich die Waffe bereits fix auf die wahrscheinlichste Stelle aus, an der die Beute erwartet wird. Ich habe mir dazu eine Aluminiumschiene umgebaut, die in Schussrichtung einen kleinen aufgebogenen Winkel aufweist, auf dem der Vorderschaft ruht. Das Alu ist zur Geräuschtarnung vorne gepolstert und liegt mit dem Waffenschwerpunkt in der Gabel.

Wenn Sie der Tierfotografie frönen, können Sie natürlich diese Aluschiene, wenn sie nach rechts ausgeschwenkt und parallel/in Schussrichtung ausgerichtet wird, bei montierter Kamera auch als Kamerahalterung benutzen. So können Sie wackelfreie Bilder bei der Jagd fertigen.

Fotostativ als Dreibein

Als Dreibein kann Ihnen aber auch ein handelsübliches Fotostativ dienen. Die Arretierung der ausziehbaren Beine muss aber sicher das Gewicht der Jagdbüchse tragen

Eine alte Aluschiene aus dem Bereich Fotografie brachte mich auf die Idee, sie als Vorderschaftauflage am Pirschdreibein zu adaptieren, So kann ich die Jagdwaffe zum Beispiel an der Kirrung oder am Fuchsbau schon vorrichten, um bei Bedarf nur noch in Anschlag gehen zu müssen.

Zwei der von mir genutzten Fotostative

können. Die auf S. 138 oben links gezeigte gummierte Gabel des Dreibein-Pirschstockes passt in der Regel auf das Anschlussgewinde des Fotostativs und kann auch hier verwendet werden.

Waffenhalterung am Dreibein

Sie können an zwei der drei Standbeine je einen gepolsterten Haken anbringen. In diese Haken legen Sie beim längeren Anstand/Ansitz das Gewehr. Die Waffe ist schnell griffbereit, die Armmuskeln bleiben ausgeruht.

„Tarnstock“ bzw. getarntes Dreibein

Wenn Sie Ihren Schießstock noch mit einem oder mehreren Gummiringen ausstatten, können Sie bei der Pirsch im offenen Gelände darin entweder einen Tarnschal, langes Gras oder Getreidehalme fixieren (Waschel“ oder „Wisch“; siehe rechts oben und Mitte). So haben Sie sogar noch etwas Tarnung dabei.

Dreibein mit Klemmadapter

Speziell für die Weizenpirsch und auch für die Blattjagd habe ich mich auf einer Internet-Filmplattform von den amerikanischen Jägern etwas inspirieren lassen. Auf der Suche nach einem passenden Dreibein mit Klemmadapter für die Waffe hat mich fast der Schlag getroffen: knapp 400 € bis hinauf zu 1.500 € wurden hier für komplette Schießgestelle aufgerufen. Also habe ich das bereits vorhandene Dreibein mit einem Klemmadapter aufgerüstet (etwas über 70 € in Internet).

Dreibein mit Tarnschal bzw. mit Gras getarnt

Improvisierter Ansitz auf einem Ladewagen in der Nähe eines Fuchsbaus mit dem Fotostativ

Klemmadapter oben und im Bild unten auf dem Fotostativ mit eingeklemmter Waffe

Klemmadapter selbst gebastelt

Nachdem mein Mitjäger Günter diesen Klemmadapter gesehen hat, war seine handwerkliche Ader geweckt. Ihm war die oben gezeigte Halterung zu schwer, seine Version sollte wesentlich leichter sein. Er hatte ein Alu- U-Profil mit 5 mm Materialdicke in seiner Restekiste und kam auf folgende Idee:

Fixe Gummipuffer mit Filz beklebt, gegenüberliegend zwei Fixierschrauben mit beweglichen Tellern und Weichgummi-Auflage. (Veröffentlichung mit Genehmigung von Günter)

Dreibein-Aufrüstung

Während ein Pirsch-Dreibein lediglich eine Vorderschaftauflage bietet, können Sie sich so einen Jagdhelfer „upgraden“, wie es neudeutsch heißt. Bringen Sie bei zwei Standbeinen an je einem davon ein Scharnier oder irgendeine bewegliche Aufnahme für jeweils einen Stock an. Diese beiden nachzurüstenden Stöcke sollen sich oben kreuzen und eine Gabel für die Auflage des Hinterschafts bilden oder mit einem weichen Band verbunden sein. Als Verbindung zum Haupt-Dreibein bietet sich ein Gurtband oder eine Paracord-Schnur an, mit der man die Neigung der Hinterschaftaufnahme und somit die Waffenneigung variieren kann. In meinem Fall wird die Hinterschaftauflage aus zwei Teilen einer gebrochenen Glasfiberstange vom Trekking-Zelt gebildet. Diese Stangen

Mit dieser Variation können Sie einem sich bewegenden Ziel allerdings nur schwer folgen, weil eine Seitwärtsbewegung der Waffe konstruktionsbedingt blockiert wird.

werden zum Beispiel durch Ringe eines Fahrradschlauches am Dreibein fixiert.

Vierbein

Vierbein-Schießstöcke (Schießstöcke, auf denen Vorder- und Hinterschaft gleichzeitig aufliegen) kosten im Handel bis zu 400 €. Dieser praktische Jagdbegleiter kann jedoch auch selbst gebaut werden. Wie vorher schon erwähnt, bieten sich gerade gewachsene Stecken aus Haselholz an. Die vier Stöcke sollten nicht dicker als 20 mm und etwas kürzer als mannshoch sein. Wer keine geraden Holzstecken findet, kann sich im Gartenfachhandel kunststoffummantelte Pflanzenstützstöcke mit Aluseele besorgen und entsprechend kürzen.

Kerben Sie jeden der vier Holzstöcke ca. 3 Finger breit über dem unteren Ende umlaufend ein. Die Kerbe soll verhindern, dass der Gummi nach unten abrutscht. Oben lassen Sie ca. 10–12 cm vom Stock über den Gummi überstehen. Verbinden Sie am Kreuzungspunkt die zwei Stöcke mit einem Ringgummi, Einweckgummi, Reifenschlauchgummi oder Fahrradschlauch. Stellen Sie die beiden gekreuzten Stockpaare hintereinander

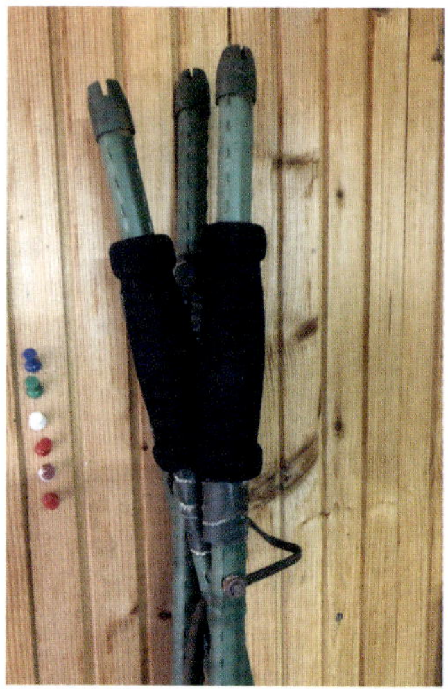

Da ich Linksschütze bin, habe ich eine Stange der Hinterschaftauflage etwas gekürzt, um mit der Wange besser an den Schaft und somit besser hinter das Zielfernrohr zu kommen. Sie können die vordere Gabel noch mit Lenkergriffen aus dem Fahrradzubehörhandel polstern.

und verbinden Sie die linken und rechten unteren Enden mit jeweils einem weiteren Gummiring. Sie haben so vorne eine Gabel für den Vorderschaft und hinten eine Gabel für den Hinterschaft. Knoten Sie jetzt noch eine Schnur zwischen die vordere und hintere Gabel. Die Länge dieser Schnur muss dem Abstand zwischen Vorderschaft und Pistolengriff der Büchse entsprechen. Beim Aufklappen haben Sie dann sofort die richtige Länge. Die Höhe des Anschlages können Sie anpassen, indem Sie die Spreizung der Gabel variieren. Durch die Elastizität des Gummis klappt das Vierbein bei Wegnahme der Belastung fast wieder in die Ruhestellung zurück.

Wenn Sie statt der Haselstöcke die Baumarkt-Pflanzenstützstöcke verwenden, führen Sie die Gelenkverbindungen am besten mit Schrauben und Muttern aus. Diese Schießhilfe ist nur äußerst eingeschränkt auf sich bewegendes Wild geeignet, da man nicht „mitziehen“ kann.

Vierbein aus Holzleisten

Eleganter ist die jetzt vorgestellte Version aus Eschen- oder Eichenholz, die ich als „Mitbringsel“ für Thomas gebaut habe. Leider habe ich dazu keine Fotos mehr, aber die Materialliste habe ich noch. Besorgen Sie sich vier gerade und verzugsfreie Leisten von 180 cm Länge, 1,5 cm Dicke und 2,5 cm Breite, die Leisten sollen zwingend astfrei sein. Aststellen sind Bruchstellen! Schleifen Sie die Latten glatt und brechen Sie die Kanten. So greifen sich die Stöcke angenehmer und durch die Rundung hält sich kein Wasser.

Legen Sie die vier Latten deckungsgleich übereinander und sichern Sie sie mit Klebeband gegen Verrutschen. Bohren Sie am oberen Ende im Abstand von 8 cm zum Ende ein Loch im Durchmesser von 4 mm durch alle vier Leisten. Verbinden Sie jeweils zwei Leisten mit Hülsenschrauben (Eisenschraube 4 × 20 mm, Hülse 4 × 12 mm). Bohren Sie das Hülsenloch auf 5 mm auf und verschrauben Sie die Leisten oben. Unten benötigen Sie ein Stück Aluminium von 60 × 40 × 3 mm. Verbinden Sie die beiden äußersten Leisten über dieses Blech miteinander. Achten Sie darauf, dass hier etwas Abstand zwischen den Leisten bleibt (Furnier oder dünne Pappe dazwischenklemmen. Die beiden inneren Leisten kehlen Sie auf den Innenseiten noch auf eine Länge von 6–6,5 cm aus und verbinden diese beiden inneren Stöcke unmittelbar über den Kerben ebenfalls mit Hülsenschrauben. Sie können die Schießauflage noch ölen oder lackieren. Der nächsten Pirsch steht somit nichts mehr im Wege.

Nach demselben, soeben beschriebenen Prinzip kann man auch aus Pflanzstäben aus dem Baumarkt ein Vierbein bauen. Sie benötigen dazu vier Stangen 180 cm lang, ca. 16 mm im Durchmesser, Edelstahlschrauben 4 × 40 mm, passende Unterlegscheiben und selbstsichernde Muttern. Die Kordel, welche die vordere Schere und die Stangen der Hinterschaftauflage verbindet, habe ich noch mit einem Kordelstopper versehen. Der ist stabil genug, um die beiden Auflagen trotz Waffengewichts beisammen zu halten.

Anschlag am Vierbein; hier liegt der Vorderschaft mit dem angeklappten Zweibein in der vorderen Schere des Vierbeins.

Aufbewahrung der Stöcke

Doch wohin mit den ganzen Schießhilfen, Pirsch-, Spazier- und Treiberstöcken? Statt sie in einer Ecke unübersichtlich zu horten und immer wieder einmal umzuwerfen, können Sie platzsparend an der Schuppen- oder Garagendecke eine Halterung montieren, die übersichtlich die Stöcke aufnimmt und für den Gebrauch bereithält. Kaufen Sie sich ein paar Klemmhalter für Gartenwerkzeuge und schrauben diese auf ein Brettgestell. Die Distanzhalterung zur Raumdecke Schrauben Sie an die Decke. Sofort sind sämtliche Stolperfallen beseitigt und alles ist übersichtlich umgehend griffbereit.

Als Halterung für die Unterseiten der Stöcke kann auch ein Brett dienen, in dem Sie eine entsprechende Anzahl von Löchern im Ø von 5–6 cm bohren, in die der jeweilige Stock gesteckt wird. Sollte ein mehrteiliger Schießstock nicht in die Halterung passen, fixieren Sie ihn mit einem Lederriemen.

Materialliste für die Stockhalterung

Lange Hölzer	1 Stück	500 × 50 × 30 mm
	1 Stück	500 × 100 × 30 mm
Distanzhölzer	2 Stück	120 × 50 × 30 mm
Lochbrett	1 Stück	500 × 120 × 25 mm
Leiste zum Anschrauben des Lochbrettes am Balken	1 Stück	400 × 50 × 30 mm
Werkzeugklemmen (oder Sie lassen sie weg und legen die Stöcke einfach in den Rahmen):	2–4 Stück	

Haltegestell für die Pirsch- und Treiberstöcke an der Decke des Schuppens mit Rahmen für die Werkzeughalter und Lochbrett für die Spitzen der Stöcke.

ERSTE HILFE

Jeder Jäger sollte über grundlegende Erste-Hilfe-Kenntnisse verfügen und darüber hinaus über die Erstversorgung bestimmter Verletzungen Bescheid wissen, die speziell in Jagdsituationen möglicherweise passieren könnten. Das gilt sowohl für Mensch als auch für Tier. Bei der Bundeswehr wird mittlerweile auch eine erweiterte San-Ausbildung zur Selbst- und Kameradenhilfe gelehrt. Das zeigt schon die Tatsache, dass das einfache Verbandpäckchen durch ein relativ umfangreiches IFAK (Individual First Aid Kit) ersetzt wird. Für die Jagd muss es jetzt nicht der große Rucksack eines Rettungsassistenten mit Ringerlösung, Tubus, Stiffneck und Infusionsbesteck sein! Aber eine abgelaufene Verbandtasche aus dem Auto, mit dem einen oder anderen zusätzlichen praktischen Gegenstand/Material zur Ausübung der Ersten Hilfe aufgewertet, kann im Notfall der Heilsbringer sein und dem Jagdkameraden oder einem selbst das Leben retten. Ich bin kein Arzt oder Rettungsassistent, habe aber dienstlich eine deutlich erweiterte Ausbildung in Selbst- und Kameradenhilfe genossen und möchte hier lediglich neues Interesse wecken, Mut zur Kameradenhilfe machen und vielleicht ein paar Lösungsansätze anbieten.

Erste-Hilfe-Kurs auffrischen

Wie lange ist Ihr letzter Erste-Hilfe-Kurs schon her? Denn man muss natürlich auch mit der Ausrüstung üben und umgehen! Das Rote Kreuz hilft hierbei gerne weiter, es werden auf Nachfrage auch sicherlich gegen eine kleine Spende themenbasierte Unterrichte gehalten, z. B. über die Wundversorgung von Schnitt-, Stich- und Schussverletzungen, wenn die Teilnehmerzahl stimmt. Fragen Sie

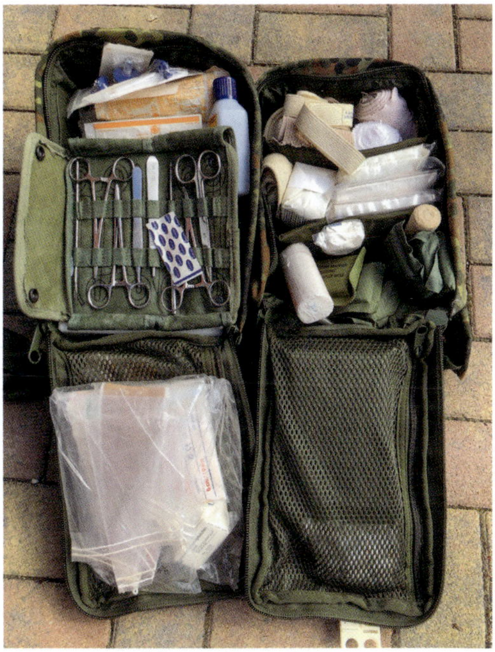

Inhalt der beiden Seitentaschen; ich habe auch immer ein paar Tampons dabei, um zur Not tiefe Stichverletzungen zu verschließen.

einfach bei Ihren Jagdkameraden, wer mitmachen will – es muss nur einer anfangen!

Wer richtig tief in die Materie einsteigen will, effektiv Leben retten will, der sollte vielleicht sogar bei www.tactical-responder.eu reinschauen. Da unterrichten echte Profis. Aber Qualität hat auch ihren Preis, die Kurse sind nicht gerade billig! Wer sich zumindest einmal theoretisch damit auseinandersetzen will, der kann zum Beispiel auf YouTube mit dem Kürzel „TECC" beim Blaulichtkanal oder bei „BavariaMedic" reinschauen. Wenn Sie sich zumindest theoretisch schon einmal mit einem Problem beschäftigt haben, ist eine Notsituation nicht mehr völlig neu!

HILFREICHES MATERIAL

Erweiterte Erste-Hilfe-Tasche für die Jagd

Wie leicht ist es möglich, dass man sich bei der Waldarbeit mit der Axt oder beim Aufbrechen des Wildes im Revier mit dem Messer selbst verletzt? Will man dann an den normalen Auto-Verbandkasten, ist der meist irgendwo im Auto unter einer Unmenge Ausrüstung begraben. Der Jagdrucksack ist aber immer greifbar oder in der Nähe. Als „Standardausrüstung“ für den Jäger reicht eine handelsübliche Erste-Hilfe-Tasche, wie

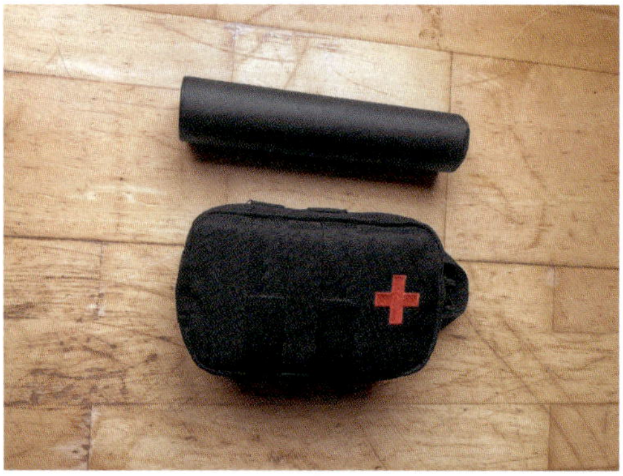

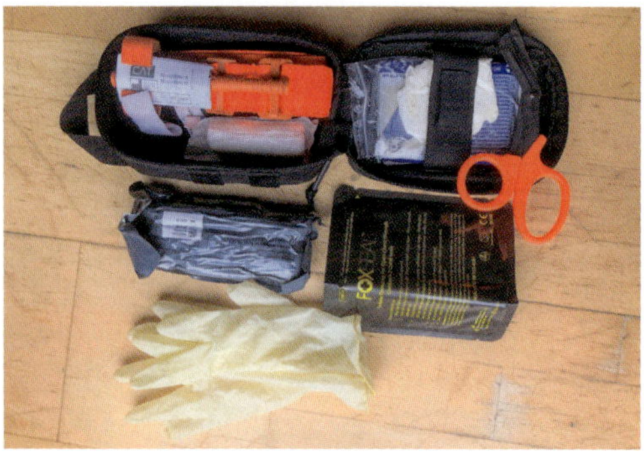

Ein IFAK (Individual First Aid Kit) im Größenvergleich zu einem Schalldämpfer – und lediglich doppelt so schwer (600 g). Verwenden Sie keine schwarzen Einweg-Handschuhe. Beim Abtasten des Körpers nach zusätzlichen blutenden Verletzungen sehen Sie das Blut nicht auf den schwarzen Handschuhen!

sie für das Auto ausgestattet ist. Ich habe heute in meiner umgemodelten Erste-Hilfe-Tasche noch zusätzlich eine als **„Israeli-Bandage“** bekannte Wundauflage (QuikClot) und ein **„Tourniquet“** (Aderpresse – eine Bandschlinge mit Knebel zum Abbinden von Gliedmaßen bei Schlagaderblutungen), einen kleinen **Edding**, zwei Plastikfläschchen mit 3 % **Wasserstoffperoxid-Lösung** und zwei **Chest-Seals** (spezielles Pflaster) für Brustkorbverletzungen. Wozu der Edding? Damit schreibt man dem Patienten die Uhrzeit, zu der die Erste-Hilfe-Leistung erfolgt ist, auf die Stirn (oder auf die abgebundene Gliedmaße, wenn ein Tourniquet angelegt ist)! Es hat sich international so durchgesetzt, auch Medikamentengaben so zu notieren.

Diese Sachen nehmen kaum Platz weg und wiegen nicht viel, aber man ist für fast alle Lagen gerüstet. Dafür können Sie die Unfallkreide oder das eine oder andere Mullpäckchen weglassen.

Inhalt der Deckeltasche mit Klammerzange, Pulsmesser, Polsterschiene, Infusionsbesteck etc.

Der Erste-Hilfe-Rucksack als Komplettpaket, zusätzlich das in der Mitte integrierte Verletzten-Bergetuch. Die beiden Seitentaschen können abgenommen werden, sind aber dafür eingerichtet, miteinander zu einem Rucksack gekoppelt zu werden. So kann man sicherstellen, dass sechs Mann das Bergetuch mit eingelegter Isomatte tragen können und das Versorgungsmaterial als Rucksack mitgenommen wird.

„Resteverwertung“ für abgelaufene Erste-Hilfe-Päckchen

Ich habe lange überlegt, an welcher Stelle im Buch ich diesen Absatz platzieren soll. Die Kfz-Verbandkästen haben ja mittlerweile ein „Verfalldatum“. Aber soll man einen abgelaufenen Verbandkasten aus dem Auto deshalb im Müll entsorgen? Das widerspricht meiner Einstellung zur Nachhaltigkeit! Ich werde im Verlauf des Buches immer wieder einmal auf eine Weiterverwendung des Inhaltes eingehen. Seien Sie gespannt ...

Erste-Hilfe-Rucksack

Eine Nummer größer ist schon ein vollständiger Erste-Hilfe-Rucksack mit integriertem Bergetuch, wie er z. B. von den taktischen Notfallmedizinern meiner alten Truppe Ende der 1990er Jahre erprobt wurde. Heute ist der damals von mir privat beschaffte Rucksack bei jeder größeren Drückjagd im Auto oder an einem zentralen Ort für jedermann griffbereit hinterlegt.

Erste Hilfe kann jeder

Es geht darum, zielgerichtet und schnell die wesentliche Hilfe an sich oder einem anderen vorzunehmen, um dessen Leben zu retten, bis professionelle Hilfe da ist! Sie müssen nicht in der Lage sein, einen Luftröhrenschnitt zu machen, Sie müssen keinen Pneumothorax beheben oder abgerissene Gliedmaßen wieder annähen, sondern den Jagdkameraden oder sich selbst vor dem Verbluten retten! Nicht mehr und nicht weniger! Und dazu reicht in der Regel ein kleines IFAK.

MÖGLICHE VERLETZUNGEN BEI DER JAGD

Das Spektrum schwerer Verletzungen reicht vom abrutschenden Messer beim Aufbrechen des Wildes über den Angriff weidwunder Tiere bis hin zur Schussverletzung wegen Abprallern oder sicherheitswidrigen Umgangs mit der Waffe. So kam beispielsweise erinnerlich 2012 oder 2013 in Sachsen ein Jäger ums Leben, als er sich mit der eigenen Waffe beim Aufbaumen „nur" in den Unterschenkel schoss. Er schleppte sich noch 60 Meter in Richtung seines Autos, bevor er auf halber Strecke jämmerlich verblutete. Wer mit einer Schussverletzung noch 60 Meter gehen oder kriechen kann, der kann sich selbst auch ein Tourniquet anlegen, das Verbluten verhindern und Hilfe rufen. Der bleibt auch länger bei Bewusstsein, handlungsfähig und schlussendlich am Leben!

Drei Arten von Verletzungen

1. Verletzungen, bei denen Sie machen können, was Sie wollen – der Verletzte überlebt!
2. Verletzungen, bei denen Sie machen können, was Sie wollen – der Verletzte stirbt!
3. Verletzungen, bei denen Sie schnell das Richtige tun müssen, damit der Verletzte überlebt und nicht in Punkt 2 abgleitet. Genau um diese Verletzungen müssen wir uns kümmern!

Eines muss ich noch mit aller Deutlichkeit ansprechen: Fassen Sie im Ereignisfall Mut und helfen Sie! Wenn Sie helfen wollen, können Sie nichts falsch machen! Wenn Sie nichts tun, könnte jemand sterben. Wenn Sie etwas unternehmen und der Mensch trotzdem stirbt, haben Sie es wenigstens versucht.

Mein IFAK (Individual First Aid Kit = persönliches Erste-Hilfe-Set) habe ich als ständigen Begleiter bei der Jagd dabei.

Rettungskette

Mit Eintritt einer schwereren Verletzung wird zwingend und umgehend durch einen Anwesenden die Rettungskette in Gang gesetzt!

1. Zuerst lebensbedrohliche Blutungen stillen
2. Dafür sorgen, dass die Atemwege frei bleiben
3. Notruf absetzen (kennen Sie noch die „W's"? Wer, wo, wann, was, wie, womit, warum oder so ähnlich)
4. Kein Verletzter bleibt unversorgt und unbeaufsichtigt!

Eigentlich sollte der Rettungsdienst nach Alarmierung innerhalb von 10 Minuten am Unglücksort sein. Die Realität ernüchtert aber. So kann es durchaus sein, dass der Notarzt bei falscher, falsch verstandener Ortsangabe oder in abgelegenem Gebiet bis zu einer Stunde brauchen kann, bis er ankommt. Und dazu muss ich leider anmerken, dass die Tendenz zur Verschlechterung besteht!

Lebensgefährliche Verletzungen – systematische Vorgehensweise

Solche Situationen kommen im Jagdalltag zum Glück selten vor, aber es kann trotzdem geschehen – und wenn es zum Gau kommt, dann meistens völlig unerwartet! Sie könnten bei einer Drückjagd einen verletzten Jagdkameraden finden, der z. B. von einem Abpraller getroffen wurde, ein verirrtes Wildschwein könnte Sie selbst über den Haufen rennen und beißen, während Sie einen verletzten Hund versorgen wollen usw.

Alle Maßnahmen erfolgen abhängig von der festgestellten Verletzungslage.

1. Ergründen Sie die Ursache der Verletzung.
2. Bei entsprechendem Trauma sollte man eine HWS-Stabilisierung vornehmen.
3. Sollten Sie am Verletzten massive Blutungen an den Extremitäten feststellen, sind diese sofort durch Anlage einer Aderpresse unter Kontrolle zu bringen!
4. Bei massiven äußeren Blutungen sollte man durch Kompression und Wundtamponade versuchen, die Blutung zu stillen.

Ich selbst wurde vor etlichen Jahren nach TCCC (Tactical Combat Casualty Care) in der Erstversorgung und Verwundetenversorgung ausgebildet. Einige Verhaltensmaßregeln sind in jeder Situation, in der es um Erste Hilfe geht, anwendbar, so auch im jagdlichen Bereich: Nehmen wir als Beispiel eine Drückjagd, in deren Verlauf Sie einen verletzten Jagdkameraden finden. Er ist nur teilweise orientiert und dämmert immer wieder weg. TCCC besagt:

Verletzte entwaffnen: Verletzte, besonders mit verändertem/auffälligem psychischem Zustand sind sofort zu entwaffnen, die Waffen zu entladen und gegen Zugriff zu sichern! Das sollte allgemein gelten! Man weiß nicht, warum der Verletzte bewusstlos ist. Es ist definitiv möglich, dass das Gehirn vor dem Bewusstseinsverlust eine gefährliche oder lebensbedrohliche Szene gespeichert hat und der Verletzte bei Bewusstseinserlangung in dieser Szenerie „weiterlebt" und plötzlich um sich schlägt oder an seine Waffe will.

Und schon sind wir im nächsten Themenbereich, der SICK-Methode:

Verletzte systematisch untersuchen

Zuerst sollte man sich mithilfe der **SICK-Methode** einen Überblick verschaffen, was den Verletzten betrifft:

S = Scene Safety & Assessment – Sicherheit und Lagefeststellung
I = Impression – erster Eindruck
C = Critical bleeding – kritische Blutung
K = Kinematics – Verletzungsmuster bzw. woher stammt die Verletzung?

Danach wird mittels **AVPU** der Bewusstseinszustand festgestellt

A = Alert – stupsen
V = Verbal – ansprechen
P = Pain – Schmerzreiz setzen
U = Unresponsive – reagiert nicht

Die Untersuchung folgt dem sogenannten **ABCDE-Algorithmus** (entspricht dem MARCH-System).

A = Atemwegsmanagement
B = Breathing (Brustkorb)
C = Circulation (Blutkreislauf)
D = Disability (Neurologischer Status)
E = Exposure (weitere Versorgung)

EXTRA-INFO: ERLÄUTERUNG DES ABCDE-ALGORITHMUS

A = Atemwegskontrolle

- *Abhängig vom Bewusstseinszustand des Verletzten dessen Mundraum inspizieren, ggf. ausräumen*
- *Atmung kontrollieren (ggf. „sehen, hören, fühlen")*
- *Ansprechbare Verwundete mit schweren Gesichts- bzw. Schädelverletzungen und drohender Verlegung der Atemwege dürfen jede Haltung einnehmen, die ihre Atemwege freihält, auch aufrecht sitzend. Auf eine Ablaufmöglichkeit für Blut nach außen achten bzw. Verwundete möglichst entsprechend anleiten.*

Freimachen/-halten der Atemwege

- *Anheben des Kinns bzw. Überstrecken des Nackens oder Esmarch-Handgriff („chin lift"/„jaw thrust")*
- *Eventuell stabile Seitenlage (bei bewusstloser Person) und dafür sorgen, dass Blut und Speichel abfließen können.*

B = Breathing (Brustkorb)

Nach dem Freimachen und -halten der Atemwege kommt die

- *Kontrolle des Brustkorbes*
- *die Aufrechterhaltung der Atmung selbst*
- *offene Brustverletzungen unverzüglich mit abdichtenden Verbandmitteln schließen, die entsprechend luftdicht fixiert werden (Chest Seal oder Frischhaltefolie)*
- *engmaschige Überwachung des Verletzten (Spannungspneumothorax)*

C = Circulation (Blutkreislauf)

- *„Blood Sweep": Absuchen/Abstreichen des gesamten Körpers des Verwundeten und Stoppen sämtlicher noch nicht erkannter Blutungen. Besonderes Augenmerk sollte hierbei auch auf weniger exponierte Körperbereiche wie z. B. dem Becken-, Genital- und Analbereich und die Achselhöhlen gelegt werden. Streichen Sie bewusst direkt die Haut ab und schauen Sie sich nach jedem Streich bewusst die Hände an („Rücken – kein Blut, keine Verletzung! Becken hinten – kein Blut, keine Verletzung!" ...) Sagen Sie es laut und schauen Sie bewusst nach jedem Streichen Ihre Hände an! Zur Not ziehen Sie den Verletzten komplett aus oder schneiden ihm die Kleidung vom Leib. Versuchen Sie aber trotzdem, einen bestmöglichen Wärmeerhalt zu ermöglichen.*
- *Alle erkannten Blutungen in der Reihenfolge des Auffindens stoppen („von Kopf bis Fuß").*
- *Lebensbedrohliche Blutungen zuerst stoppen, die Anlage einer zweiten Aderpresse an den Extremitäten kann unter Umständen für eine vollständige Blutstillung notwendig sein (die Aderpresse sitzt erst dann richtig, wenn unterhalb der AP kein Puls mehr tastbar ist). Bei schweren Unterarmblutungen am Oberarm abbinden, weil man durch den Druck der Aderpresse Elle und Speiche brechen kann, was zusätzliche Schmerzen und Verletzungen verursacht.*
- *Zeitpunkt der Anbringung der Aderpresse deutlich mit wasserfestem Stift auf der Stirn oder dem Tourniquet vermerken.*
- *Komprimierbare Blutungen werden mit blutstillendem und/oder besonders saugendem Material behandelt. Es ist ein direkter Druck von mindestens 3, besser 5 Minuten Dauer, anzuwenden, um eine effektive Blutstillung zu gewährleisten. Ein Druckverband ist zwingend notwendig, um eine Ablösung und somit erneute Blutung zu vermeiden. Kontrollieren Sie regelmäßig den Sitz des Verbandes.*

- *Tiefe Wunden (Keiler schlägt mit seinen Hauern tief in den Oberschenkel), die nicht mit herkömmlichen Verbänden und Wundauflagen bedeckt werden können, müssen austamponiert werden („Packing"). Hier muss hämostyptisches und/oder saugendes Verbandmaterial bis an die Blutungsquelle gebracht, die Wundhöhle komplett ausgefüllt und anschließend ein direkter Druck ausgeübt werden.*
- *Bei Extremitätenblutungen vermindert die Ruhigstellung/Immobilisation der Extremität zusätzlich zum angelegten Verband den Blutverlust und fördert die Blutgerinnung. Extremität hoch lagern.*
- *Frakturen (Brüche) bedeuten zusätzlichen, oft nicht sichtbaren (inneren) Blutverlust. Eine Immobilisation der Extremität oder des Beckens bzw. eine achsengerechte Lagerung bewirken eine Verringerung des Blutverlustes bzw. eine Reduzierung der Blutung.*
- *Beachtung des Wärmeerhaltes. Eine Unterkühlung führt mit abnehmender Körpertemperatur zu starken Blutgerinnungsstörungen und kann durch Wärmeerhalt vermieden werden. Rettungsdecke anlegen, zudecken!*
- *Blutungen am Hals lassen sich mit lokaler Kompression, adäquaten Verbänden und durch den Einsatz von blutgerinnungsfördernden Verbänden beherrschen.*

D = Disability (neurologischer Status)

Je nach Verletzungsmuster sollte eine grob neurologische motorische/sensible Untersuchung durchgeführt werden.

- *Werden alle Extremitäten gleich bewegt?*
- *Bei ansprechbaren Verwundeten nach Sensibilitätsstörungen fragen*
- *Unwillkürlicher Stuhl-/Urinabgang? „Griff in den Schritt" (ggf. bereits beim „Blood Sweep")*
- *Bei bewusstlosen Verwundeten ggf. Schmerzreiz beidseits prüfen*

E = Exposure (weitere Versorgung)

- *Schutz vor Unterkühlung*
- *Verletzten so wenig wie möglich den Wettereinwirkungen aussetzen*
- *Bekleidung so weit wie praktikabel am Verwundeten belassen*
- *Kontakt des Verwundeten zum Boden frühzeitig isolieren (Lagerung mindestens auf Tragetuch oder Rettungsdecke, wenn möglich Isoliermatte).*
- *Wärme-/Isolierdecken verwenden*
- *Kopf gegen Auskühlung schützen*
- *Nasse Kleidung wenn möglich durch trockene ersetzen*
- *Alle Materialien verwenden, die den Verwundeten warm und trocken halten*
- Überwachung der Vitalzeichen
- *Bei Augenverletzungen*
  - *Auge mit einer festen Augenklappe abdecken*
  - *Keinen Druck auf das Auge ausüben (abgeschnittener Trinkbecher)*
  - *Keine Kompressen verwenden*
  - *Keine Medikamente/Salben lokal anwenden*
  - *Falls möglich, beide Augen abdecken*
- *Transport*
  - *Um das Beispiel des verletzten Jägers fortzuführen, würde jetzt noch der Transport an einen Rettungspunkt oder zum nächsten Feld- oder Waldweg anfallen. Wenn der Rettungswagen bereits in der Nähe ist, werden diesen Transport die Rettungssanitäter auf der Trage vornehmen, die sich aber auch über Hilfe beim Tragen freuen werden. Ansonsten müssen Sie versuchen, den Verwundeten zu transportieren. Vor Beginn des Transports sind der Verletzte und das Material auf Transportbereitschaft zu überprüfen:*

- *Ist der Atemweg frei bzw. ist die Atemwegssicherung gewährleistet?*
- *Sitzen die Verbände noch richtig?*
- *Ist der Verwundete vor Transportschäden sicher (Kopf, Extremitäten)?*
- *Achten Sie auf Wärmeerhalt*

Wer sich noch ausführlicher im Selbststudium mit Notfallmedizin beschäftigen möchte, dem sei das Buch „Taktische Medizin" von Christian Neitzel und Karsten Ladehof empfohlen. Es beinhaltet u. a. ein eigenes Kapitel zur Notversorgung von Hunden. Ein kleiner Denkanstoß zu einer Übungsannahme: Sie sind alleine im Revier und trennen sich bei der Nutzung des Beils einen Finger ab. Oder Sie rutschen beim Aufbrechen des Wildes oder beim Schnitzen mit dem Messer ab und schneiden sich tief in Hand oder Bein. Versuchen Sie einmal, sich mit nur einer Hand einen Druckverband an der anderen Hand anzulegen ...

PRAKTISCHE ERSTE-HILFE-TIPPS

Rettungsdecke im Gewehrschaft

Manche Jagdwaffen verfügen über einen hohlen Schaft (z. B. Blaser R 93 Offroad oder SSG 69 mit Kunststoffschaft, Remington R 25), der durch Abnahme der Kolbenkappe zugängig wird. Hier könnte man eine Rettungsdecke unterbringen, die dann im Ereignisfall schnell zur Hand ist. Eine Rettungsdecke kann auch unter einer aufsteckbaren, ledernen Schaftkappe gut und schnell zugriffsbereit verstaut werden.

Ein hohler Schaft (z. B. bei meiner R 25) bietet Platz für eine Rettungsdecke (oder ein Waffenreinigungsgerät oder Reservemunition oder ...)

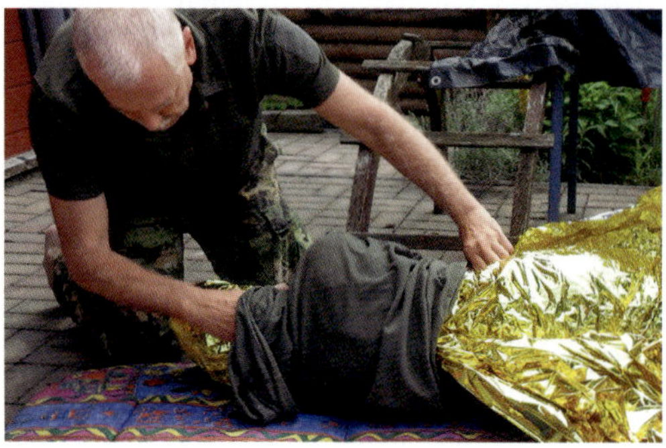

Durch den Knoten in einer Ecke der Rettungsdecke entsteht eine „Kapuze". Anlegen der Folie unter der Jacke. Nachdem der Verletzte in die Rettungsfolie eingewickelt ist, wird die Jacke wieder geschlossen.

Anlegen der Rettungsfolie unter der Kleidung

Nachdem die Rettungsfolie leicht ist, fängt sie natürlich sofort den kleinsten Windhauch und man läuft immer Gefahr, dass sie weggeweht wird. Ist die erste Kontrolle nach weiteren Verletzungen abgeschlossen, entfalten Sie einfach die Folie und machen an einer Ecke einen Knoten hinein. Mit dem Knoten kreieren Sie eine „Kapuze“, die Sie unter der Jagdjacke des Verletzten vom Becken beginnend am Rücken entlang Richtung Kopf führen und über den Kopf legen. Anschließend schlagen Sie den Verletzten einfach in die Folie ein und schließen die Jacke. Da die Folie selbst keine isolierenden Eigenschaften besitzt und lediglich durch Wärmereflektion wirkt, lassen Sie eine Luftschicht zwischen Haut und Rettungsdecke und vermeiden Sie das hautenge Anliegen der Folie am Körper. Unterkühlungs-Problem reduziert/beseitigt!

Akupressur – die drei Druckpunkte zur Schmerzbekämpfung

Plötzliche heftige Schmerzen können jederzeit auftreten – auch auf dem Hochsitz. Für Kopf-, Nacken- oder Schulterschmerzen, Nackenverspannungen oder Schmerzen im unteren Rücken gibt es drei Körperpunkte, die Sie mit Akupressur aktivieren können. Diese Tipps kommen aus der klassischen chinesischen Medizin.

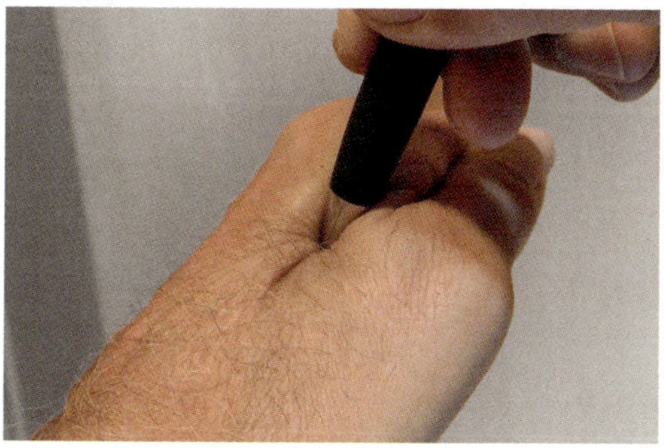

1. Zwischen Daumen und Zeigefinger. Legen Sie Daumen und Zeigefinger der Hand zusammen und drücken Sie (am besten mit dem Daumen der anderen Hand) an der höchsten Stelle der Hautwölbung auf der Zeigefingerseite durch die Muskulatur. Sie fühlen beim Druck die Muskulatur und darunter den Knochen und entdecken dann beim Suchen einen Punkt, der Schmerzreize setzt. Halten Sie den Druck ca. 30 Sekunden und atmen Sie mit langsamer Frequenz bewusst durch die Nase. Wechseln Sie die Seite und wiederholen Sie die Prozedur.

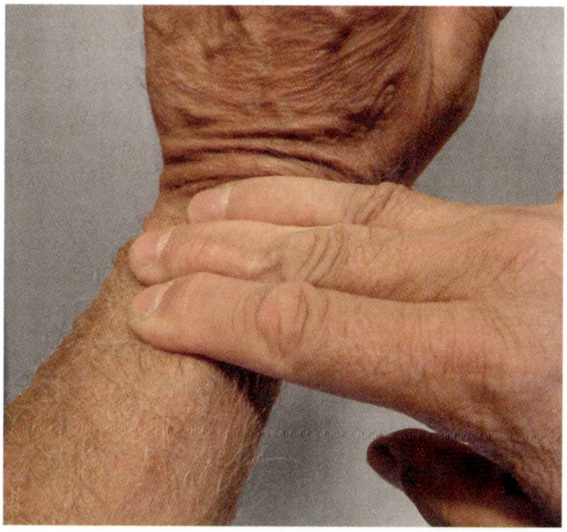

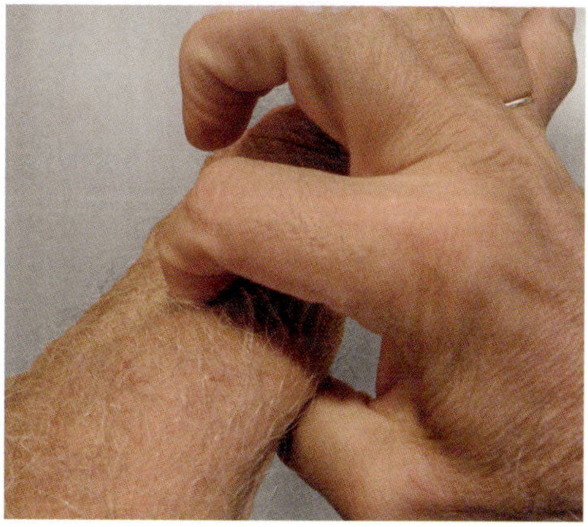

2. Handgelenk. Beugen Sie Ihr Handgelenk nach oben und legen Sie Ring-, Mittel- und Zeigefinger von der Handgelenksfalte Richtung Ellbogen auf den Unterarm. Dort, wo der Zeigefinger endet, befindet sich mittig auf der Oberseite des Unterarms ein Punkt, den Sie mit dem „Zangengriff" pressen. Hierzu drücken Sie genau gegenüberliegend auf der Unterseite des Unterarms mit dem Daumen, auf der Oberseite des Unterarms mit Zeige- und Mittelfinger auf die Punkte genau zwischen Elle und Speiche. Halten Sie ca. 30–45 Sekunden. Wiederholen Sie das am anderen Arm. Atmen Sie langsam und tief durch die Nase. Gegen Nackenverspannungen, Kopfschmerzen.

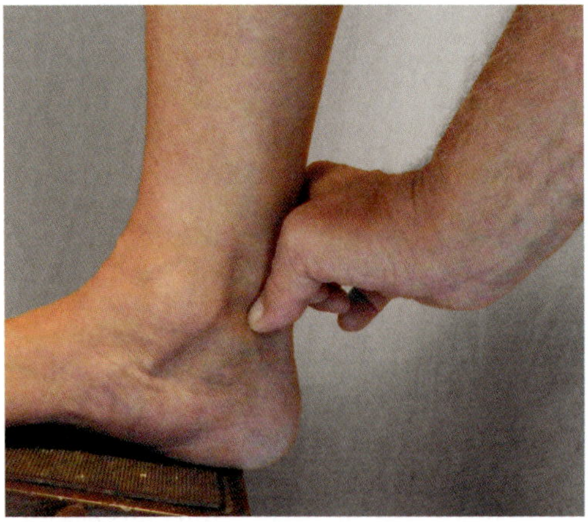

3. Der dritte Druckpunkt befindet sich am Fuß. Nehmen Sie die Strecke vom äußeren Fußknöchel zur Achillessehne und drücken Sie mit dem Zangengriff genau auf der Hälfte der Strecke von beiden Seiten an der Achillessehne vorbei und halten Sie den Druck ca. 30 Sekunden. Gegen Schmerzen im unteren Rücken, langsam und tief atmen.

Zecken

Lebensgefährlich oder eher nicht? Auf jeden Fall ein Gefahrenherd: Die Gefährdung durch Zecken hinsichtlich FSME, der Hirnhautentzündung, ist besonders in Süddeutschland gegeben. Ob Sie sich gegen FSME impfen lassen, überlasse ich Ihnen. Gegen Borreliose, die auch von Zecken übertragen wird, gibt es jedoch keine Impfung – obwohl die Zecke zur Übertragung von Borreliose mindestens 10–12 Stunden am Körper sein muss. Vorher ist eine Übertragung eigentlich nicht möglich.

Nachdem vorbeugen besser als heilen ist, sollte man den Zeckenbiss überhaupt erst vermeiden. Der Hauptschutz ist immer die Kleidung. Langärmeliges Hemd, lange Hosen, enge Knöchelbünde, Kopfbedeckung. Auf dem Ansitz lege ich immer die Hände auf die Oberschenkel. Die an den Hosenbeinen nach oben krabbelnden Zecken bemerke ich auf der Haut der Hände und kann die lästigen Plagen knacken, bevor sie sich festbeißen. Mückenschutzmittel helfen meiner Erfahrung nach nur etwa die Hälfte der Zeit, wie sie für Mücken angegeben ist. Zum Entfernen der Zecken benutzen Sie bitte die im Handel erhältlichen Zeckenzangen oder Karten. Unterlassen Sie bitte das Aufträufeln von Öl auf die Zecke, da diese sich bei Abschneiden der Luftzufuhr in die Einstichstelle übergibt. Somit führen Sie noch eine zusätzliche Vermehrung der Keimlast in die Einstichstelle herbei.

Apropos Impfung: Überprüfen Sie bitte, wie lange Ihre Tetanus- und Tollwut-Impfungen schon her sind und lassen diese bei Bedarf auffrischen.

Hepatitis E

Sollten Sie nach dem Genuss von Wildfleisch plötzlich eine Gelbsucht entwickeln, könnte Hepatitis E daran schuld sein. Suchen Sie umgehend einen Arzt auf und lassen Sie sich auf „Hep E" testen. HEV Genotypen 3 und 4 werden durch den Genuss von Wildfleisch übertragen. Die Inkubationszeit beträgt 15–60 Tage, eine Impfung ist nicht möglich.

ERSTE HILFE FÜR DEN HUND

Verletzungsgefahr auf Drück- und Stöberjagden

Im Herbst sind im ganzen Land Drückjagden im Gange. Als Hundeführer ist man sich auch der Gefahr bewusst, welcher der eigene Hund besonders bei Drückjagden ausgesetzt ist – aber nur die wenigsten Jäger haben ein Erste-Hilfe-Set (für sich und/oder den Hund) dabei. Vor einer Drückjagd wäre es sinnvoll, sich über nahegelegene Tierarztpraxen oder Tierkliniken zu informieren. In der Regel kümmert sich der Jagdleiter um die Verfügbarkeit/Erreichbarkeit von Veterinären.

Erste-Hilfe-Päckchen für den Hund

Hier die Empfehlung eines jagenden Veterinärs, was ein Erste-Hilfe-Päckchen für den Hund beinhalten sollte:

10 × 10 cm Wundkompressen, 500 ml Spülflüssigkeit aus 0,9 %ige Kochsalzlösung, Kohäsive Binden (Allflex, Coflex), Mullbinden, Rettungsdecke, Arterienklemme, Strick, Einweghandschuhe, Verbandsschere, Verbandwatte zum Polstern, Leukoplast oder Tape zum Fixieren des Verbandes, Einwegspritze zum Spülen (20 ml), wer will, noch ein Fieberthermometer und Sam-Splint Schiene (formbare Extremitätenschiene mit Aluminiumkern).

Die **physiologischen Werte** eines Hundes sind denen eines Menschen relativ ähnlich: Körpertemperatur 37,5 °C bis 38,5 °C, Atemfrequenz 15–30/Min., Puls 60–120/Min., die **Kapillare Füllzeit (KFZ)** liegt unter 2 Sekunden.

Grundlegende Erste-Hilfe-Maßnahmen beim Hund

Trifft man auf einen offensichtlich schwerer verletzten Hund, bewahren Sie die Ruhe und bleiben Sie gelassen. Der Hund merkt, wenn Sie aufgeregt sind und reagiert auf Ihre Unsicherheit! Nähern Sie sich dem Hund von vorne, sprechen Sie ihn mit ruhiger und nicht zu lauter Stimme an, damit er nicht erschrickt. Lassen Sie ihn an Ihrer Hand schnüffeln.

1. Jetzt steht die Eigensicherung des Jägers an erster Stelle! Aus Angst, Schmerz oder aus anderen Gründen könnte der Hund um sich beißen und den Jäger verletzen. Legen Sie vorsichtshalber dem Tier eine **Fangschleuder** an (Mullbinde über dem Fang verknoten, unter dem Unterkiefer

kreuzen und dann unterhalb der Behänge zum Nacken führen. Dort mit einer festen Schleife fixieren), ohne die Atmung zu unterbinden.

2. Ziehen Sie Erste-Hilfe-Handschuhe an. Jetzt sollte die **kapillare Füllzeit (KFZ)** überprüft werden (zeigt die Kreislaufstabilität des Hundes an). Wenn sie unter zwei Sekunden liegt, ist alles in Ordnung. Wenn nicht, deutet das auf einen instabilen Kreislauf hin und das Tier sollte schnellstmöglich zum Tierarzt! Zum Prüfen der KFZ eignet sich die Maulschleimhaut des Hundes. Drücken Sie mit dem Finger auf die Schleimhaut und lassen wieder los. Innerhalb von zwei Sekunden muss sich die Farbe der Schleimhaut an die umgebende Schleimhaut angeglichen haben.
3. Dann, v. a. in der kalten Jahreszeit, folgt die **Erhaltung der Körperwärme**. Jeder Körper kühlt bei einer Verletzung und bei einem schlechten Kreislauf schnell aus. Das Absinken der Körpertemperatur (Hypotonie) kann alleine schon zum Tode führen. Wickeln Sie den Hund in eine Jacke oder Decke ein oder nutzen Sie eine Rettungsdecke (silberne Seite zum Körper).
4. **Offene Wunden** sind beim Einsatz des Hundes sicherlich die häufigsten Verletzungen. Risse, Schnitte, Abschürfungen, Bisswunden, Pfählungsverletzungen ... so vielfältig können die Verletzungen sein. Im Jagdeinsatz ist damit zu rechnen, dass die Wunde verschmutzt ist. Somit ist in erster Linie die **Wunde zu säubern**. Verwenden Sie bitte kein Jod (eine anschließende fachgerechte Wundbeurteilung durch einen Veterinär ist dann u. a. aufgrund der Verfärbung nur schwer möglich) oder alkoholhaltige Desinfektionsmittel (Reizungen des Gewebes und Schmerzen)! Das Säubern hat den Zweck, dass die Keimzahl in der Wunde stark reduziert wird, um Sekundärinfektionen zu verringern. Reines Trinkwasser eignet sich zur Not, es hat in der Regel keine negativen Einflüsse auf die spätere Wundheilung. Besser wäre natürlich sterile Kochsalzlösung (0,9 %).
5. Riss- und Schnittwunden nur spülen, wenn **keine Hohlräume oder Taschenbildung** vorliegt, sonst werden die Keime in tiefere Schichten gespült (Infektionsgefahr)!
6. Die Wunde nach der Säuberung **steril abdecken**, stark blutende Wunden sind mit einem Druckverband zu versorgen.
7. Sollte Ihr Hund eine **Bissverletzung** erleiden (kann auch im Vorfeld der Jagd durch einen anderen Hund geschehen), sollte er auf jeden Fall zum **Tierarzt** gebracht werden. Bissverletzungen sind hoch infektiös und die Verletzungen tieferer Gewebeschichten müssen oft chirurgisch versorgt werden. Hier ist ein Zeitfenster von höchstens 6 Stunden anzustreben, weil ansonsten eine Wunderneuerung erforderlich wird. Klammern oder nähen Sie nie Bissverletzungen! Das sind tiefe Verletzungen, die von innen heraus heilen müssen. Sollte in einer tiefen Bissverletzung Dreck sein und Sie machen oben zu, kann der Körper diesen Schmutz nicht absondern und nach außen befördern.
8. Es kann immer vorkommen, dass sich ein Hund einen Fremdkörper einsticht. Egal, wo ein Ast oder Stöckchen auch den Hund verletzt hat – **lassen Sie den Fremdkörper stecken!** Er tamponiert die Wunde und verhindert massivere Blutungen. Auch im Augapfel steckende Dornen lassen Sie am besten, wo sie sind. Fixie-

ren Sie den Fremdkörper. Fremdkörper im Auge zum Beispiel mit dem Boden eines Trinkbechers, sodass der Hund nicht am Auge kratzen kann.

9. Bei **Perforationswunden in Brust- und Bauchhöhle** ist besondere Vorsicht geboten. Decken Sie die **Verletzung keimfrei und wenn möglich luftdicht** (mit Frischhaltefolie mehrfach umwickeln, mit Tape zukleben, ...!) ab und verhindern Sie das Eindringen von weiteren Fremdkörpern. Wird nach Umwickeln des Brustkorbes der Hund kreislaufmäßig instabiler, entfernen Sie sofort die Folie wieder! Der Verband sitzt dann zu streng! Wickeln Sie anschließend etwas lockerer.
10. Wird die Brusthöhle eröffnet, kollabiert auf der betroffenen Seite aufgrund der einströmenden Luft der Lungenflügel. Solche Verletzungen müssen zwingend immer von **Tierarzt** behandelt werden. Zumindest sollte der Hund zum Ausschluss eines Pneumothorax geröntgt werden.
11. **Perforationen der Bauchhöhle** sehen meist sehr schlimm aus, sind aber durchaus gut zu behandeln. Bei **austretenden Organen** (besonders Darm) dürfen Sie **auf keinen Fall einen Verband** anlegen! Es besteht die Gefahr, dass Sie die Blutzufuhr des betroffenen Organs verringern und das Gewebe abstirbt. Schieben Sie den Darm auch nicht in die Bauchhöhle zurück. Das führt meistens zur Kontamination der gesamten Bauchhöhle. Waschen Sie den Schmutz weg und decken Sie alles mit einer Kompresse steril ab. Sofort zum Tierarzt!
12. Der schlimmste Fall wäre eine **Schussverletzung**! Jeder Jäger weiß aus eigener Erfahrung, was ein Schuss bei Reh oder Sau anrichtet. Packen Sie den Hund sofort bei notdürftigster Versorgung ins Auto und bringen ihn in die nächste Tierklinik! Eine Schussverletzung bringen Sie im Jagdrevier nicht unter Kontrolle!
13. **Verrenkungen** sind ein heikles Thema, da man keine „sichtbare" Verwundung feststellen kann. Sie sind sehr schmerzhaft. Die Extremität ist aber sichtbar aus der Gelenkpfanne geglitten. Sie treten auf Bewegungsjagden überwiegend dann auf, wenn ein überjagender Hund von einem Auto angefahren wurde, eine starke Sau den Hund überrannt oder geschlagen hat. Bei einer Verrenkung wird der Gelenk- und Bandapparat sehr stark beansprucht und sollte unter Röntgenkontrolle beim **Tierarzt** wieder eingerenkt werden. Lassen Sie den Hund auf keinen Fall mehr laufen und versuchen Sie nicht, das Gelenk selbst einzurenken.
14. Bei den Brüchen unterscheidet man **geschlossene und offene Brüche**. Beim offenen Bruch durchstoßen die Knochen die Haut, die Gefahr einer schweren Infektion ist somit gegeben. Grundsätzlich ist unterhalb von Knie- oder Ellbogengelenk eine **Schiene** anzulegen. Bei geschlossenen Brüchen können die spitzen und scharkantigen Knochenenden beim Transport so die Haut nicht durchstoßen, auf jeden Fall muss die Extremität immobilisiert werden.
15. Einen Punkt sollte der Hundeführer aber noch beachten. Genau wie der Mensch kann der Hund bei großer körperlicher Belastung und kühlen bis kalten Außentemperaturen **unterzuckern (Hypoglykämie).** Das tritt überwiegend bei Junghunden auf, kann aber auch „ältere Semester" betreffen. Erste Anzeichen wären ein unsicherer Gang, Schwäche, auch Wesensveränderungen können auftre-

ten. Es kann aber auch zu Krampfanfällen kommen. Im Fall einer Unterzuckerung muss dem Hund so schnell wie möglich **leicht verdaulicher Zucker** gereicht werden. Zuckerlösungen empfehlen sich nicht, da der Hund in einem apathischen Zustand dazu neigt, sich zu verschlucken (in die Lunge eingeatmete Flüssigkeiten können eine Lungenentzündung verursachen). Besser wäre es, zähflüssigen **Honig** aus der Tube zu reichen oder ein Stück **Traubenzucker** unter die Lefzen zu legen.

Transport des verletzten Hundes

Wenn nach einer Verletzung des Hundes die Erste-Hilfe-Maßnahmen durchgeführt wurden, steht nun der Transport des Vierläufers zum Auto an. Im unwegsamen Gelände transportiert man den Hund am besten zu zweit, indem man ihn auf eine Jacke oder ein Bergetuch legt und trägt. Betten Sie den Hund im Auto möglichst bequem und fahren Sie umsichtig. Es hilft niemandem, wenn Sie selbst dann noch einen Unfall verursachen oder mit einem Affenzahn über schlaglochstrotzende Waldwege fegen. Durch rücksichtsloses Fahren können Sie Ihren Hund noch zusätzlich verletzen.

Wenn Sie hier noch **weitere oder auch praktische Fortbildung** wünschen, fragen Sie einfach Ihren Tierarzt, ob er nicht Sie und Ihre Mitjäger einmal „an die Hand nimmt“. Viele Jagdverbände bieten ab und zu einmal solche Lehrgänge an.

DAS MOBILTELEFON IM JAGDLICHEN EINSATZ

Was mit dem Mobiltelefon, kurz Handy, als tragbarer Notrufstation vor über 30 Jahren begann, ist mit der Weiterentwicklung zum Smartphone gewissermaßen zum zweiten Büro geworden. Viele Ansitze werden nebenbei mit dem Beantworten von E-Mails oder WhatsApp-Nachrichten verkürzt. Seit ein paar Jahren gibt es aber auch Jagd-Apps zum Download, die versprechen, das Smartphone zum nützlichen Jagdhelfer zu machen.

PRO & CONTRA

Wie so vieles hat auch die Nutzung des Handys im jagdlichen Bereich Vor- und Nachteile. So bietet die Digitalisierung einerseits massive Chancen. Sei es die Möglichkeit, dem Gedächtnis hinsichtlich Zweifeln bezüglich des Ansprechens einer Wildart auf die Sprünge zu helfen oder mal schnell die Jagdzeitenverordnung nachzulesen. Die ständige Verfügbarkeit der Foto- und Filmaufzeichnung hingegen geht aber manchmal nach hinten los, wenn missglückte Jagdsituationen (von wem auch immer) abgelichtet und ins Netz gestellt werden. Das löst regelmäßig sogenannte Shitstorms aus und schadet dem Ansehen der Jägerschaft massiv.

Natürlich gibt es von Seiten der alteingesessenen Traditionalisten auch Gegenwind. Meine Meinung ist, dass ich mich dem Fortschritt auf Dauer nicht verschließen kann, so sehr mir die Tradition auch am Herzen liegt. Genau aus diesem Grund habe ich mich auf die Suche nach Jagd-Apps gemacht, die eventuell das jagdliche Leben erleichtern können. Angefangen bei Wetter-Apps bis hin zum digitalen Jagdtagebuch – einfacher wird das Jagen dadurch nicht, aber meiner Meinung nach praktischer.

Jagd-Apps

Mein Fazit möchte ich bereits hier vorwegnehmen: Keine der momentan verfügbaren Jagd-Apps wird die Jagd erfolgreicher machen, aber die Organisation des Reviers erleichtern. **Jagdtagebuch, Streckenliste, Hochsitz- und Fütterungsmanagement usw.** lassen sich digital auf dem IPad oder Handy verwalten. Bei Bedarf kann man Jagdgästen anhand der Revierkarte Besonderheiten erklären und so evtl. Fehlabschüsse vermeiden. So lassen sich z. B. im Vorfeld einer Drückjagd die Schussbereiche auf der Revierkarte markieren und den Gastjägern vorab schon einmal zeigen bzw. auch auf deren Handy schicken. So hat niemand mehr eine Ausrede ...

Welche Jagd-Apps gibt es jetzt?

Ich habe mir über die letzten Jahre einige heruntergeladen und ausprobiert, um etwas mitreden zu können. Teilweise bin ich ziemlich abgeschweift, bitte sehen Sie mir das nach. Ich habe mit den kostenlosen Apps angefangen und bin dann zu den Abo-Anbietern gelangt. Da jeder App-Nutzer andere Bedürfnisse hat, werde ich keine abschließende Empfehlung geben können. Ich habe bei folgenden Apps reingeschaut – hier eine lose Aufzählung:

„Gewitter Pro“, „Myco Free“, „Naturblick“, „Ungräser“, „Mapmeasure“, „Kompass“, „Agrar Wetter“, „Tracker“ (eigentlich Hundeortung), „Regenradar“, „Sonne und Mond 3 D“, „Radius on Map“, „Zeiss Hunting App“

Nachfolgend die kostenlos downloadbaren Apps, die optional auch Abos anbieten. Bevor Sie eine App downloaden, kontrollieren Sie bitte selbst nochmal, ob nicht in der Zwischenzeit doch Gebühren anfallen.

„Jagdwetter“, „Revierwelt“, „Jagdgefährte“, „HuntersMapp“, „Deermapper“, „Jagdbegleiter“ (hier fällt eine Einmalgebühr an, die Freischaltung von diversen Anwendungen kostet nochmal extra).

Was genau Sie benötigen und welche App gerade für Sie und Ihr Revier sinnvoll ist, müssen Sie selbst herausfinden. Die abschließende Entscheidung kann ich Ihnen leider nicht abnehmen.

Was sollte eine Jagd-App bieten?
Folgendes wäre meiner Ansicht nach hilfreich; die Aufzählung erhebt keinen Anspruch auf Vollständigkeit:

- Reviermanagement (Grenzen, Ansitze ...)
- Wetteranzeige
- Jagdstrecke/Management der Streckenliste
- Sicherheitstipps für Gesellschaftsjagden
- Möglichkeit der digitalen Überlassungserklärung von Jagdwaffen für Gäste
- Wissensvermittlung
- Plattform für Erfahrungsaustausch innerhalb der Jagdgruppe ...

PRAKTISCHE TIPPS FÜR DIE HANDY-NUTZUNG

Revierkarte mit Google Maps erstellen

Diese Art der Anlage der Revierkarte empfinde ich als relativ einfach. Wenn Sie Google Maps auf dem Handy installiert haben, können Sie beim Abgehen Ihrer Ansitzeinrichtungen, Fütterungen, Fallenstandorte, Kirrungen usw. deren Standorte durch langes Drücken auf den Bildschirm des Smartphones die exakten GPS-Koordinaten markieren. Den Standort können Sie unten rechts speichern, indem Sie vorher oben auf den Button „Neue Liste anlegen“ drücken. Benennen Sie diese Liste zum Beispiel mit „Revierkarte“, gehen auf „Erstellen“ und der Punkt ist gespeichert. Sobald das Handy das kapiert hat, gehen Sie auf den gewählten Punkt, benennen ihn („Label“) und gehen oben rechts auf „Fertig“.

Die Daten aus dem Handy können Sie zu Hause auf den PC überspielen und die Revierkarte dann im Vorfeld von Gesellschaftsjagden ausdrucken. Gehen Sie am PC auf Google Maps, oben links auf die „3 Striche“, „Meine Orte“, „Karten“, „Karte erstellen“. Markieren Sie die Grenzen, benennen Sie die Karte und folgen Sie weiter den Anweisungen auf dem Bildschirm. Sie können die Farbe für Ihr Revier in den Grenzen etwas ändern, die Ebenen ändern usw.

Jetzt können Sie auf dem zweigeteilten Bildschirm die Orte aus Ihrem Handy auf die Revierkarte übernehmen. Wiederum oben links die „Drei Striche“, „Meine Orte“, Liste auswählen, Koordinaten markieren, kopieren und links einfügen. Das müssen Sie für jeden markierten Punkt machen. In der Revierkarte können Sie dann noch weitere Benennungen und Bezeichnungen durchführen. Speichern, fertig. Das Ganze dauerte bei mir zwei Stunden an einem verregneten Nachmittag – und ich bin noch in der analogen Welt groß geworden und definitiv kein Computer-Profi.

Kartenmaterial auch offline auf dem Mobiltelefon:

Sie können Ihr Smartphone auch offline als GPS-Gerät nutzen. Wenn Sie kein Netz haben oder die Netzabdeckung im Bereich, an dem Sie unterwegs sind, nicht optimal ist, können Sie sich vorab Kartenmaterial auf Ihr Handy herunterladen.

1. Google Maps: Öffnen Sie Google Maps, klicken das Profilbild an und scrollen Sie etwas nach unten. Hier finden Sie „Offlinekarten". Tippen Sie auf „Eigene Karten auswählen". Suchen Sie sich Ihren relevanten Kartenausschnitt (mit den Fingern zoomen und den Kartenausschnitt umrahmen), herunterladen und schon können Sie mit dem Material offline arbeiten. Um wieder an die abgespeicherte Karte zu kommen, gehen Sie den gleichen Weg wie beschrieben: Google Maps öffnen, auf Profilbild gehen, suchen Sie „Offlinekarten" und wählen Sie die entsprechende Karte aus. Jetzt können Sie Zielpunkte setzen, Routen vorgeben usw. Allerdings gibt es in der Offlineversion keine aktuellen Meldungen wie Staus, Verkehrsunfälle etc. Auch die Detailtreue ist nicht optimal, da meist nur befestigte Straßen angezeigt werden und keine Waldwege.
2. Organic Map: Was Google Maps nicht schafft, kann Organic Map – Detailreichtum bis hin zu Waldwegen. Auf dieser Plattform können Sie Entfernungen messen, Landmarken setzen, es gibt Hinweise auf Sehenswürdigkeiten und vieles mehr. Mein Favorit!
3. Andere Apps wären z. B. OSMand oder Komoot.

Entfernungsermittlung auf der Jagd

Ich nutze seit mittlerweile über 20 Jahren einen Laser-Entfernungsmesser. Er ist ständiger Begleiter in der Jackentasche bzw. im Rucksack. Als Rückfallebene habe ich auch noch die ballistischen Absehen in Spektiv oder Zielfernrohr zur Entfernungsberechnung, was allerdings mit einer gewissen Fehlerquote behaftet ist. Wir Jäger haben aber noch eine weitere Möglichkeit, die Entfernung zum Ziel zu ermitteln: das Smartphone! Sie können mit jedem Smartphone mithilfe von Google Maps die Entfernungen bestimmen, sofern Sie Ihre Revierkarte auf Google Maps gespeichert haben – noch dazu auf jeden Fall besser als mit dem schlichten Schätzen in unbekanntem Gelände, denn das geht in der Regel schief!

Laden Sie im AppStore Google Maps herunter, rufen Sie Ihre „Revierkarte" auf, bestimmen Sie Ihren Standort und stellen Sie im Programm „Entfernungsmesser" ein. Mit dem Finger ziehen Sie dann eine Linie von Ihrem Standort zum Ziel, Fertig! Die Entfernung wird unten links angezeigt.

Handydisplay dimmen

Das Handy ist aus dem Jagdalltag fast nicht mehr wegzudenken. Eine kurze WhatsApp an den Mitjäger, ein Blick auf die Uhrzeit, ein kurzer Check der Wettervorhersage oder des Mondkalenders ... Schon ist beim Nachtansitz die Nachtsehfähigkeit des Auges beeinträchtigt und der Blick durch Fernglas oder Zielfernrohr ist getrübt. Gehen Sie auf „Einstellungen – Anzeige & Helligkeit – Night Shift" und wählen Sie Ihren Favoriten aus.

Feuchtigkeitsschutz

Feuchtigkeit und Nässe ist bis heute nicht gut für Handy & Co. Natürlich gibt es spezielle Outdoor-Handys und -Handyhüllen, aber

In einem einfachen Plastikbeutel mit Zip-Verschluss ist das Handy vor Nässe geschützt.

Mein Kartenleser fürs Handy: Auslesen der Wildkamera vor Ort und unmittelbarer Versand der wichtigen Bilder an die Kameraden ist so möglich.

die Billigversion stellt wieder einmal eine Plastiktüte mit Zip-Verschluss dar. Sie können das Handy auch durch die Tüte hindurch bedienen und staubdicht ist sie auch noch ...

Was fürs Mobiltelefon hilft, gilt auch genauso für das bei der Treibjagd mitgeführte und genutzte Handfunkgerät. Auch dieses ist in einer Plastiktüte wasserdicht geschützt.

Wildkamera einfacher auslesen

Die Bildschirme in Wildkameras sind gerade einmal ausreichend groß und ich habe mich immer geärgert, wenn ich auf den Bildern Details nicht richtig erkennen konnte. Das mag auch dem Alter geschuldet sein, wenn die Sehkraft nachlässt. Meine Tochter riet mir, einen SD-Kartenleser mit Mini-USB-Anschluss zu besorgen. Das gute Stück kostet nicht mal 10 € und ermöglicht mir, die SD-Karte vor Ort in mein Handy auszulesen (siehe Foto oben). Per Kabel kommen die Fotos aufs IPad und können „groß“ ausgewertet werden. So kann ich auch gleich das passende Foto im Handy suchen und in der WhatsApp-Gruppe an die Mitjäger schicken.

WERKZEUG

MESSER

In Deutschland ist zum Zeitpunkt der Fertigstellung dieses Buches das Waffenrecht erneut verschärft worden. Das Führverbot von Messern für Fischer und Jäger ist vom Tisch, diese Bereiche fallen unter den „sozialadäquaten Zweck". Zur Diskussion stand allerdingsunter anderem die Begrenzung der Klingenlänge auf 6 cm. Wie will man mit so einem Schnackerl eine Salami schneiden oder einen Kanten Brot vom Laib trennen? Wie auch nur einen dünnen Ast abschneiden?

Wenn man zu einer Zeit aufgewachsen ist und bereits „Bushcraft" betrieben hat, als es diesen Begriff noch gar nicht gab, waren Militärmesser die einzig günstige Alternative für „Outdoormesser".

Das Messer muss
- gut in der Hand liegen,
- je nach Einsatzzweck eine Parierstange aufweisen,
- schnitthaltig sein,
- sich aber trotzdem leicht nachschärfen lassen,
- die Klingendicke sollte ca. 4–5 mm betragen und
- die Klingenlänge muss zum Aufbrechen nicht mehr als 8–10 cm betragen (damit kommt man beim Zerwirken gut zurecht und kann sich an alles mitteleuropäische Wild wagen).

Jagd- und Outdoormesser

Mit das wichtigste Werkzeug des Jägers, aber auch für Outdoor-Fans, stellt ein brauchbares Messer dar. Über kaum ein Thema wird mehr diskutiert als über das „eine" Jagdmesser. Für jeden Zweck gibt es etwas – und das ist auch gut so. Wenn es um das Abfangen eines Schwarzkittels geht, ist man mit einem Taschenmesser definitiv unterbewaffnet, während man beim Abbalgen eines Fuchses sicherlich keinen Saufänger verwenden wird. Sie werden Ihre Erfahrungen selbst machen müssen.

Zum **Abnicken** verwende ich gerne den alten Grabendolch meines Vaters, während zum **Abfangen** von Schwarzwild nach wie vor das Seitengewehr, der Saufänger oder die Saufeder genutzt wird. Abschließend kann ich auch nur auf den kleinsten Nenner gehen: Das beste Messer ist das, welches ich im Augenblick gerade dabeihabe!

Messer schärfen

Besitzen Sie einen Hand-Bandschleifer? Dann werfen Sie ein **glatt gewordenes Schleifband** nicht weg. Das blanke Trägermaterial eignet sich, um Messerklingen abzuziehen und wieder zu alter Schärfe zu bringen. Sie können das glatte Schleifband aber auch mit **Leder** bekleben und Ihre Messer so auf Leder abziehen.

Eine andere Möglichkeit besteht darin, dass Sie eine **runde Sperrholzscheibe** mittig durchbohren und mit einer Achse (Schlossschraube, Beilagscheiben und Muttern zur Sicherung) versehen. Bekleben Sie nun die Scheibe mit **Leder** und treiben Sie die Scheibe mit einer **Bohrmaschine mit niedriger Geschwindigkeit** an. Wenn Sie dann noch Poliermittel oder Polierpaste auf dem Leder verwenden, wird das Messer scharf wie ein Rasiermesser. Das funktioniert übrigens auch mit mehreren Lagen stabilen Kartons,

Streicher bzw. Abziehstein-Alternative: Messerschneide über den Rücken eines anderen Messers oder über den nicht glasierten Rand einer Keramiktasse oder eines Tellers ziehen.

die Sie zurechtschneiden und aufeinanderlegen und zusammenkleben.

Das **Abziehen mit Ölsteinen oder klassischen Abziehsteinen** – mit oder ohne Einspannvorrichtung – sei nur der Vollständigkeit halber erwähnt. Für den entsprechenden Stein sollten Sie sich aber ein Auflagebrett herstellen. Wenn Sie mit einem Wasserstein auf dem Waschbecken arbeiten, sollten Sie zum Beispiel ein Brett verwenden, das gut 10 cm länger ist als das Waschbecken breit. Auf der Unterseite schrauben Sie entsprechend der Waschbeckengröße vorne und hinten jeweils eine Leiste an, die dem Brett über dem Waschbecken als Anschlag dient. So können Sie sich auf das Einhalten des Schneidwinkels beim Abziehen konzentrieren und müssen sich nicht ständig über den rutschenden Abziehstein ärgern.

Zur Not geht zum Abziehen auch der Messerrücken eines anderen Messers. Wie bei einem Streicher mehrmals über die Kante des Messerrückens gezogen, schneidet das Jagdmesser wieder wie vorher.

Auch die Seitenscheibe des Autos kann man notfalls zum Schärfen der Klinge zweckentfremden. Öffnen Sie die Seitenscheibe und nutzen Sie die abgerundete Oberseite der Seitenscheibe, indem Sie die Schneide über die Glaskante ziehen.

Ein anderer Trick besteht darin, die stumpfe Messerklinge über den Rand eines gestürzten Tellers oder einer auf den Kopf gestellten Keramiktasse zu ziehen. Der nicht von der Glasur bedeckte Rand wirkt wie ein grober Abziehstein.

Messerklinge beim Schärfen schützen

Wenn teure Jagdmesser geschärft werden müssen, empfiehlt es sich, diese mit Ausnahme der Schneide mit Klebeband abzukleben, um unschöne Kratzer auf der hochglanzpolierten Klinge zu vermeiden. Sollte einem der Abziehstein oder das Messer einmal entgleiten, schruppt man lediglich über das Tape und nicht über die polierte Klinge.

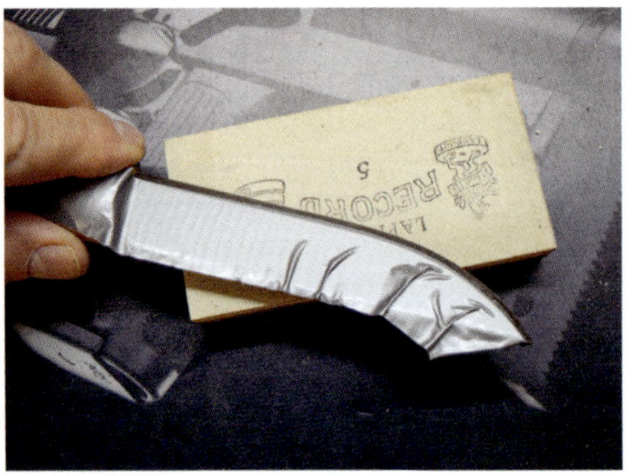

Abgeklebte Messerklinge verhindert unschöne Kratzer auf der polierten Klinge

Zu meinen Kinderzeiten war das Haus meiner Eltern noch mit alten **Keramik-Schmelzsicherungen** ausgestattet. Mein Vater sammelte die durchgebrannten Sicherungen zum Schärfen von Messern und Beilen. Er spannte dazu die kaputte Keramiksicherung in die Bohrmaschine ein, ließ sie mit moderater Geschwindigkeit laufen und schärfte an dieser rotierenden Keramik die Klingen.

Klappmesser bzw. Taschenmesser reinigen

Das Klingenfach des Taschenmessers ist bekannterweise sehr schwer zu reinigen. Nutzen Sie dazu einen Zahnstocher, den Sie mit etwas Watte umwickeln. Damit kommen Sie in den schmalen Spalt für die Messerklinge und die Beiklingen gut hinein. Zum Reinigen verwenden Sie bitte Nähmaschinenöl und kein Waffenöl. Im Waffenöl sind Zusätze, die Messing angreifen. Viele Gelenkstifte sind aus Messing gefertigt und würden durch das Waffenöl angegriffen. Wir wollen doch nicht, dass die Klinge wackelt.

Unscharfes Cuttermesser

Ich habe mich im Bekanntenkreis umgehört und war erstaunt, wie viele das nicht wissen: Handelsübliche Cuttermesser haben eine Abbrechvorrichtung, um die stumpf gewordene Klinge eines Cuttermessers einfach abbrechen zu können und so wieder eine scharfe Klinge zu haben. Dazu müssen Sie nicht umständlich mit einer Zange hantieren, denn der am Griffende befindliche Schlitz dient zum Abbrechen der stumpfen Klinge. Das abgebrochene Klingenteil nicht achtlos im Revier wegwerfen, sondern zu Hause entsorgen!

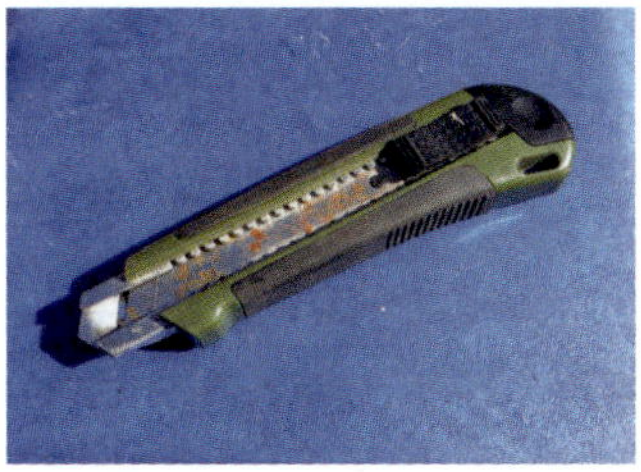

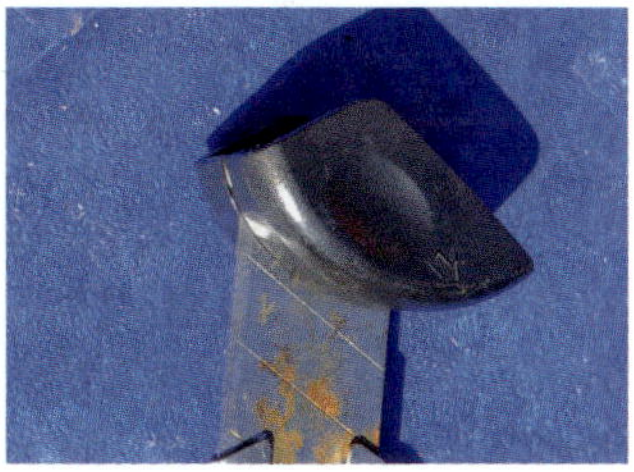

Der am abnehmbaren Griffende befindliche Schlitz dient zum Abbrechen der stumpfen Klinge.

PRAKTISCHE TIPPS ZUM WERKZEUG DES JÄGERS

Zum Basteln und Bauen verschiedener hilfreicher Gegenstände, die man für die Jagd oder für Arbeiten im Revier benötigt, ist ein gewisses Sortiment an Werkzeugen Voraussetzung. Auch hier werde ich keine bestimmten Marken, Geräte oder Material und dergleichen empfehlen. Es geht vielmehr darum, den Einsatz, die Pflege, die Aufbewahrung, den Transport usw. von Werkzeugen und anderen praktischen, bei der Jagd nützlichen „Helferlein“ zu optimieren.

Der kleine und große Werkzeugkasten für die Bastelwerkstatt

Ich unterteile den Werkzeugbedarf in zwei Kategorien. In den **kleinen Werkzeugkasten**, den man auch schnell mal irgendwohin tragen kann, kommt alles, was man schnell für eine Blitzreparatur braucht, also **Lattenhammer, Beil,** Sortiment verschiedener **Nägel und Schrauben, Akkuschrauber, Klappsäge, Bleistift, Meterstab, Beißzange** etc.

Der **große Werkzeugkasten** bzw. die große Kiste beinhaltet dann schon etwas mehr: **großes Nagel- und Schraubensortiment, Holzleim, Paracord, Bohrer** in verschiedenen Größen, **Stichsäge, Ratschensatz, Ring- und Maulschlüssel, Feilen, Wechselrichter** (transformiert 12 V Bordstrom auf 220 V zum Betreiben von Elektrogeräten), **Ersatzscharniere, Zangen, Stechbeitel, Beilagscheiben** etc. Der dient als mobile Werkstatt.

Rost im Werkzeugkasten?

Während meiner Lehrzeit war es üblich, im Werkzeugkasten bei all den Schraubenschlüsseln und Stemmeisen ein Stück Kreide mitzuführen. Die Kreide absorbierte die Luftfeuchtigkeit und reduzierte somit den Rostbefall des Werkzeugs.

Akkuschrauber/Bohrmaschine

Wenn Sie sich einen Akkuschrauber kaufen, achten Sie auf Qualität. Denn dieses Werkzeug muss neben dem Einschrauben von 200 mm langen Zimmererschrauben auch manchmal einen 35 cm langen Schlangenbohrer mit 12 mm Durchmesser durch 2 Balken drehen oder könnte mal vom Turm der Ansitzkanzel fallen. Ich habe die kostspielige Anschaffung meines hochwertigen Schraubers noch keine Sekunde bereut. Achten Sie darauf, dass Sie einen zusätzlichen Griff befestigen können. Oft haben die Schrauber so viel Kraft, dass Sie das Drehmoment nicht mit einer Hand halten können und sich das Handgelenk verdrehen.

Beschriftung von Steckschlüsselsatz bzw. Ratschensatz

Bei den meisten Verpackungen ist die jeweilige Nussgröße oder Größe der Bits etc. in den dafür vorgesehenen Halterungen eingegossen oder gestanzt. Meist aber in der Farbe der Kunststoffhalterung, sodass ein Finden der entsprechenden Werkzeuge oder Nussgrößen bei schlechtem Licht oder ohne Brille nicht auf Anhieb möglich ist. Markieren Sie die Halter der am häufigsten benötigten Teile mit auffälligem Nagellack oder Nitrofarbe.

Das Ganze funktioniert natürlich auch mit Ratschennüssen oder sogar mit Prägungen an Waffen. So wollte ich bei meiner R 25, die bereits ab Werk mit Mossy-Oak-Tarnmuster versehen war, die schwer lesbaren Beschriftungen hervorheben. Tupfen Sie mit einem Zahnstocher die entsprechende Farbe in die Vertiefung und wischen Sie die überschüssige Farbe mit saugfähigem Küchenpapier wieder ab. Die Farbe bleibt in der Vertiefung der Beschriftung.

Bügelsäge/Klappsäge: Schärfen von Sägeblättern

1. Eine stumpfe Säge können Sie auch leicht selbst feilen. Dazu brauchen Sie eigentlich nur eine Flach- und Dreieckfeile mit feinem Hieb. **Demontieren** Sie das Sägeblatt.
2. Spannen Sie das Sägeblatt zwischen zwei Holzleisten in den Schraubstock, sodass die Zähne vollständig zu sehen sind. Dabei sollten Sie das Blatt so **tief einspannen**, dass Sie Vibrationen vermeiden (Gehörprobe – wenn‘s quietscht, müssen Sie tiefer einspannen).
3. Bevor die Säge geschärft werden kann, müssen die Sägezähne abgerichtet werden. Das ist notwendig, weil die ursprünglich gerade Zahnreihe im Laufe des Gebrauchs uneben wird. Mit der Flachfeile feilen Sie waagerecht über die Zahnreihe hinweg, bis sich auf jeder Zahnspitze eine Fläche gebildet hat und alle Zähne wieder auf gleicher Höhe sind.
4. Anschließend können Sie die **Sägezähne** mit der **Dreikantfeile formen**. Dazu feilen Sie das Sägeblatt gleichmäßig durch, je-

den Zahn etwa drei- oder viermal. Zum Schluss sollten alle Zähne die gleiche Form haben.

5. Damit die Säge richtig arbeiten kann und nicht im Werkstück stecken bleibt, benötigt sie eine Schränkung, d. h. die Zähne müssen wechselseitig auseinandergebogen sein. Dadurch wird der Sägeschnitt geringfügig breiter als das Blatt und das Sägeblatt bleibt nicht klemmen. Die Schränkung sollte gleichmäßig nach rechts und links sein, damit die Säge auch gleichmäßig in beide Richtungen arbeitet. Benutzen Sie zum Schränken daher eine Schränkzange und vermeiden Sie es, einen ursprünglich rechts geschränkten Zahn nach links (bzw. umgekehrt) zu biegen, sonst kann es zu **Zahnbruch** kommen.
6. Für das Feilen benutzen Sie wiederum die Dreikantfeile. Feilen Sie bei jedem Zahn zuerst die Front, dann den Rücken; achten Sie darauf, nicht zu viel abzutragen und bei der Rückwärtsbewegung die Feile leicht anzuheben. Drei oder vier Feilbewegungen genügen meist.

Beil- bzw. Axtstiel genau einpassen

Es ist immer dasselbe ... man braucht die Axt oder das Beil und stellt fest, dass der Stahl locker auf dem Holzstiel sitzt. Der Keil hat sich gelöst oder der Stiel ist geschwunden, gebrochen oder was auch immer. Wenn Sie einen neuen Stiel einpassen, können Sie als doppelte Sicherung noch einen zusätzlichen Stahlwinkel mit einlegen und am Axtstiel befestigen. Dieser Winkel allein ersetzt natürlich nicht das profimäßige Einstielen. Im nachfolgend beschriebenen Fall war mir der Axtstiel gebrochen. Leider war der Reservestiel zu klein für das Axtauge. Der freie Platz rund um den Axtstiel wurde mit einem Metallwinkel und langen Hartholzkeilen gefüllt. Die langen Keile wurden mit wasserfestem Holzleim eingeleimt, ebenfalls der mittige Keil. Zum Abschluss wurde der Metallwinkel noch so zugefeilt, dass keine Kanten und Grate als Verletzungsrisiko überstanden.

Zu kleiner Stiel wird mithilfe von einem Metallwinkel und Hartholzkeilen im Axtauge eingepasst.

„Aus Alt mach Neu“: Verrostete Revieraxt mit neuem Stiel mit Schutzblech an der Vorderseite. Die Schneide wurde mit einem Schneidenschutz versehen.

Beil- bzw. Axt „aufpimpen“

Sie können die Vorderseite des Axtstieles durch das zusätzliche Anbringen eines Bleches, Hartleders oder durch Umwickeln mit Paracord schützen. So hält der Stiel länger, wenn Sie mal danebenschlagen sollten. Sie können den auf S. 163 gezeigten Metallwinkel auch gleich vorne als Stielschutz anbringen, was aber in der Regel aufgrund der Rundung des Auges wesentlich schwieriger wird. Die Bilder links zeigen eine verrostete, im Wald vergessene Revieraxt. Sie wurde mit einem neuen Stiel versehen, der an der Vorderseite mit einem Schutzblech ausgestattet und geölt wurde.

Keine rutschigen Griffe

Mit nassen oder schlammigen Händen ein Schlagwerkzeug wie zum Beispiel eine Axt oder ein Beil sicher zu gebrauchen, ist fast unmöglich. Versehen Sie deshalb die Stiele mit einer groben Fischhaut oder überziehen Sie den Griff mit Silikonpunkten oder einem Gummigriff. Auch eine Griffwicklung wie z. B. bei Tennisschlägern kann helfen.

Werkzeug auffällig lackieren

Es liegt in der Natur der Sache, dass bei der Arbeit im Revier Werkzeug und sonstige Ausrüstung auf dem Boden landen und letztendlich nur schwer wiedergefunden werden. Wenn entsprechendes Werkzeug nicht ohnehin schon auffällig eingefärbt ist, empfehle ich, das selbst zu machen. Lackieren Sie Ihr Werkzeug mit auffälligen Farben. So finden sich der Bergehaken, die Axt und die Schloss-Säge sogar im Herbstlaub wieder.

Mit auffälligen Farben lackiertes Werkzeug lässt sich im Revier leicht wiederfinden.

Größenangabe des passenden Werkzeugs an der Seite der Kettensäge. Was für den Inbus hilft, passt auch für Maulschlüssel oder die Stecknuss.

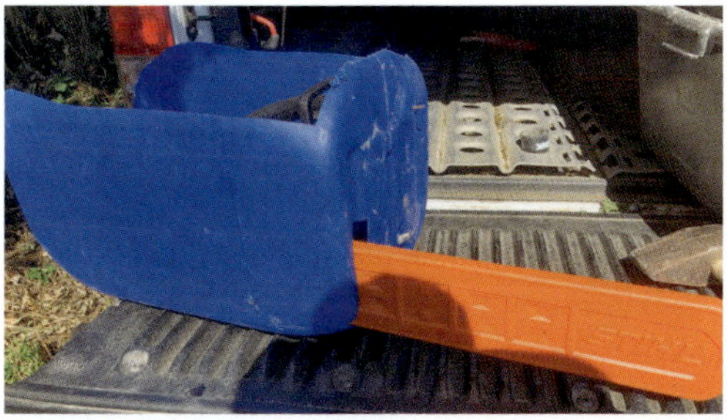

Vormals beschädigter Kanister, zur Kettensägen-Kiste umgearbeitet.

Kettensäge: Welche Werkzeuggröße wird benötigt?

Wenn Sie auf die Gehäuseseite der Kettensäge mit Permanentmarker die Größe der benötigten Inbus- und Schraubenschlüssel oder Stecknüsse schreiben, entfällt das Suchen und Ausprobieren der entsprechenden Werkzeuge. Am Kettenschutz kann man außerdem eine Tasche für das entsprechende Werkzeug anbringen, ähnlich der Ersatzkette. So ist das „Komplettset" immer beisammen (siehe S. 166 rechts oben).

Transportwanne für die Kettensäge

Natürlich kann man die Kettensäge auch im Revier nach getaner Arbeit reinigen. Staub, Sägespäne etc. bleiben im Wald, man kann mit sauberem Werkzeug nach Hause fahren. Ich warte mein Werkzeug aber lieber zu Hause an der Werkbank, weil hier Druckluft und passendes Werkzeug vorhanden ist. Um beim Transport das Auto vor lästiger Verschmutzung durch Kettenöl oder Sägemehl oder Sägespäne zu schützen, habe ich ein Transportbehältnis aus einem alten, beschädigten 20-Liter-Kanister gebastelt. In diesen aufgeschnittenen Kanister kann ich die Kettensäge mit aufgestecktem Schwertschutz stecken. Mit einem Expander gesichert, fällt nichts mehr um und verschmutzt den Kofferraum.

Bock zum Schärfen der Kettensäge

Suchen Sie sich einen Baumstamm mit ca. 35–50 cm Durchmesser und sägen Sie einen „L-Absatz" hinein (ca. 2/3 zu 1/3 des Querschnitts). In den senkrechten, höheren Teil des „L" (= 1/3) machen Sie mit der Kettensäge einen Schnitt. Dieser Schnitt dient der Aufnahme des Schwertes, auf der 2/3-Fläche liegt der Motor der Kettensäge auf. Das Arbeitsgerät ist darauf stabil und das Schwert fast unverrückbar fest fixiert. So kann man sich ganz auf das Feilen der Kette konzentrieren.

Kettensäge zum Schärfen in einem Baumstamm „fixieren"

Der oben gezeigten Notlösung ist natürlich eine professionelle(re) Lösung vorzuziehen. Oft gibt es beim Discounter die nachfolgend gezeigte Klemmhalterung, die das Schwert der Kettensäge wesentlich stabiler fixiert.

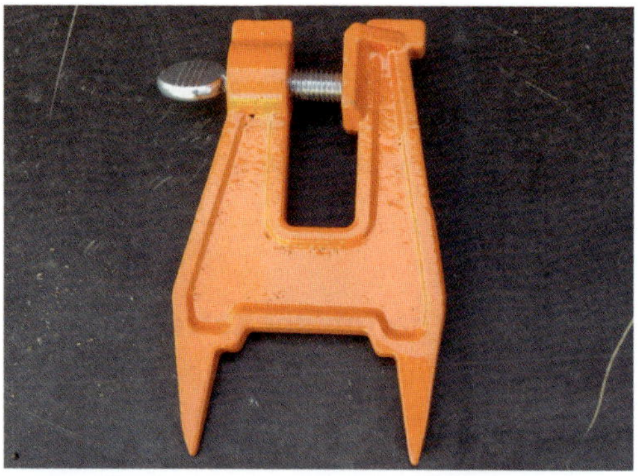

Diese Klemmhalterung wird mit dem Hammer in einen Hackstock geschlagen und das Schwert der Kettensäge mit der Flügelschraube zwischen den beiden Backen fixiert.

Ersatzkette

Es passiert immer wieder, dass man mit der Kettensäge bei der Wald- und Revierarbeit mal in den Boden schneidet oder beim Zersägen eines alten Hochsitzes einen Nagel oder eine Schraube erwischt. Um stets eine Ersatzkette zur Hand zu haben, befestigen Sie am Schwertschutz einfach ein Täschchen oder eine Plastiktüte, darin können Sie Ersatzkette (und auch eventuell benötigtes Werkzeug) verwahren.

Den Schwertschutz findet man in der Regel schnell – und wo der ist, ist auch das Täschchen mit der Ersatzkette.

Stromaggregat und Kabelverbindung

Manchmal kann bei der Revierarbeit trotz aller möglichen vorhandenen Akkuwerkzeuge doch ein Stromaggregat nötig sein (Abbruchhammer zum Entfernen eines Betonfundaments, schwere Flex zum Aufschneiden einer Betonrohrfalle zum Herstellen einer Kirrluke ...). Das Aggregat sollte mindestens 2.000 Watt bringen, da der Anlaufstrom mancher Geräte mehr zieht, als das Gerät im Betrieb braucht und dann das Aggregat liefern kann.

Das Stromaggregat nutzt aber nichts, wenn die passende Kabeltrommel oder das Verlängerungskabel fehlt. Um zu verhindern, dass sich die Steckerverbindungen vom Werkzeug zum Verlängerungskabel lösen, knote ich immer die Verbindung zusammen.

Drähte verdrillen

Um beim Aufstellen von Ansitzleitern die Bäume zu schonen, an denen die Leiter mit einem Querbalken angelehnt wird, lege ich alte Gummimatten und Distanzhölzchen dazwischen. Die Befestigung erfolgt dann mit ummanteltem Draht, der verdrillt wird. So kann der Baum bei Wind gehen und wird in seinem Dickenwachstum nicht behindert, da der leidlich feste Draht nachgibt.

Zum Verdrillen habe ich mir ein kleines Werkzeug hergestellt. Ein kurzes Stück Gewindestange mit einer festgerosteten Mutter bildete den Grundstock. Eine große Beilagscheibe war schnell gefunden. Im Durchmesser des Drahtes wurden zwei gegenüberliegende Löcher in die Beilagscheibe gebohrt und diese gemeinsam mit der Mutter an der Gewindestange festgeschweißt.

Beilagscheibe mit zwei gebohrten Löchern, mit Mutter und Gewindestange verschweißt. Bei ummanteltem Draht sollte an beiden Drahtenden ein Stück vom Plastik vor dem Verdrillen entfernt werden. Draht durch die Löcher stecken und abbiegen, Akkuschrauber auf langsamste Geschwindigkeit stellen und mit Gefühl verdrillen. Die überstehenden Enden mit der Zange abzwicken und umklopfen.

Tragehilfe für den Spaten

Manchmal wird im Revier ein Spaten benötigt, z. B. um bei der Baujagd auf den Fuchs den Hund ausgraben zu können oder Kirrgut für die Sauen unter die Erde zu bringen. Wenn man neben Hund, Flinte, Munition usw. auch noch den Spaten tragen muss, werden Hände und Arme schnell „zu wenig". Ich habe meinem „Bauspaten" einfach einen Trageriemen verpasst. Ich kann ihn jetzt wie eine Flinte umhängen.

Mit dem am Spaten angebrachten Trageriemen lässt sich das Werkzeug umhängen und man hat die Hände frei.

Gurte

Bitte vergessen Sie nicht, Ihre Gurte, die Sie zur Sicherung von Ladung auf dem Hänger im Auto benötigen, pfleglich zu behandeln. Die Schlösser und Riemen sind häufig widrigsten Witterungsverhältnissen ausgesetzt und werden nicht selten einfach nur stiefmütterlich behandelt, zusammengeknüllt, in nassem Zustand in wasserdichte Taschen oder Beutel gestopft … Aus Sicherheitsgründen müssen defekte Riemen und Gurte entweder instand gesetzt oder ausgetauscht werden. Sie können jedoch noch intakte Teile weiterverwenden.

Oxidierte Riemenschlösser werden mit ein paar Tropfen Öl wieder gängig und halten noch ein paar Jahre. Auch gerissene Gurte lassen sich weiterverwenden, wenn die Spannschlösser noch gut sind. Meterware Gurtmaterial, Hohlnieten für Leder, etwas Zeit investiert und der Gurtvorrat ist wieder aufgestockt und einsatzklar.

PRAKTISCHE TIPPS ZUM BASTELN

Meterstab ... im wahrsten Sinn des Wortes

Beim Neubau von Kanzeln und Ansitzleitern hat sich bei mir mittlerweile Routine eingestellt. Es müssen eigentlich immer dieselben Maße eingehalten werden. Da das ständige Auf- und Zuklappen des faltbaren Meterstabes Zeit kostet und im Verlauf des Kanzelbaus gefühlt hundertmal erfolgt, habe ich mir eine Holzleiste mit 130 cm Länge und einer Breite von 30 mm gefertigt: Ein defektes Rollbandmaß, mit Sekundenkleber aufgeklebt, spendet für die genaue Maßangabe die Zentimeterangaben, ansonsten sind alle nötigen und ständig wiederkehrenden Maße deutlich farbig markiert. Hauptmarkierungen sind einerseits alle 30 cm (= Sprossenabstand), die nächsten Markierungen folgen auf 50 cm (Sitzhöhe), 100 cm (Unterkante Fensteröffnung), 130 cm (Oberkante Fensteröffnung = Ende der „Meßlatte“). Die Maße für die Sprossen sind rot, die für die Kanzel in schwarzer Farbe markiert, die für die Ansitzleiter in grün. Bei der Ansitzleiter ist das Maß 120 cm zusätzlich markiert, das stellt die Sitzbreite der Ansitzleiter dar. So habe ich alle Maße auf einen Blick und immer griffbereit. Wenn Sie die Markierungen leicht einkerben, haben Sie auch gleich noch eine Anreißhilfe und Führung für den Bleistift.

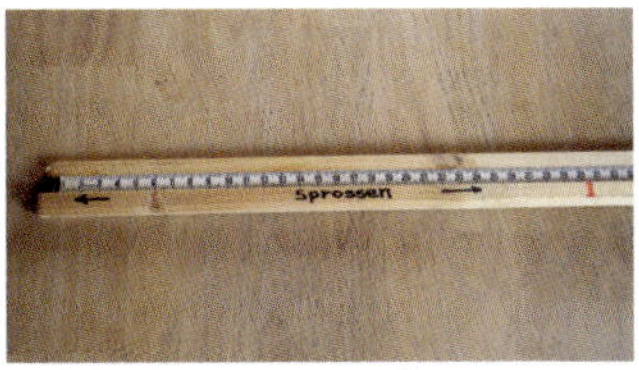
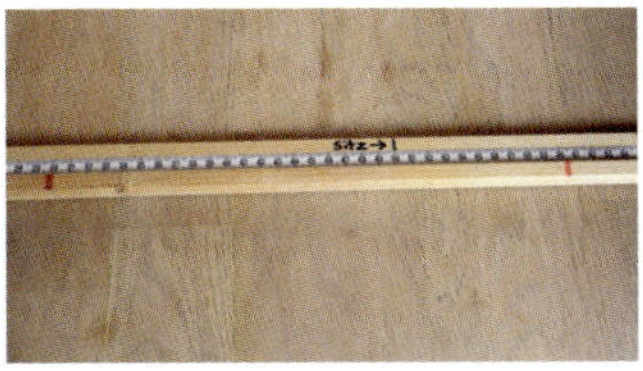

Auf dem aufgeklebten Maßband Sprossenabstand, Sitzhöhe sowie die Unterkante der Fenster markieren.

Nagelspitze stumpf schlagen

Wenn Sie ein filigraneres Holzstück mit einem Nagel mit einem anderen Holzstück verbinden wollen, spaltet sich besonders trockenes Holz nicht so leicht, wenn Sie mit dem Hammer die Nagelspitze etwas flach klopfen. So werden die Holzfasern beim Einschlagen des Nagels abgequetscht und durchtrennt und nicht durch die keilförmige Nagelspitze beiseitegeschoben und führen so nicht zur Spaltung des Holzes.

Lange Schrauben in trockenes Holz leichter eindrehen

Geben Sie Stauferfett oder Handcreme auf das Schraubengewinde, wenn ein Vorbohren nicht möglich oder zu umständlich ist. Lange Hopfennägel oder angerostete Nägel oder sehr lange Schrauben gehen leichter in trockenes Holz, wenn man auf deren Oberfläche einen Tropfen Spucke, Handcreme, Öl/Waffenöl oder Fett verteilt.

Tiefenmarkierung an Bohrern

Beim Basteln, diversen Revierarbeiten oder dem Kanzelbau muss man häufig Löcher bohren. Manche sollen durch ein Werkstück gehen, andere wiederum nicht (Dübellöcher). Um nicht zu tief zu bohren, können Sie die Bohrtiefe mit einem Edding direkt auf dem Bohrer markieren oder entsprechend ein Isolierband mit „Fahne" um den Bohrer kleben.

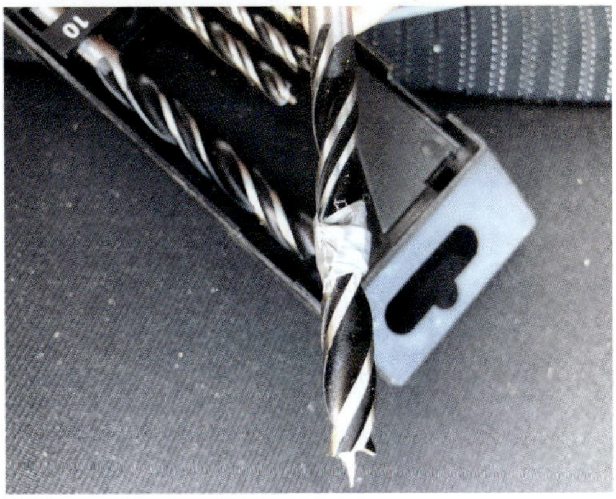

Tiefenbohrmarkierung mit Edding oder mit Isolierband am Bohrer

Pinsel „frisch" halten

Im Jagdrevier gibt es immer was zu streichen. Seien es die Dachlatten für den neu zu bauenden Drückjagdbock, das Metallgestell für das Brennholzlager oder das Lackieren der neuen Ansitzkanzel aus OSB-Platten. Wenn die Arbeit unterbrochen werden muss, kann das aufwändige Reinigen mit Verdünnung ganz einfach umgangen werden: Die Pinsel bei Arbeitsunterbrechung einfach in eine Plastiktüte stecken und diese luftdicht verschließen (oder einvakuumieren). So hält sich der Pinsel längere Zeit „frisch" und Sie können später weiterarbeiten.

Pinsel in Plastikfolie; verhindert bzw. verzögert das Trocknen der Farbe

Große Flächen schnell imprägnieren

Mein Nachbar nutzte zum Lasieren seines Gartenzauns eine Drucksprühflasche, wie sie zur Ungezieferbekämpfung verwendet wird. Diese Beobachtung führte dazu, dass ich große Flächen (Wände von Ansitzkanzeln aus Massivholz) mittlerweile auch auf diese Weise imprägniere. Mit diesen Sprühbehältern für den Gegenwert von etwa 15 € lassen sich große Flächen schnell behandeln. Achten Sie aber auf die Viskosität des Imprägniermittels. Es sollte annähernd so dünnflüssig sein wie Wasser. Bei der Arbeit trage ich vorsichtshalber Einweghandschuhe, Staubschutzmaske und eine Schutzbrille.

FORTBEWEGUNGSMITTEL DES JÄGERS

VOM REVIERFAHRRAD BIS ZUM QUAD

Noch vor rund 60 Jahren war es nicht selbstverständlich, dass jeder ein Auto besaß. Das Fahrrad und das Moped waren Auto-Ersatz und auch Jäger fuhren damit ins Revier. Ich schaute mir vor einiger Zeit eine Dokumentation über die Radfahrschwadronen der Schweizer Armee an ... und kam auf eine „dumme Idee“! Warum nicht ein „Pirschfahrrad“ nach Vorbild eines Truppenrades bauen? Was wären die Vor- und Nachteile eines Revierfahrrades?

Vorteile eines Revierfahrrades

- **Schneller als Fußpirsch:** In der Regel bekommt man am meisten mit, wenn man zu Fuß im Revier unterwegs ist; außerdem ist man nicht auf Wege angewiesen. Andererseits ist man mit dem Rad schneller vor Ort, wenn sich in größerer Entfernung „etwas tut“.
- Sie sind **direkt in der Natur** und nicht in der Fahrgastzelle eingeschlossen. Sie nehmen mit allen Sinnen Ihre Umgebung wahr, hören, sehen, riechen und fühlen Ihre Umgebung. So entgeht Ihnen wesentlich weniger als im Auto. Allerdings sind Sie auch unmittelbar der Witterung (Sommerhitze, Regen, Kälte im Winter) ausgesetzt, was den Einsatz des Fahrrades wiederum begrenzt.
- **Leiser als das Auto**, geringfügig lauter als zu Fuß: Gerade im Sommer, wenn man sich an die Bejagung der Jungfüchse macht, muss man das Auto bereits gute 200, eher 300 Meter vor Erreichen der neuralgischen Orte abstellen, bevor man sich durch Lärm und Tagfahrlicht verrät.
- **Größerer Aktionsradius** als zu Fuß: Schnellere „Bestreifung“ des Revieres als zu Fuß in der gleichen Zeit.
- **Ausrüstung muss nicht getragen werden:** Wenn man eine längere Pirsch mit späterem Ansitz durchführen will, nimmt man in der Regel einen Rucksack mit, zusätzlich zu Waffe und allem anderen.
- **Erscheinungsbild in der Öffentlichkeit:** Andere Naturnutzer würden höchstwahrscheinlich einen Jäger auf einem Fahrrad weniger negativ sehen als einen in einem „umweltzerstörenden“ SUV. Jäger würden so auch wesentlich leichter mit den Menschen in Kontakt kommen.

Werkzeugkiste im Reviereinsatz

- **Sportliche Betätigung**: Etwas mehr Bewegung würde kaum einem schaden! Fahrradfahren ist eine gelenkschonende, gesunde Sportart und trägt zu mehr Fittness bei.
- **Abstellort:** Je nach Entfernung des Reviers und vorhandenem Jagdauto kann man das Fahrrad entweder auf dem Auto ins Revier transportieren und dann dort umsteigen oder man stellt das Rad an der Jagdhütte ab und fährt mit dem Auto dorthin, um das Fahrzeug zu wechseln.
- Alles was nötig ist, wird **am Fahrrad befestigt** und kugelt nicht im Auto unter dem Sitz rum oder liegt im Kofferraum oder auf der Rücksitzbank.

Transport der Ausrüstung/Waffe am Revierfahrrad

Wer sich nicht ganz sicher ist, ob sich für ihn selbst so ein „Pirschrad" eignet, der sollte – wie ich auch – einmal einen Versuch starten. Fahren Sie mit dem Rad und der allernötigsten Ausrüstung einmal eine kleine oder auch größere Runde durchs Revier. Messer und eventuell die Kurzwaffe kommen an den Gürtel, das Fernglas um den Hals und die Büchse „crossbody" umgehängt (Riemen schräg über der Brust, Gewehr auf den Rücken) oder mit einer Halterung an der Stange befestigt. Fühlt es sich gut an, kann man evtl. auch noch einen kleinen Rucksack, vielleicht noch einen Pirschstock mitnehmen.

Optimierung des Revierfahrrads

Hat man sich nun für eine ausgedehntere Erprobung entschieden, kann man das Fahrrad optimieren. Der Drahtesel kann ruhig alt sein, muss aber die Vorgaben an die Verkehrstüchtigkeit (Licht, Bremse, Klingel etc.) erfüllen und sollte nicht klappern wie eine Rüttelplatte. Ein Fahrrad mit Stahlrahmen, in einer neutralen Farbe (oliv, dunkelgrau, dunkelgrün) matt lackiert, mit einem verstärkten und größeren Gepäckträger (evtl. sogar mit kleiner Wildwanne?) sind der Anfang. Grobstollige Reifen, matt lackierte Felgen, (wo vertretbar) ohne Speichenreflektoren sowie ein stabiler Fahrradständer (Mittelständer) vervollständigen das Ganze. Eine gefederte Gabel schluckt kleinere Unebenheiten, eine Nabenschaltung mit Rücktrittbremse (nicht immer eine zweite Hand am Lenker) und weiche Gummigriffe am Lenker sorgen für etwas Komfort und schonen die Handgelenke. Am Lenker und am Rahmen können noch Taschen angebracht werden, um noch zusätzliche Ausrüstung oder Kirrmaterial mitnehmen zu können. Auch Satteltaschen sind denkbar. Wer noch mehr ins Revier mitnehmen muss, der kann sich auch eine Anhängerkupplung und einen kleinen Anhänger fürs Fahrrad zulegen.

Studie: So könnte das Revierrad aussehen. Mit einem entsorgten Fahrradanhänger nimmt das Revierrad Gestalt an. Entrosten, lackieren, neue Reifen ... wird demnächst in Angriff genommen.

Nur der Vollständigkeit halber möchte ich noch das E-Bike erwähnen. Für dieses gilt das oben Geschriebene natürlich auch. E-Bikes gibt es auch in der Ausführung „Dreirad" mit kleiner Ladefläche.

Mofa, Moped, Roller

Im Großen und Ganzen gilt dasselbe wie für das Revierrad.

Quad

Ich musste zwangsweise einmal über die Sommermonate ein solches Gefährt als Ersatz für mein irreparables Jagdauto nutzen – ein Quad. Dieses „Motorrad auf vier Rädern" war ein universales Arbeits- und Transportmittel, das mich bis in die entlegensten Reviertecken brachte. Mit Seilwinde und Anhängerkupplung, Doppelsitzbank, Heckkoffer und Transportgitter vorne blieben fast keine Wünsche offen. Man hat mit so einem Fahrzeug ein „Kampfschwein" für harte und enge Reviere und eine Menge an Aufrüstmöglichkeiten.

Wenn Sie aber damit Ihren Hund mit ins Revier nehmen wollen, haben Sie aber schon ein mittelschweres Problem. Außerdem war mir persönlich trotz aller praktischer Vorzüge das Quad im Jagdeinsatz schlicht zu laut. Es wirkt höchstwahrscheinlich auf Nichtjäger auch etwas „protzig" und braucht ziemlich viel Treibstoff.

EIN PAAR GEDANKEN ZUM JAGDAUTO

Jeder Jäger muss sich zwei Grundsatzfragen stellen: Was will ich mit dem Auto machen und wie viel Geld habe ich? Auf dem Kfz-Markt werden eine Unmenge SUV, Pkw, Jeeps oder ehemalige Militärfahrzeuge angeboten, die je nach Revier und Ansprüchen des Jägers irgendwie tauglich sind oder mit mehr oder weniger geringem Aufwand tauglich gemacht werden können. Viele Familien brauchen, da sie auf dem Land leben, ein Zweitfahrzeug zusätzlich zum normalen Familienschlitten. Manchmal muss ein und dasselbe Fahrzeug beide Rollen erfüllen – Familienfahrzeug und Jagdauto. Dann muss ein „Kompromiss-Auto" geplant werden.

Ich habe mir bei meiner letzten Anschaffung wieder einmal Gedanken gemacht, was es denn nun sein soll. Aufgrund meiner bisherigen Erfahrungen von Bundeswehr-Jeeps über Suzuki, Lada, Nissan bis hin zum Pick-up hatte jedes Auto seine Vor- und Nachteile. Wer in flachem Gelände jagt und keine Schneelagen zu fürchten braucht, kommt oft mit einem **„normalen"** Pkw aus. In den von mir betreuten Jagdrevieren wäre ich schon oft ohne Allrad und Untersetzung oder ausreichender Bodenfreiheit hoffnungslos versumpft. Deshalb ist mein jetziges Jagdauto ein Pick-up: Das erlegte Wild ist hinten, der Fahrgastraum bleibt sauber und ich habe genug Platz und Zuladung für was auch immer.

Worauf es ankommt

Für mich sind die wichtigsten Vorzüge eines neuen Jagdautos folgende: möglichst geringer **Treibstoffverbrauch,** möglichst geringe Kosten für **Steuer und Versicherung, Wartungsfreundlichkeit** und problemlose **Ersatzteilversorgung, Allrad, Bodenfreiheit** und **Ladefläche/Laderaum**. Auf E-Motorisierung gehe ich nicht ein, da ich persönlich davon ausgehe, dass es für vollständige E-Motorisierung noch zu früh ist. So sind z. B. im Zeitraum von September 2023 bis November 2023 laut Aussage des Kraftfahrbundesamtes die Zulassungszahlen von E-Autos um 50 % zurückgegangen!

- Bei der Wahl der **Reifenart** (Straßenreifen, Geländereifen) wird empfohlen, auf die 50/50-Regel zu achten. Wenn Sie ein „Kompromiss-Auto" fahren, das Sie zu mehr als der Hälfte auf der Straße nutzen müssen, statten Sie Ihr Auto mit Straßenreifen aus. Es bietet sich hier aber auch ein Kompromiss, indem Sie etwas grobstolligere Straßenreifen kaufen. Bei einem reinen Jagdfahrzeug ist die Ausrüstung mit A/T-Reifen obligatorisch. Straßenreifen schmieren halt bei schlammigen Feldwegen sofort zu und Sie verlieren jeglichen Grip.

- Ein Jagdauto sollte eine **Bodenfreiheit** von mindestens 15, besser aber 20 cm aufweisen. Da das Hinterachsdifferential konstruktionsbedingt schlecht zu verstecken ist, darf man hier nicht kleinlich sein. Achten Sie einfach bei der Geländefahrt darauf, dass keine offensichtlichen Hindernisse im Weg liegen!
- Ferner sollte ein massiver **Unterbau mit Ölwannenschutzblech** (kein Plastik!) etc. eine Beschädigung von Ölwanne und den Antriebssträngen verhindern. Ein **Auffahrschutz** macht unter dem Motor, dem Mittelteil und dem Differential durchaus Sinn!
- Die **Ladefläche** bzw. der **Laderaum/Kofferraum** muss den jeweiligen Anforderungen entsprechen! Wer keinen Hund hat und lediglich ein paar Hasen jagt, dem reicht ein kleiner Flitzer mit einer Schweißwanne im Kofferraum. Wird das Wild größer, muss man evtl. die Rücksitzbank umlegen und das Jagdgepäck auf den Beifahrersitz verlagern. Ist dann noch ein Hund mit an Bord, wird manches Auto schnell zu klein. Ebenso wenn man Reparaturarbeiten an Jagdeinrichtungen auszuführen hat und Baumaterial mitnehmen muss, dann ist man auf einen Anhänger angewiesen.
- Den **Wendekreis** sollte man auch nicht ganz außer Acht lassen. Jagen Sie in einem Waldrevier oder im Bergwald, werden Sie mit einem Dodge RAM 3500 mit langem Radstand und langer Ladefläche nicht viel Freude haben, wenn Sie zwischen den Bäumen wenden müssen oder um steile Spitzkehren fahren müssen. Hier sind dann kleine Fahrzeuge etwas handlicher, wobei hier die G-Klasse von Mercedes auch schon fast grenzwertig sein kann.

PRAKTISCHE TIPPS FÜR DAS AUTO DES JÄGERS

Wohin mit der Waffe bei der Fahrt zum Revier bzw. vom Revier nach Hause?

Bei einem kurzen Weg ins Revier und von der Jagd zurück nach Hause kann der Jäger seine Langwaffe entladen (zumindest in Bayern) auch auf der Rücksitzbank seines Autos offen transportieren. Besser ist es aber immer (auch um übereifrigen und unkundigen Polizeibeamten bei einer Kontrolle von vornherein den Wind aus den Segeln zu nehmen), seine Waffe in einer Tasche oder einem Koffer zu transportieren. Jagdausrüster bieten Unmengen an verschiedenen Gewehrtaschen, -koffern und Filzumhüllungen an – abschließbar oder nur verschließbar.

Befestigung der entladenen Waffe bei der Fahrt im Revier

Ist man dann aber im Jagdrevier, kann die Waffe offen, aber entladen befördert werden. Sie können das Gewehr oder die Flinte zum Beispiel mit einem Klett-Kabelbinder stehend hinter dem Fahrersitz am Gestänge der Kopfstütze befestigen. Oder Sie befestigen ein Kantholz am Gestänge der Kopfstütze und schrauben daran einen Werkzeughalter aus dem Baumarkt fest oder schneiden eine Kerbe in dieses Holz und spannen ein Gummiband über den Lauf der Waffe. Mein Lösungsansatz kommt jetzt ...

Verschiedene Werkzeughalterungen – als Konvolut für 12,50 € auf einer Internet-Plattform gekauft

Die Maße der Holzleisten

Kopfstützenleisten:
200 × 45 × 20 mm
Senkrechte Leiste:
1100 × 45 × 20 mm
„L-Stück“ für Schaftaufnahme:
160 × 45 × 20 mm

Holzleisten-Klemmhalterung an der Kopfstütze und daran angeschraubte senkrechte Holzleiste

Wie auf dem Bild oben zu sehen ist, wird die senkrechte Latte an der hinteren Kopfstützen-Leiste angeschraubt. Die senkrechte Latte hat keinen Bodenkontakt, damit man den Fahrersitz noch verstellen kann.

Laufhalterung (sogar abschließbar) oben am „L-Brett“ angeschraubt und die unten am Brett angebrachte Leiste dient zur Schaftfixierung.

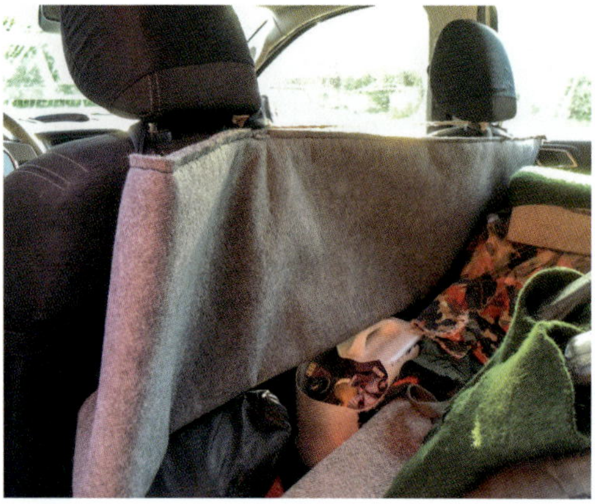

Mit einer Handnähahle aus etwas übrigem Verlegefilz gefertigtes Waffenfutteral

Gewehrtasche an den Kopfstützen mit Riemen befestigt

Selbst gefertigtes Waffenfutteral für die Kopfstützen des Autos

Ihre maßgeschneiderte Waffentasche aus Filz für die Kopfstütze Ihres Jagdautos können Sie selber machen. Im Winter kann diese Tasche auch noch als Sitzunterlage und wärmende Rückenlehne auf dem Hochsitz dienen. Nach eigenen Wünschen können Sie noch eine Außentasche anbringen oder Laschen für Kleinwerkzeug – wie Sie wollen. Die Tasche hat noch einen positiven Nebeneffekt: Der Hund (zumindest meiner) bleibt hinten und verschmutzt die vorderen Sitze nicht mehr.

Waffentasche an den Kopfstützen des Autos befestigen

Sie können aber auch Ihre ohnehin vorhandene Waffentasche mit Riemen an den Kopfstützen befestigen und so als preiswerte Transportlösung nutzen. Auf dem Weg ins Revier/im Revier ist die Tasche unverschlossen, auf dem Weg zum Büchsenmacher oder zur Schießanlage natürlich versperrt. Wenn Sie die Befestigungsriemen lösen, haben Sie Ihre normale Tragetasche, um damit zum Büchsenmacher oder Schießstand zu gehen!

Zusätzliche (abnehmbare) Waffenhalterung im Waffenschrank oder am Auto

Mit der Legalisierung der Schalldämpfer (SD) ging in der Regel auch eine Kürzung der Waffenläufe einher, um die Jagdwaffe weiterhin handlich „kurz" zu halten. Trotzdem sind in den meisten Fällen die Waffen mit montiertem Dämpfer länger als vorher. Und schon passt die Waffe mit montiertem SD nicht mehr in den Schrank, bei demontiertem SD kann die Büchse dann schon so kurz sein, dass sie nicht mehr in den vormontierten Waffenhalter passt. Dieser Problematik kann man entgegenwirken, indem man sich bewegliche Holzhalterungen mit Magnet selbst fertigt. Magnete gibt's im Internet, mit gehobelten Dachlatten haben Sie eine hervorragende Materialgrundlage. Bohren Sie mit einem 35 mm Forstnerbohrer nahe am Rand mehrere Löcher in die Latte und sägen die schmalen Ränder durch. Schon haben Sie die Halterung.

Nach dem gleichen Prinzip habe ich mir eine Waffenhalterung für das Auto hergestellt. In eine 50 cm lange Dachlatte habe ich drei Löcher für die Waffenläufe gebohrt, dann die dünnen Ränder zu den Bohrungen abgeschnitten, sodass die nun offenen Auskehlungen die Waffenläufe aufnehmen können. Auf der den Löchern gegenüberliegenden Seite der Latte habe ich fünf Magnete geklebt (zwingend 2K-Kleber verwenden – ich habe UHU Endfest 300 verwendet, der hält zuverlässig). Dann habe ich Panzertape darübergeklebt. Diese Latte hefte ich bei Bedarf an die Heckklappe meines Pick-ups oder den Kotflügel des Autos. So kann ich beim Auf- oder Abrüsten zur Jagd die Waffe sicher abstellen und bin sicher, dass sie nicht umfällt.

Man braucht: Dachlatte, Forstnerbohrer, Magnete und Kleber. Mit dem 30-mm-Forstnerbohrer im gemessenen Abstand Löcher in die Dachlatte bohren, danach Löcher am Rand „öffnen".

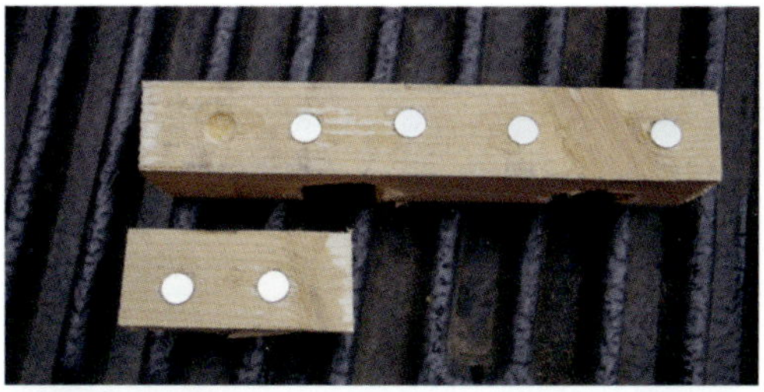

Auf der gegenüberliegenden Lattenseite die Magnete ankleben, mit denen diese Laufhalterung am Kotflügel des Autos befestigt werden kann.

Immer mit dabei: Wasserflasche zum Händewaschen

Jeder Jäger sollte eine Flasche oder einen Kanister mit Wasser im Auto haben. Sei es, um den Hund zu tränken oder um sich die Hände zu waschen. Doch wie kann man das Wasser zum Beispiel daraus sanft dosieren? Klemmen Sie die Wasserflasche oder den Kanister irgendwo ein und schrauben Sie den Deckel nur leicht auf. So tröpfelt das Wasser nur langsam heraus und verschwindet nicht mit einem Schwall. Sie können sich natürlich auch einen Kanister mit Auslaufhahn kaufen.

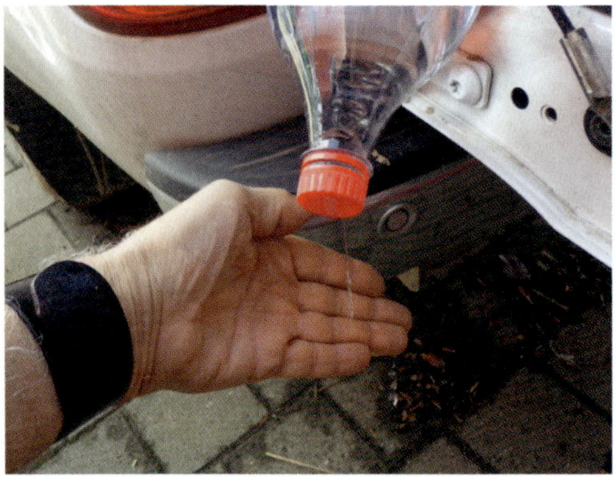

Der nur etwas geöffnete Schraubdeckel lässt das Wasser fein dosiert austreten.

Betriebsstoffe nachfüllen

Sie müssen Motoröl, Wasser für die Scheibenwaschanlage oder Motorkühlmittel auffüllen und haben keinen Trichter zur Hand. Eine Plastikflasche ist die Lösung: Schneiden Sie den Boden der Plastikflasche ab und nutzen das umgedrehte Oberteil (natürlich ohne Schraubverschluss) als Trichter.

Falls Ihnen lediglich eine leere Getränkedose zur Verfügung steht, können Sie diese wie im Bild unten mit einer Schere oder dem Taschenmesser entsprechend zuschneiden und als Einfüllhilfe nutzen.

Aufgeschnittene Getränkedose als Not-Trichter

Für alle Fälle Küchenpapier mitnehmen

Mit einer Rolle Küchenpapier hat man immer die Möglichkeit, seine Hände abzuwischen oder das Papier auch einmal für „hinterlistige Zwecke“ nach dem Lösen zu verwenden. Doch wohin damit? Als einfachste Lösung fädeln Sie die in einer Plastiktüte steckende Küchenrolle einfach auf einen Expander und spannen diesen im Kofferraum an geeigneter Stelle. Die Tüte schützt vor Staub und Nässe.

Mein Jagdfreund zum Beispiel hat sie am Warndreieck in der Heckklappe des Autos befestigt.

Sie können die Rolle aber auch auf einen Kleiderbügel aufziehen, wenn der Kleiderbügel eine gebrochene Querstange für eine Hose aufweist oder Sie arbeiten sich einen Draht-Kleiderbügel aus der Reinigung um wie auf dem Bild gezeigt. Einfach die Papierrolle auf die Querstange aufschieben.

Umfunktionierter Draht-Kleiderbügel. Findet Platz in jedem Kofferraum

Der Draht wird durchtrennt und zum Verschließen verbogen.

„Stiefelknecht“, mittlerweile fast allgemein bekannt

Praktische LED-Drucklampe bzw. Kabellampen, deren Kabel lang genug sind, um vom Zigarettenanzünder bis nach hinten in den Kofferraum oder im Motorraum zu reichen.

Stiefelknecht

Die meisten Jäger-Autos verfügen über eine Anhängerkupplung. Diese eignet sich hervorragend als Stiefelknecht, wenn man die verschmutzten Stiefel/Schuhe ausziehen will, bevor man ins Auto steigt, ohne sich die Hände dreckig zu machen. Meist hat man ohnehin die Wechselschuhe im Kofferraum, die dann sofort greifbar wären. Diesen uralten Trick kennen sicher die meisten, er sei aber der Vollständigkeit halber erwähnt.

Auto-Mini-Büro

Dieser Tipp ist sicher ebenfalls vielen bekannt: Das Auto-Minibüro an der Sonnenblende des Autos. Ich habe mir dafür ein paar Einweckgummis über die Sonnenblende gestreift. Hinter diesen Gummis finden Notizblock und Stifte Platz, die man möglicherweise schnell braucht, um sich ein Kennzeichen, einen witzigen Einfall oder um eine anfallende Revierarbeit zu notieren. Sie können ein sogenanntes Sonnenblenden-Büro (Sun Shade Cover) auch online kaufen, z. B. bei Tasmanian Tiger.

LED-Lichter bzw. Kabellampen

Viele Fahrzeugtypen verfügen über eine dürftige Kofferraumbeleuchtung. Abhilfe schaffen hier die im Baumarkt erhältlichen kleinen LED-Lampen, die mit ihrem Sockel entweder angeklebt oder sogar angeschraubt werden können. Drei Lampen unter 10 €, dafür endlich Licht im Kofferraum ... oder wo auch immer. Eine andere Möglichkeit sind Kabellampen, die über den Zigarettenanzünder betrieben werden. Ich habe die unten abgebildeten Lampen im Surplus für jeweils 5 € erstanden.

Blutflecken von Autositzen entfernen

Es kann passieren, dass man die Autopolster mit Schweiß verunreinigt. Ich reibe die Flecken dann zu Hause mit einer Paste aus Stärkemehl und kaltem Wasser ein und lasse das dann trocknen. Später reibe ich die getrocknete Paste ab und beseitige den Staub mit dem Staubsauger. Eventuell muss die Prozedur wiederholt werden.

Schonbezüge fürs Jäger-Auto

Die gegerbten Rehdecken und Frischlingsschwarten sollten auf Geheiß der Ehefrau von der Wand des Gartenhäuschens weichen. Da mir die Felle zum Wegwerfen aber zu schade waren, habe ich mir daraus zwei Schonbezüge für meinen Suzuki Vitara gefertigt. Das Haupt/der Träger zeigte über die Rückenlehne unter der Kopfstütze nach hinten, die beiden Vorderläufe wurden auf der Rückseite des Sitzes mit einem Gummizug miteinander verbunden. Den Gummizug fertigen Sie in der entsprechenden Länge selbst, genauso wie die Verbindung des Hauptes zu den Vorderlauf-Bändern und eine Fixierung im Bereich, wo Rückenlehne und Sitzfläche aneinanderstoßen. Strapazierfähig, warm und individuell.

Geruchsbelästigung im Auto entgegenwirken

Zu Zeiten von Lada Niva, Audi Avant oder Suzuki Vitara musste ich in Ermangelung eines Transportkorbes natürlich das erlegte Wild im Fahrzeuginnern transportieren. Dies ging mit teilweise grenzwertigen Geruchsbelästigungen des gesamten Fahrzeuginnenraumes einher, da in diesen Autos keine Raumtrennung von Fahrgastzelle zu Kofferraum vorhanden war. Duftbäume sollten dieser Belästigung entgegenwirken. Von diesen Teilen bin ich aber sehr schnell wieder abgekommen, da mir der Duft zu intensiv und zu chemisch war und ich davon Kopfschmerzen bekam. Meine Frau hatte eine gute Idee. Sie riet mir, **Dufttücher für den Wäschetrockner** zu verwenden. Die sind günstig, duften gut und lassen sich in die Lamellen der Lüftung einfädeln.

Sie können aber auch **Duftwachswürfel** in ein kleines Glas mit Schraubverschluss-Deckel geben und den Deckel mit einigen kleinen Löchern versehen. Durch die Wärme im Auto schmilzt das Wachs und lässt den Duft verströmen. Das Glas können Sie in den Getränkeflaschen-Halter im Auto stellen. So fällt es nicht um.

Abhilfe bei innen beschlagenen Autoscheiben

Besonders Hundeführer kennen das Problem: Sie kommen in der kalten Jahreszeit von der Fallenkontrolle oder dem Beschicken der Kirrung zurück zum Auto, in dem der Hund zurückgelassen wurde. Die Autoscheiben sind innen beschlagen und man muss diese erst umständlich abwischen. Versuchen Sie einmal folgenden Trick: Reiben Sie mit einem Mikrofasertuch, auf dem Sie einen kleinen Tupfen Rasierschaum verteilt haben, die Innenseite der Scheibe ein, bis kein Schaum mehr übrig ist. Durch diese aufgebrachte Schutzschicht beschlägt die Scheibe nicht mehr. Gehen Sie hier wirklich gründlich vor, sonst ärgern Sie sich über die sich bildenden Schlieren, die besonders bei Gegenlicht die Sicht beeinträchtigen. Das kann also sogar gefährlich werden!

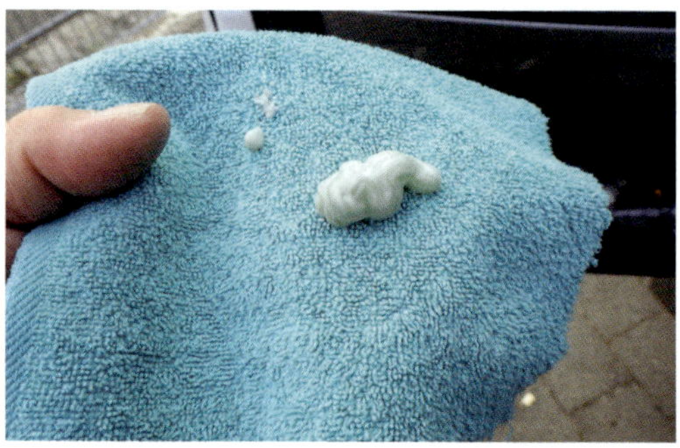

So eine geringe Menge Rasierschaum reicht für die Seitenscheibe und die halbe Windschutzscheibe. Sie müssen sich unbedingt Zeit nehmen, um die Schlieren des Schaums wegzupolieren!

Kondenswasser innen auf den Autoscheiben

Wenn es draußen kalt und feucht ist und der Hund im Auto bleibt, läuft das Kondenswasser innen an den Scheiben herunter und die Fenster sind beschlagen. Abhilfe schafft hier ein mit grobem Salz gefüllter Stoffbeutel oder eine damit gefüllte alte Socke. In einer flachen Kunststoffschale auf dem Armaturenbrett platziert, nimmt das Salz die Feuchtigkeit auf und hält die Scheibe einigermaßen trocken. Zumindest reduziert sich das Kondenswasser massiv.

Anstatt des Salzes können Sie auch nicht klumpendes Katzenstreu verwenden. Dieses bindet ebenfalls die Luftfeuchtigkeit und mindert das Beschlagen der Autoscheiben. Außerdem kann ein größerer Vorrat von Katzenstreu im Kofferraum im Winter bei Glatteis den Gripp der Reifen erhöhen ... statt Rollsplitt.

Billigste „Standheizung“ im Jagdauto

Zu einer Zeit, als Standheizungen im Auto noch reiner Luxus waren, behalf ich mir im Winter bei Fuchs- und Sauenansitz mit einer einfachen Grabkerze. Dazu habe ich eine alte MG-Gurtkiste der US-Armee teilweise mit Sand gefüllt und im Fußraum des Beifahrersitzes abgestellt. Am Platz angekommen, stellte ich eine Grabkerze mit Metalldeckel in den Sand und entzündete sie. Eine Kerze bringt ca. 70 Watt Wärmeleistung. Das reicht natürlich nicht, den Innenraum eines Autos auf Tropentemperaturen zu bringen. Aber es hat bei geringen Minusgraden immer gereicht, dass die Scheiben entweder eisfrei blieben oder sich wesentlich leichter abkratzen ließen. Bei extremer Kälte habe ich einfach zwei Grabkerzen entzündet. Ich denke, billiger kann man ein Revierfahrzeug nicht eisfrei halten.

Alte MG-Gurtkiste mit Grablicht als Minimal-Standheizung. Steckt die Kerze bis zu einem Drittel in Sand, fällt sie nicht um und setzt Ihr Auto nicht in Brand.

Scheibenenteiser selbst gemacht

Nehmen Sie normales Scheibenwasser-Frostschutzkonzentrat, verdünnen es 1:2 mit Wasser und füllen es in einen Pumpzerstäuber. Außen vereiste Scheiben werden, mit dieser Lösung besprüht, schnell eisfrei. Ziehen Sie die Scheibe mit einer Gummilippe ab, nachdem das Eis angelöst ist.

Außenspiegel eisfrei halten

Mittlerweile sind bei den modernen Fahrzeugen auch die Außenspiegel beheizt. Falls Sie aber ein älteres Auto als Revierfahrzeug nutzen, verfügen diese nicht über dieses Extra. Ich habe bei meinen alten Fahrzeugen immer eine Plastiktüte über die Spiegel gestülpt und mit einem Einweckgummi oder einer Wäscheklammer gesichert. Ein Zip-Lock Beutel erspart Ihnen sogar die Wäscheklammer.

Dellen im Jagdauto entfernen

Gerade Autos, die im Jagdrevier gebraucht werden, sind anfällig für Dellen. Sei es, dass eine Holzstange umfällt, beim Rangieren der Anhänger anstößt oder was auch immer. Eine leichte Delle können Sie eventuell leicht selbst ausbeulen, indem Sie die beschädigte Stelle reinigen, das Blech und den Lack ein wenig anwärmen (warmes Wasser darübergießen, im Sommer in die pralle Sonne stellen) und dann eine **Saugglocke oder einen Glas-Saugheber** festdrücken. Mit einem Ruck anziehen und die Sache sieht schon gar nicht mehr so schlimm aus. Sobald jedoch ein Knick im Blech ist, stößt man mit dieser Methode an die Grenze.

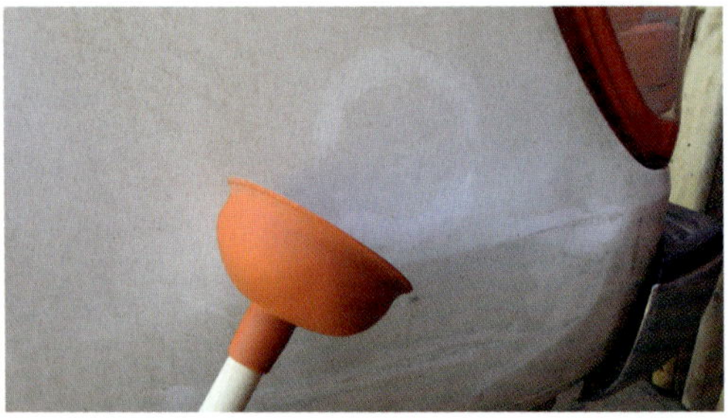

Leichte Delle im Blech: vorher – nachher. Den Kratzer im Lack noch auspolieren und man sieht fast nichts mehr.

Den gleichen Effekt erreichen Sie, wenn Sie **mehrlagig Panzertape** kreuzweise über die Delle kleben. Die Fläche bitte großzügig überkleben. Dann gießen Sie heißes Wasser am Rand der Delle über das Blech und ziehen ruckartig an einer freien Lasche der unteren Tape-Lage. Normalerweise sollte sich die Delle nach außen ziehen lassen. Das funktioniert nicht mehr, wenn das Blech einen Knick hat.

Die Stoßstangen neuerer Fahrzeuge sind in der Regel aus Kunststoff. Dellen lassen sich auch hier mit ein wenig Geschick ausbeulen. Kleben Sie mit Heißkleber ein oder mehrere **Schnüre** in die Delle. Wärmen Sie mit einem Heißluftfön den Bereich der Delle an und ziehen Sie dann ruckartig an den Schnüren. Normalerweise sollte sich die Stoßstange dann wieder ausgeformt haben. Den Heißkleber können Sie mit Wärme verflüssigen und abziehen bzw. mit einer Kunststoff-Spachtel vorsichtig wieder entfernen.

Achtung: Die Halterungen der Stoßstangen sind nicht sehr stabil. Schaffen Sie, bevor Sie ruckartig an den Schnüren ziehen, ein Gegenlager. Nicht dass Sie die Stoßstange abreißen und mehr kaputt machen als reparieren.

Fahrzeugtarnung

Ich staunte ich nicht schlecht, als mir ein Bekannter aus Nordrhein-Westfalen erzählte, er hätte ein Tarnnetz fest an seinem Suzuki montiert, damit er sein Fahrzeug vor Jagdgegnern „verstecken“ kann, um nicht möglicherweise einen zerstochenen Reifen zu riskieren.

Je nachdem, wie verbreitet die Jagdgegner bei Ihnen sind, können/sollten Sie auch daran denken, Ihr Jagdfahrzeug im Revier zu tarnen. Ich bin ja auch lieber unauffällig im Jagdrevier unterwegs und versuche schon immer, mein Auto unauffällig zu parken. Aber mit einem weißen Pick-up ist man halt mindestens ein Dreivierteljahr in der Natur sehr auffällig. Also habe ich mir ein paar Meter beidseitig bedruckten Tarnstoff besorgt, mit dem ich bei Bedarf mein Auto bzw. den Anhänger abtarnen kann. Zusammennähen muss ich das gute Stück allerdings noch.

Leichttarnnetz zur Abdunkelung heller Autos

Aber auch ein Leichttarnnetz ohne Trägerstoff bewirkt bereits eine signifikante Abdunkelung der hellen Farbe.

Lichttarnung

Seit die modernen Autos über ein permanentes Tagfahrlicht verfügen müssen, ist es faktisch nicht mehr möglich, sich mit einem neueren Jagdauto im Revier ans Wild ohne Licht „anzuschleichen", was besonders bei der Nachtjagd ein Problem darstellt. Bei manchen Herstellern lässt sich das Tagfahrlicht auch ausprogrammieren, bei meinem leider nicht. Ich habe einen Versuch mit roter Klebefolie auf dem Scheinwerfer gemacht. Durch diese Modifikation war die Beunruhigung des Wildes am Wegesrand und in den Wiesen wesentlich geringer. Dass man mit dieser Modifikation nicht im allgemeinen Straßenverkehr fahren darf, möchte ich der Vollständigkeit halber anmerken! Allerdings ging die Benutzung der Klebefolien dermaßen ins Geld, dass ich von einer weiteren Verwendung abgekommen bin. Vielleicht hat ja ein Leser eine passende Idee für anklippbare Rotlicht-Filterscheiben? Ich bastle mir jetzt aus lichtdichtem Vorhangstoff Scheinwerfer-Abdeckungen, die ich mit eingenähten Magneten am Fahrzeug befestige und vor der Heimfahrt wieder abnehme.

Faltbare Anfahrmatte

Anfahrhilfe bei schlechten Untergrundverhältnissen

Damit Sie bei Schneelage oder bei weichem, matschigem Untergrund keine Probleme beim Losfahren haben, empfehle ich jedem Jäger, der auch nur etwas Platz in seinem Auto hat, die Mitnahme von Anfahrmatten.

Sandbleche (Luftlandebleche)

Wenn sich nach einem heftigen Gewitterregen der Feldweg plötzlich in einen Sumpf verwandelt, ist man um jedes Hilfsmittel froh, um wieder aus dem Schlamm zu kommen, z. B. mit Sandblechen aus Alu. Diese sind auch bei der Bergung von schwerem Wild hilfreich, indem man sie als Schräge zum Hochschieben der Wildwanne in den Kofferraum bzw. auf die Ladefläche des

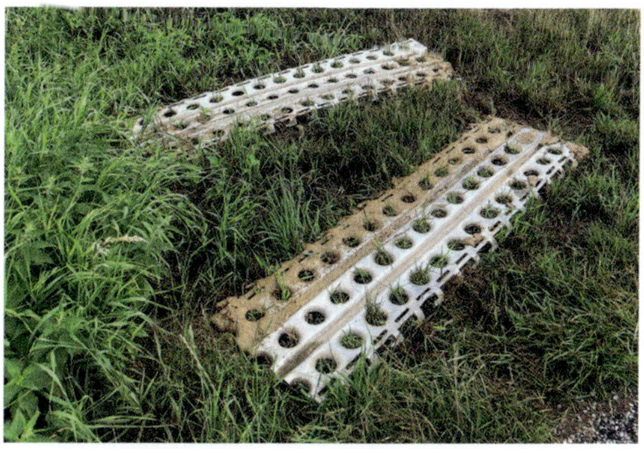

Sandbleche aus Alu sind praktische „Helferlein" in so mancher Situation.

Autos nutzt. Einmal konnte ich sogar einen schmalen Graben zur Wildbergung mit dem Blech überbrücken. Außerdem verwende ich sie als Ersatz-Werkbank bei der Revierarbeit als Auflage auf zwei Klappböcken.

Selbst gebaute Anfahrhilfe

Sie können sich aber auch aus Lattenresten und einem ausrangierten Spann- oder Rolladengurt selbst eine rollbare Anfahrhilfe fertigen. Legen Sie den Gurt in „U-Form" aus, Abstand der langen Teile ca. 25 cm zueinander. Die „U-Schlaufe" bildet den Tragegriff. Etwa 15 cm darunter legen Sie die erste (Hartholz-)Latte und schrauben sie mit einer Beilagscheibe an den Gurt. Die Maße der Latten sollten ungefähr 2 × 2 × 40 cm betragen. Kürzer als 30 cm sollten die Latten (abhängig vom Fahrzeuggewicht) aber nicht sein. Schrauben Sie im Abstand von 3 cm weitere Latten parallel zur ersten an den Gurt, bis die gewünschte Länge erreicht ist. Meine Matten waren knapp einen Meter lang. Zusammengerollt habe ich die Matten mit Rödelriemen (Ratschen- oder Spanngurten) gesichert und in einer großen Tragetasche verwahrt. Die Anfahrmatte kam auch tatsächlich zum Einsatz, war verschlammt ohne Ende, ließ sich aber mit dem Gartenschlauch problemlos abspritzen und nach dem Trocknen wieder in der Tasche verstauen.

Ratschengurt zu lang? Häufig ist der Ratschengurt zum sicheren Verzurren einer Ladung zu lang. Bevor Sie eine wedelnde Fahne hinter sich herziehen, verkürzen Sie den Gurt, indem Sie ihn doppelt in das Schloss einfädeln.

12-V-Autokompressor – unentbehrlich, wenn Sie tatsächlich einmal einen „Platten" haben sollten. Oder kontrollieren Sie jede Woche den Luftdruck im Reservereifen?

Mini-Kompressor

Als Anfahrhilfe wird auch oft geraten, etwas Luft aus den Reifen zu lassen, um die Reifen-Auflagefläche zu vergrößern. Das sollte zumindest reichen, um rückwärts wieder frei zu kommen. Ich persönlich würde Luft aber nur aus den Reifen lassen, wenn ich einen Mini-Kompressor im Auto hätte, um die Reifen danach umgehend wieder aufzupumpen.

Einsatz eines Spannungswandlers

Eine Vielzahl von Werkzeugen für die Revierarbeit ist mittlerweile als Akku-Version erhältlich. Doch wer kennt nicht das Problem, dass sich die Arbeit hinzieht und der Akku plötzlich seinen Geist aufgibt oder man ein stärkeres Werkzeug benötigt, das es nicht als Akku-Version gibt? Hier hilft ein

Spannungswandler, den man manchmal für günstiges Geld übers Internet oder sogar im Discounter bekommen kann. An diesen Spannungswandler für 12 Volt kann man dann sein 220-V-Werkzeug anstecken und arbeiten oder den leeren Akku laden. Eine Anschaffung, die ich eigentlich nicht mehr missen möchte.

Spannungswandler vom Discounter für Festeinbau im Fahrzeug. Leistet schnelle Hilfe, wenn 220 V gebraucht werden. Ich habe den Spannungswandler in einer großen Blechkiste und schließe ihn bei Bedarf neben der Fahrzeugbatterie bei geöffneter Motorhaube an.

Sie sollten bei längerem Gebrauch aber daran denken, dass die strapazierte Autobatterie auch noch den Motor Ihres Autos starten muss, wenn Sie mit der Revierarbeit fertig sind. Lassen Sie bei längeren Arbeiten ab und zu mal den Motor Ihres Autos laufen, dass die Fahrzeugbatterie nicht tiefentladen wird und Sie den Motor nicht mehr starten können. Manche Geräte verfügen über einen integrierten Trennschalter oder Sie montieren selbst einen Trennschalter an Ihrem Auto.

TRANSPORT VON AUSRÜSTUNG, WERKZEUG, WILD ...

Kleines Jagd-Auto – zusätzlicher Stauraum

Als ich noch meinen Audi A4 Avant als Jagdauto nutzte, war der Platz wirklich knapp. Um neben allem Equipment und dem Hund auch noch die Wildwanne eben und waagerecht transportieren zu können, habe ich zu folgender Lösung gegriffen: Durch das Umlegen der Rücksitzbank entsteht eine schräge Fläche, weil Rückenlehne und Sitzfläche aufeinander zu liegen kommen. Die Wildwanne und anderes Gerät rutschte immer nach hinten Richtung Heckklappe. Also habe ich eine Furnierplatte passend zurechtgeschnitten und diese auf insgesamt sechs unterschiedlich hohe Holzklötze als Füße gestellt (um die Schräge auszugleichen). So erhielt ich eine ebene Fläche, unter der ich sogar noch allerhand Kleinzeug unterbrachte.

Damit die Wildwanne im Laderaum nicht hin- und herrutschte, habe ich an den Tragegriffen der Wildwanne (= Mörtelwanne) pro Seite eine Öse angebracht. Mit den im Auto vorhandenen Zurrösen und kurzen Gepäckriemen konnte ich die Wanne rutschsicher im Auto befestigen und trotzdem mit wenigen Handgriffen entnehmen.

Viel Ausrüstung – wie halte ich Ordnung im Auto?

In meiner jagdlichen Anfangszeit nutzte ich auch einen ausgesonderten VW 183 „Iltis“ und auch einen Suzuki Vitara, um ins Revier oder zur Jagd zu fahren – in jedem sah es aus wie in einer Müllhalde. Mein damaliger Problemlösungsansatz bestand in der Anschaffung von mehreren rechteckigen (nicht runden!) 60- und 90-Liter-Mörtelwannen, die ich je nach Anforderungen belud und beschriftete. Sie sind stabil, stapelbar und verschwenden wenig Platz.

Mörtelwannen für die Ausrüstung

Mörtelwannen sind wahrscheinlich das zweckmäßigste Mittel für Jäger, wenn es um das Transportieren diverser Gegenstände geht. Die Wannen habe ich den Bereichen „Waldarbeit und Werkzeug“, „Aufbruch“, „Wildwanne“, „Jagdutensilien“ zugeordnet, wobei die Wanne „Aufbruch“ auch als zweite Wildwanne benutzt wurde, wenn einmal eine Doublette Rehwild erlegt wurde. Zum Stapeln der befüllten Mörtelwannen habe ich aus Dachlatten (zwei pro Wanne) Stapelhölzchen gefertigt, die auf den Rand der Mörtelwanne gelegt werden, um den Inhalt der unteren Wanne vor Beschädigungen zu schützen. In der Wildwanne befand sich immer ein großes Insektenschutznetz, das über die Wanne gezogen und mit einem Expander gesichert wurde, um lästige Fliegen fernzuhalten.

Deckel für die Mörtelwanne

Der Inhalt muss manchmal gegen Regen, Schnee oder Verschmutzung – zumindest notdürftig – geschützt werden. Ich habe mir aus einer alten Plexiglas-Platte einen Deckel hergestellt, der passgenau auf der Wanne liegt. Auf der Innenseite der Platte dienen Holzleisten als Anschlag, sodass die Abdeckung nicht herunterrutscht. Zusätzlich kann die Platte noch mit einem Expander gesichert werden, wenn es mal im Gelände etwas holprig wird. Eine so abgedeckte Mörtelwanne passt auch auf den Heckträger und muss nur noch mit Riemen befestigt werden. Sie können darin sowohl Ihr Werkzeug als auch Ihre Jagdbeute sauber transportieren.

Wildwannenabdeckung aus Plexiglas. Der Anschlag der Platte wird innen mit Holzleisten bewerkstelligt.

Werkzeugkiste bzw. Kommode fürs Jagd-Auto

Aus Sperrholzplattenresten, OSB-Platten oder Einweg-Verpackungskisten lässt sich mit ein paar kleinen Schubläden leicht eine „Jagdkommode“ für all die kleinen Gegenstände des jagdlichen Alltags herstellen. Mit Kistengriffen an den Seiten versehen, ist sie entnehmbar, transportabel und auf zwei Klappböcken abgestellt sogar noch als Revier-Werkbank nutzbar.

Ich habe eine Einwegverpackungs-Kiste mit Kistenbändern versehen, damit sich die Kiste leicht öffnen und verschließen lässt, und die Wände innen verstärkt. Die alten Gewürzschuber meiner Frau verwende ich als Behälter für Schrauben und Nägel.

Oben habe ich noch eine alte Schublade eingepasst (für Schrauberbits und Bohrer). Eine Holzkiste vom Baumarkt beinhaltet Kleinzeug wie Unterlegscheiben, Muttern, Eisenschrauben, Maulschlüssel. Außerdem hat vor den Gewürzschubern noch der Ratschenkasten und daneben die Stichsäge Platz (Achtung: Wechselrichter für Stichsäge nicht vergessen).

Obenauf habe ich mit Scharnieren noch eine dickere Fichtenplatte montiert, die aufklappbar als Not-Werkbank oder „Schreibtisch“ dient.

Heckträger-Transportbox

Kleine Geländewagen (Suzuki Jimny, Suzuki Vitara, Lada Niva etc.) sind in der Jägerschaft aufgrund ihrer Handlichkeit weit verbreitet. Leider ist der Platz bei diesen Jagdautos mehr als begrenzt, sodass der Auto-Heckträger meist auch Standardausrüstung an der Anhängerkupplung ist. Besorgen Sie sich im Baumarkt eine große Mörtelwanne und einen dazu passenden Deckel und statten Sie die Wanne als Werkzeugkiste aus! Darin ist Platz für Motorsäge, Kettenöl, Buchenholzteer, als Futterwanne ... Sie müssen lediglich den Deckel mit Scharnieren oder Kabelbindern an der Wanne befestigen. Sie können auch durch je ein korrespondierendes Loch im Rand der Wanne und im Deckel ein Vorhängeschloss anbringen und eine Verzurrmöglichkeit schaffen, damit Sie die Wanne nicht während der Fahrt verlieren. Innen bleibt Ihr Fahrzeug dann sauber.

Einfaches Beladen des Heckträgers zur Wildbergung

Die Heckträger zur Wildbergung sind allgemein bekannt und weit verbreitet. Seit einiger Zeit gibt es sie auch zum Abklappen, sodass man erlegtes Wild leichter hineinrollen kann, statt es mühsam hochzuheben. Wenn Sie noch den fixen, alten Heckträger haben, basteln Sie sich aus ein paar Brettern einfach eine **Rutsche/Rampe**, die Sie zum Be- und Entladen des Heckträgers an dessen Ladekante einhängen können. Ziehen und Schieben geht leichter als Heben!

Begabte Bastler können sich für die Bergung von stärkerem Schwarz- oder Rotwild im Zusammenhang mit dem Heckträger auch eine Aufnahme für eine **Seilwinde** herstellen. Benutzen Sie ein Alu-Profil (ca. 1 m lang, z. B. PV-Anlage) und eine dazu korrespondierende Aufnahme, die Sie im Heckträger innen gegenüber der Aufnahme für die Anhängerkupplung anschweißen oder -schrauben. Montieren Sie an der Oberseite des Profils eine Seilwindenkurbel. Zum Gebrauch stecken Sie einfach das Aluprofil in die Aufnahme, wickeln das Seil ab und hängen die Sau mit einem Fleischerhaken an die Winde und kurbeln das Schwarzwild in den Heckträger. Wenn Sie die oben erwähnte faltbare Rampe oder auch einfach nur ein stabiles Brett am Heckträger anlegen, rutscht die Sau umso leichter in den Korb.

Wild im Heckträger sauber transportieren

Heckträger sind eine tolle Sache. Haben Sie aber schon einmal daran gedacht, dass das erlegte Wild während der Fahrt sowohl Straßen- und Feldwegstaub, Regen, Schlamm und dem Auspuff-Nebel ausgesetzt ist? In Zeiten strenger Hygienevorschriften nicht unbedingt vorbildlich. Ein Bekannter fuhr seit jeher seine Jagdbeute im Heckträger zum Zerwirken bis zu einer halben Stunde im offenen Heckträger spazieren. Deshalb habe ich im Baumarkt eine Polyester-Wellbahn gekauft, diese zugeschnitten und mit Kabelbindern im Heckträger befestigt. Zusätzlich habe ich noch eine Abdeckplane zwischen Platte und Heckträger geklemmt, sodass er beim Transport das erlegte Wild noch zusätzlich einschlagen kann. Ein Geschenk für etwas über 10 €. Gereinigt wird der Einbau mit dem Dampfstrahler.

Heckträger nur für Raubwild/Raubzeug

Michi ist ein wesentlich ambitionierterer Bastler und Handwerker als ich. Er hat sich eine Anhängerschnellkupplung gekauft und einen kleinen Heckträger selbst gefertigt. Im Gitter findet eine Kunststoffwanne bzw. ein aufgeschnittener Plastikkanister Platz, der mit einem Blechdeckel verschlossen werden kann. Der Blechdeckel wird schlicht mit einem Expander geschlossen.

Selbst gebauter Wildträger mit Deckel und Plastikwanne, speziell für den Transport von Raubwild

Vom Fahrrad-Heckträger zum Wildträger

Montieren Sie auf dem Fahrradträger eine **Platte und Führungsschienen für Ihre Wildwanne.** Mit Spanngurten lässt sich der Fahrradträger so zum Wildträger umfunktionieren, ohne seine ursprüngliche Bestimmung zu verlieren.

Eine weitere Möglichkeit ist, unten an einer **Mörtelwanne zwei Hartholzleisten** zu befestigen, die vom Seitenabstand her in die Profilschiene des Fahrradträgers passen. Lassen Sie die Leisten ruhig etwas länger, dann können Sie sie auch noch als Trageholme wie bei einer Krankentrage verwenden und Wild auf diese Weise zu zweit bergen (auf dem Foto links unten leider nicht umgesetzt). Für einen sicheren Transport am Auto müssen Sie die Wanne lediglich mit einem Spanngurt gegen Verrutschen sichern.

Fahrrad-Heckträger bzw. Mörtelwanne mit passend zu den Fahrradaufnahmen angebrachten Hartholzleisten

Wildbergegitter am Frontschutzbügel

Manche Geländefahrzeuge verfügen noch über Frontschutzbügel, sogenannte „Kuhfänger". Diese Teile sind in Deutschland mittlerweile nur noch mit einer „guten Ausrede" genehmigungs- und eintragungsfähig. Einen zusätzlichen praktischen Nutzen erfährt der Frontbügel, wenn man links und rechts an den Frontalholmen Befestigungen anschweißt, in die man ein selbst angefertigtes Wildbergegitter einhängen kann. Kleinere Sauen bis 50 kg können so leicht geborgen werden und das Fahrzeuginnere bleibt von Schweiß und üblen Gerüchen verschont. Allerdings sollte man beim Fahren immer daran denken, dass vorne noch ein halber Meter zusätzlich absteht!

Im öffentlichen Straßenverkehr ist eine Betriebserlaubnis für diesen Anbau erforderlich, er muss beim TÜV eingetragen werden, was aber regelmäßig verwehrt wird. Also eine reine „Revierlösung".

Anhänger-Stecker

Leider habe ich keine überdachte Unterstellmöglichkeit für meine Anhänger. Für mich ist es immer ein Ärgernis, wenn der Anhänger-Stecker der Witterung ungeschützt ausgesetzt ist. Abhilfe habe ich mit einer alten Kunststoffdose geschaffen: Ich schneide eine kleine Kerbe in den Rand der Dose, lege den

Stecker vor Regen geschützt in einer leeren Dose. Billige Kunststoffdosen halten aber nicht lange, da der Weichmacher schnell austritt und das Plastik bricht.

Jetzt versieht eine hochwertigere Dose mit Schraubdeckel seit bereits drei Jahren ihren Dienst.

Stecker in die Dose, das Kabel in die Kerbe und gebe den Deckel auf die Dose. So bleibt der Stecker trocken. Achten Sie nur noch darauf, dass die Kerbe für das Kabel unten ist und kein Regenwasser einsickert.

Sie können das auch mit einer teilweise längs aufgeschnittenen Plastikflasche machen.

Anhänger-Transportsicherungsnetz

Sie kennen das Problem, dass Sie Ladung auf dem Anhänger mit einem Netz sichern wollen und in dem unübersichtlichen Knäuel aus Schnüren die Ecken des Netzes nicht finden? Ich markiere die Ecken der Gepäcknetze mit farbigem Panzerband, Forstfarbe oder Lack. Mit einem Griff habe ich so zumindest eine Ecke! Sie können die beiden Ecken einer Schmalseite beispielsweise rot, die Ecken der anderen Schmalseite in blau markieren. Das erleichtert die Sache nochmal.

Wildunfall – Transport im „normalen" Auto

Falls Sie neben Ihrem „Jagdauto" ein weiteres Auto haben und gerade damit unterwes sind, wenn Sie einen Anruf wegen eines Wildunfalles erhalten, dann stellt sich die Frage: Wohin mit dem Unfallwild? Die Lösung bietet ein schwedisches Möbelhaus, welches eine faltbare Transportmöglichkeit für äußerst günstiges Geld (um 1 €) bietet, die nicht viel Platz wegnimmt und zudem noch mit stabilen Trageriemen ausgestattet ist. Die große, blaue Tüte nimmt ein Reh auf und sorgt sogar durch ihre relative Flüssigkeitsresistenz (also nicht wasserdicht!) dafür, dass der Kofferraum in der Regel nicht mit Schweiß verschmutzt wird. Im Vergleich dazu kostet eine faltbare Wildwanne etwa 50 €.

NACHWORT

Jetzt ist zunächst einmal Schluss mit all den Gedanken, Vorschlägen und Basteleien. Es gibt noch so viele weitere Sachen rund um die Jagd, die danach rufen, selbst gemacht zu werden, deshalb kann dieses Schriftstück nie und nimmer eine abschließende Aufstellung sein! Trotzdem hoffe ich, dass ich besonders den Jungjägerinnen und Jungjägern, vielleicht auch dem einen oder anderen „alten Hasen" Anregungen geben konnte. Mir ist aber auch bewusst, dass für jeden Jäger allgemeingültige Anleitungen und Tipps so gut wie unmöglich sind. Aber ich wäre schon froh, wenn der eine oder andere Tipp hilfreich wäre.

Ein herzliches Weidmannsheil, stets guten Anblick, immer eine Patrone in Reserve und allzeit eine sichere Kugel. Bleiben Sie gesund und passen Sie in dieser verrückten Welt auf sich auf.

DANKSAGUNG

Ich weiß gar nicht, bei wem ich mich bedanken soll und muss, da ohne die vielen Informationen, die ich aus allen Richtungen und Bereichen sammeln durfte, dieses Buch nicht möglich gewesen wäre.

Ganz oben auf der Liste steht aber meine Frau Petra, die mir den Rücken freigehalten hat und (oft kopfschüttelnd) den Fortschritt des Buches verfolgt hat. Außerdem bei meinen Kindern und Enkeln, die so manches Mal auf ihren Vater und Opa verzichten mussten, weil der wieder einmal irgendwas ausprobieren musste oder vor der Garage eine Menge Dreck gemacht hat.

Ein ganz besonderer Dank gilt meiner Lektorin Irmtraud Weishaupt, die – selbst Jägerin – sofort von meinem Jagd-Ratgeber überzeugt war und sicherlich ab und zu wegen meiner Akribie ein paar Nerven opfern musste, aber trotzdem immer den Überblick behalten hat.

Ansonsten haben bereits in meiner Kindheit meine Eltern den Grundstock für die Liebe zur Natur gelegt. Später haben mich so viele Freunde geformt: Peter (Leiter der Jagdschule), Peter (mein erster Jagdherr) und all die vielen Jagdkameraden, die ich im Laufe der letzten mehr als 25 Jahre kennenlernen durfte. „Doser", Anderl, „Rosi", Sepp, Nadja, Gitti, Martin, Rainer, Günter und Günther, Schorsch, Klaus, Hans-Jürgen, Jonas, Max, Sepp, ... vielen Dank für jeden Input aus jeder Richtung und dass ich von allen lernen durfte und weiterhin lernen darf. Ich bedanke mich auch bei Frau Dr. Anke Hoffmann (die beste Internistin und Naturheilkundlerin, die ich in meinen 60 Lenzen kennenlernen durfte), die mich bei der „Ersten Hilfe" wieder auf einen aktuellen Stand gebracht hat.

Herzlichen Dank an alle!